Ingeniería Petrolífera

Transporte, tanqueros, carbón, consumo, mercado, industria

Tomo 2

ISBN: 9798390797723

Edición EMD

- Recursos humanos, tecnología y operaciones
- La creación del CIED
  Actividades
- La industria de los hidrocarburos
  y el personal profesional para operaciones
- El empleo y las actividades

- El primer año de gestión, 1976
- Transición y consolidación
- Grandes retos
  La petroquímica
  El adiestramiento de personal

- Operaciones de avanzada tecnología
- Materiales
- Intevep
  Estudios y proyectos más importantes de Intevep

- La Faja del Orinoco
- Otros proyectos relevantes
  Tecnología e investigación
- Materiales y servicios técnicos
- Estrategia de internacionalización

- Expansión de la internacionalización
- PDVSA, empresa mundial de energía
- Catorce años sirviendo al país, 1976-1989

- Penetración de mercados
- Más asociaciones, más oportunidades
- Dinámica petrolera venezolana
- La industria petrolera y las comunidades

Capítulo 8

Transporte

Indice

Introducción

Al iniciarse la producción del primer pozo petrolero (1859), en Pennsylvania, abierto para propósitos comerciales y con fines de crear la industria de los hidrocarburos, nació también la rama del transporte.

Era necesario llevar el crudo del pozo a los sitios de separación, tratamiento y almacenamiento en el propio campo. De allí, transportarlo luego a los lugares cercanos o lejanos de refinación o de exportación. Finalmente, transportar grandes volúmenes de productos a los puntos de consumo.

Al comienzo la tarea no fue fácil, pero la falta de medios e instalaciones apropiadas estimuló la creatividad de los pioneros. Inicialmente se valieron de troncos de árboles, que agujerearon longitudinalmente, o del bambú, para construir ductos. Las secciones las unían con abrazaderas metálicas rudimentarias que sujetaban con remaches o pernos que la mayoría de las veces cedían y causaban filtraciones. Poco a poco se las ingeniaron para contrarrestar esas dificultades y optaron por el uso de tuberías de hierro, de pequeños diámetros.

En pocos años (1859-1865), el almacenamiento y el transporte de petróleo ganaron la atención de las siderúrgicas y comenzó la fabricación de tubos, de recipientes metálicos, bombas y muchos otros equipos y herramientas requeridos por el sector, que se perfiló como gran cliente de la industria metalmecánica.

Al principio, para el transporte de crudo a cortas distancias por vía terrestre y/o fluvial se utilizaron barriles, cuyas duelas estaban sujetas en los extremos y en el medio por flejes muy ceñidos para impartirle mayor hermeticidad.

Para la época había una gran variedad de barriles de diferentes volúmenes, utilizados para almacenar líquidos y sólidos. Pero en 1866 alguien optó por adoptar lo que se lla-

Fig. 8-1. Los primeros campos petroleros fueron verdaderos laberintos. Estados Unidos, década de 1860.

mó la "Regla de Virginia Occidental", que definía al barril para cargar petróleo como un recipiente hermético capaz de contener 40 galones, y una ñapa de "dos galones más a favor del comprador". Y así hasta hoy, el barril petrolero universalmente aceptado tiene 42 galones, equivalentes a 159 litros. Las dimensiones originales de este barril han podido ser, aproximadamente: altura: 88 centímetros y diámetro: 48 centímetros.

La utilización de barriles de madera por la industria petrolera incrementó la producción de esas fábricas. Con el tiempo se fabricaron de metal y a medida que fue evolucionando el transporte de crudo por otros medios, desapareció su uso para este menester. Sin embargo, ha quedado el barril como el símbolo y referencia de volumen de la industria no obstante que también se usan otras unidades de peso y/o volumen en las transacciones petroleras: toneladas larga y corta; tonelada métrica; metro cúbico; galón y barril imperiales; pie cúbico, y unidades volumétricas menores como el litro, el cuarto de galón imperial para sólidos o líquidos, equivalente a 69,355 pulgadas cúbicas (1.136,5 cc) o el cuarto de galón estadounidense para líquidos, equivalente a 67,20 pulgadas cúbicas (1.101 cc).

Hoy la industria petrolera usa una variedad de recipientes para envasar los productos derivados del petróleo. Pero todavía uti-

Fig. 8-2. El barril original utilizado por la industria fue fabricado por algunas empresas en sus propias instalaciones.

liza el barril metálico para envasar aceites, lubricantes, asfaltos y hasta ciertos combustibles cuyo envío a áreas remotas así lo requieren.

A medida que se descubrían nuevos yacimientos en las cercanías de las vías fluviales, la incipiente industria petrolera estadounidense comenzó a diversificar los medios de transporte de petróleo en la década de 1860. De los campos petroleros comenzaron a tenderse oleoductos de corta longitud y pequeño diámetro a las orillas de los ríos, dando así origen a las primeras terminales, donde el petróleo se embarrilaba para ser luego transportado por lanchones, barcazas o gabarras a diferentes sitios.

Los ferrocarriles que pasaban cerca de los campos estadounidenses se convirtieron también en transportadores de petróleo. Al correr del tiempo se desató una acérrima competencia entre los ferrocarrileros, las empresas de oleoductos y las flotillas de transporte fluvial y terrestre por la supremacía del negocio. Pero finalmente, por razones obvias, los oleo-

ductos ganaron la opción para transportar petróleo por tierra.

Al comenzar la exportación de crudos, el transporte marítimo original consistió en llevar barriles llenos de petróleo de un sitio a otro. Sin embargo, bien pronto, en 1863, al velero "Ramsey" se le instalaron unos tanques metálicos en sus bodegas para llevar petróleo a granel, además del cargamento en barriles. El transporte a granel hacía temer por el peligro de incendio. No obstante, se insistió en equipar con tanques a muchos veleros, y a uno de éstos, el "Charles", de 794 toneladas, se le instalaron 59 tanques en sus bodegas y se mantuvo en servicio durante cuatro años hasta incendiarse en 1872.

Este incidente llamó poderosamente la atención y volcó el interés de los armadores por normas de seguridad que debían ponerse en práctica y la necesidad de construir tanqueros de metal para el transporte de crudos.

El desarrollo y consecuente incremento de la producción de petróleo impulsó los medios de transporte. La iniciación y la

Fig. 8-3. El barril de metal reemplazó al de madera. Hoy una gran variedad de recipientes de metal se utiliza en las actividades petroleras.

13

competencia de la industria petrolera en Rusia en 1863 contribuyó al desarrollo del transporte petrolero terrestre, fluvial y marítimo. Las experiencias y logros iniciales se multiplicaron rápidamente en la medida en que la industria estableció operaciones en cada país.

La Primera Guerra Mundial (1914-1918) puso de manifiesto la importancia del petróleo como futura fuente de energía. La aviación y los vehículos motorizados de entonces presagiaban grandes innovaciones. Las marinas mercantes y de guerra contemplaban cambios substanciales en el reemplazo del carbón por los hidrocarburos. Todas estas expectativas se transformaron en realidad años más tarde e influyeron poderosamente en todos los aspectos del transporte de hidrocarburos en los años 1919-1939.

Durante la Segunda Guerra Mundial (1939-1945) surgieron nuevos retos en el transporte terrestre, fluvial y marítimo de crudo, combustibles y otros derivados del petróleo. La ciencia, la investigación y las tecnologías petroleras y afines respondieron con rapidez a las necesidades planteadas. Por ejemplo, se acometió la fabricación de tuberías de gran diámetro (508 y 610 mm) para el tendido de oleoductos y poliductos de grandes longitudes (2.360 y 1.860 km) en Estados Unidos. El transporte de crudos y/o productos por los ferrocarriles estadounidenses llegó a descargar diariamente en un solo punto del estado de Penn-

Fig. 8-4. El desarrollo de la producción de petróleo hizo que los ferrocarriles participaran en el transporte, utilizando un vagón especial de carga.

sylvania hasta 1.250 vagones, equivalente a un promedio de 332.500 barriles. Para las áreas de combate se diseñaron tuberías livianas y de pequeños diámetros, de fácil y rápido tendido, capaces de mantener el suministro de combustible a máxima capacidad para las tropas. Tambores y tanques especiales, de goma, de caucho o de metal liviano, fueron ideados y probados con éxito.

En cuanto al transporte fluvial, los astilleros produjeron nuevos diseños para la construcción de lanchones, barcazas y gabarras, a fin de responder a los requerimientos de transporte de crudos y/o combustibles y otros derivados del petróleo. Y para el transporte marítimo, el tanquero T-2, de 138.500 barriles de capacidad, fue el precursor de los cambios y adelantos que años después ocurrirían en este sector del transporte petrolero.

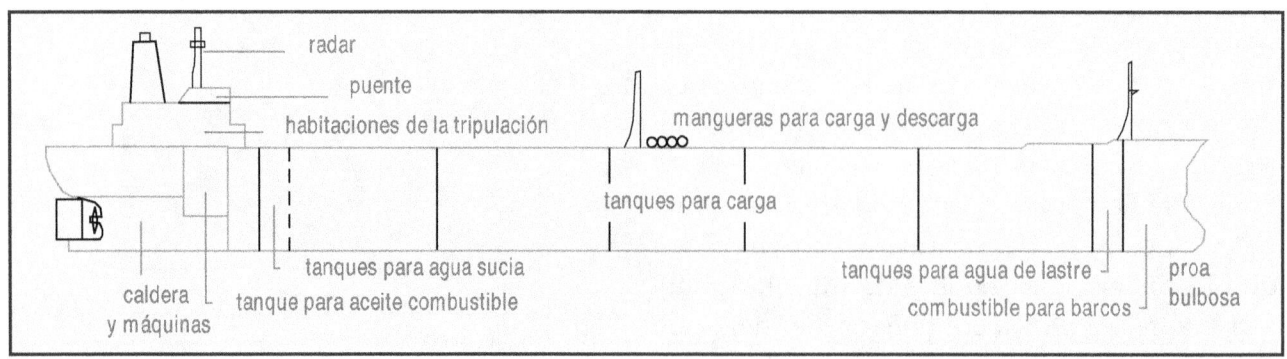

Fig. 8-5. Silueta de un tanquero moderno y distribución de sus instalaciones; la proa bulbosa sirve para eliminar olas inducidas por la velocidad de la nave.

Fig. 8-6. Tanquero suministrando combustible en alta mar durante la Segunda Guerra Mundial (1939-1945).

La importancia de la mención de todos estos detalles se debe a que la tecnología que auspicia los adelantos logrados en el transporte de hidrocarburos se ha mantenido en constante evolución y nuevos equipos, materiales y herramientas son las respuestas a los tiempos, circunstancias y retos planteados. A continuación se analizan en detalle aspectos relevantes respecto a oleoductos, gasductos y tanqueros, principales medios utilizados por la industria para el transporte de hidrocarburos y sus derivados.

I. Oleoductos

La experiencia y las modalidades del transporte de crudos por tuberías (oleoductos) han dado respuestas satisfactorias a las necesidades de despachar y recibir diariamente grandes volúmenes de petróleo liviano, mediano, pesado y extrapesado desde los campos petrolíferos a las refinerías y/o terminales ubicadas a corta, mediana o grandes distancias, en un mismo país o países vecinos.

El oleoducto se ha hecho necesario porque transporta crudo ininterrumpidamente veinticuatro horas al día, salvo desperfectos o siniestros inesperados, y a precios que difícilmente otros medios de transporte podrían ofre-

cer, en igualdad de condiciones. Además, no sólo facilitan el transporte terrestre de petróleo, sino que también se utilizan oleoductos submarinos para llevar a tierra la producción de yacimientos ubicados costafuera, y a veces a grandes distancias como en el lago de Maracaibo, el golfo de México, el mar del Norte y otras áreas.

Varios oleoductos conectados entre sí pueden formar un sistema o red de oleoductos cuyo servicio de transporte se utiliza local, regional, nacional o internacionalmente.

Los adelantos en la investigación y diseño de oleoductos y las experiencias cosechadas por la industria petrolera en esta rama del transporte, han permitido extender esos conocimientos al transporte de sólidos por tuberías. Tal es el caso del transporte del carbón. Varias empresas petroleras estadounidenses han experimentado con éxito el diseño y funcionamiento de carboductos, utilizando un medio líquido, generalmente agua, para mantener en suspensión el carbón fragmentado y facilitar el desplazamiento. Esta idea tiene la ventaja del despacho y entrega diaria continua de grandes volúmenes a larga distancia, y en un tiempo y costo que pueden competir favorablemente con otros medios de transporte.

Fig. 8-7. Oleoducto.

El tendido de oleoductos

El tendido de oleoductos se hace sobre una trocha o vereda que en la construcción de caminos o carreteras equivaldría a la fase primaria de la apertura de la ruta de penetración. Generalmente, se empieza la trocha de un extremo a otro, pero esto no niega que para lograr una apertura rápida la trocha pueda comenzarse por ambos extremos. En realidad, cuando el oleoducto es muy largo se opta por hacer la trocha simultáneamente por tramos intermedios que se van uniendo según un programa definido de trabajo.

Subsecuentemente, como sucede con la trocha, puede optarse por hacer el tendido simultáneo del oleoducto desde varios tramos con el propósito de acelerar la terminación de la obra, ganarle tiempo al tiempo y evitar condiciones atmosféricas adversas: lluvias continuas, desbordamientos de ríos, terrenos intransitables con maquinarias y equipos pesados y otros obstáculos que hacen temporalmente imposible cumplir con el avance de la obra.

Los tubos de diámetros pequeños pueden obtenerse con roscas en un extremo (espiga o macho) y una unión o anillo roscado internamente en el otro (caja o hembra) que facilitan el acoplamiento o enrosque de

Fig. 8-9. Para cruzar ríos angostos se opta por suspender la tubería por razones económicas, para proteger su integridad física y por conveniencia operacional.

los tubos. Los tubos de diámetros mayores se fabrican con ambos extremos sin roscas y se acoplan por medio de un cordón de soldadura. Luego de terminada la obra, el oleoducto es probado a determinada presión y si no hay fugas o fallas estructurales se declara apto para el servicio.

Generalmente, el oleoducto va tendido sobre soportes, ubicados a determinada distancia entre sí, de manera que la tubería queda a una cierta altura para evitar que se corroa por contacto directo con el suelo. Si la tubería tiene que estar en contacto con el suelo entonces se recubre con capas de materiales especiales para protegerla de la corrosión.

En ciertos tramos no queda otra opción que enterrar la tubería y para esto se protege con el recubrimiento adecuado. En el caso de que el oleoducto tenga que cruzar riachuelos o ríos muy angostos se opta por suspenderlo adecuadamente. Si se trata de ríos muy anchos, se puede elegir por tenderlo, debidamente recubierto y bien fondeado, sobre el mismo lecho del río o enterrarlo en una trinchera bien acondicionada o hacer el cruce por debajo del fondo del río por medio de un túnel.

Fig. 8-8. Los ductos transportan diariamente grandes volúmenes de hidrocarburos, crudos y/o derivados, a las terminales para despacharlos luego al mercado nacional o hacia el exterior.

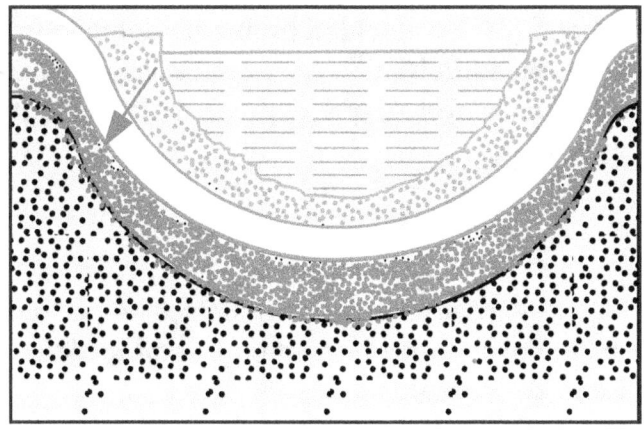

Fig. 8-10. Cuando el cruce es muy ancho se opta por depositar la tubería en el lecho del río o utilizar un túnel de orilla a orilla.

En el caso de las tuberías (ductos) utilizadas para el transporte de hidrocarburos, el contacto del metal con el suelo y/o la atmósfera y el agua causa el deterioro de su composición física y resistencia debido al proceso de oxidación ocasionado por acción química o electroquímica. Para contrarrestar el deterioro de las tuberías se recurre a la protección catódica, o sea la aplicación de una corriente eléctrica de tal manera que la tubería actúa como el cátodo en vez del ánodo de una pila electrolítica. Así se logra que esta corriente eléctrica ayude a mantener la tubería en buen estado.

En el caso de cruzar un río, y si el oleoducto descansa sobre el lecho o va enterrado, o de igual manera cuando se tienden oleoductos costafuera, se toman previsiones muy estrictas para asegurar el funcionamiento eficaz del oleoducto. A veces se opta por tender una tubería gemela, en parte o en la totalidad del trayecto, para tener el recurso de la continuidad del flujo en caso de falla de una de las tuberías.

Características de las tuberías

Para cada oleoducto se requiere un determinado tipo o clase de tubería. Generalmente, las dos características más comunes de un oleoducto son el diámetro externo y la longitud, y para identificarlo geográficamente se dice que arranca de tal punto y llega a tal sitio. Por ejemplo: oleoducto Temblador-Caripito, de 762 milímetros de diámetro (30 pulgadas) y 146 kilómetros de longitud (91,25 millas).

Sin embargo, durante el proceso de diseño se toma en cuenta una variedad de factores que corresponden al funcionamiento eficaz y buen comportamiento físico del oleoducto. Es esencial el tipo o calidad de acero de los tubos. Según especificaciones del American Petroleum Institute (API) la serie incluye desde el grado B que tiene un punto cedente mínimo de resistencia de 2.531 kg/cm^2 (36.000 lppc) hasta el grado X-70 cuyo punto cedente mínimo es de 4.921 kg/cm^2 (70.000 lppc). Esta resistencia denota la capacidad que tiene el material (acero) para resistir la deformación (elongación) bajo la acción de fuerzas que puedan aplicársele.

La competencia de la tubería es muy importante debido a que el flujo del petróleo por ella se logra por presión a lo largo del oleoducto. Por tanto, la tubería debe resistir también presiones internas porque de lo contrario estallaría.

En resumen, la competencia de la tubería está indicada por la calidad o grado del acero con que es fabricada; su resistencia a fuerzas longitudinales, externas e internas; diámetros externo e interno; espesor y peso de la tubería por unidad lineal.

El flujo de fluidos por tuberías

El volumen de crudo transportado está en función del diámetro de la tubería y de la presión que se le imponga al crudo para moverlo (velocidad) por la tubería. Como podrá apreciarse, la presión también está en función de la densidad (peso) y de la viscosidad (fluidez) del crudo.

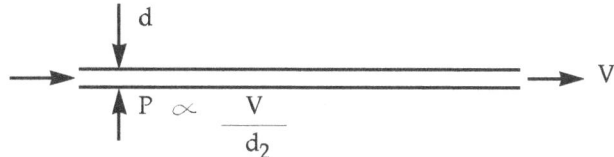

17

La tecnología de la transmisión de fluidos por tuberías arranca de los conceptos y apreciaciones formuladas a través de años por muchos investigadores. Originalmente, Poiseuille (1842) observó y propuso que la pérdida de presión debido al flujo de agua por tubos de diámetros pequeños (capilares) era directamente proporcional a la velocidad e indirectamente proporcional al cuadrado del diámetro interno de la tubería.

$$P \propto \frac{V}{d_1^2}$$

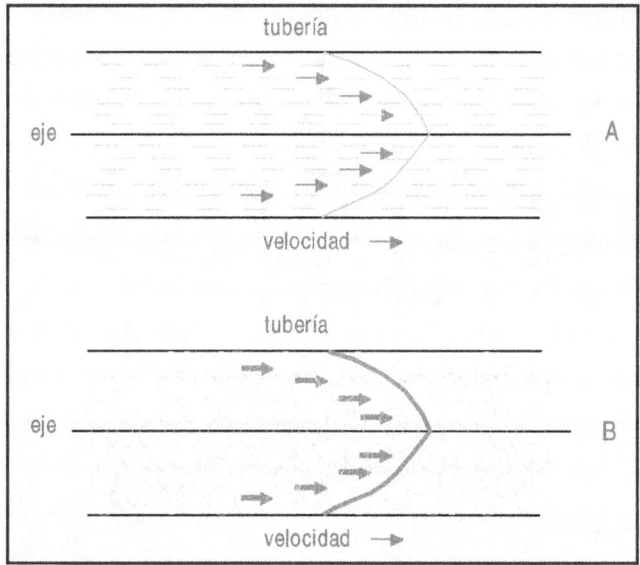

Darcy (1857) experimentó con tubos de mayor diámetro y observó que la pérdida de presión era, aproximadamente, directamente proporcional a la velocidad al cuadrado e indirectamente proporcional al diámetro interno de la tubería,

$$P \propto \frac{V^2}{d_1}$$

Esta significativa discrepancia requirió explicación, la cual fue dada en 1883 por Osborne Reynolds († 1912), físico inglés, quien demostró que así como un disco gira y muestra vibraciones a una cierta velocidad, pero que por encima o por debajo de esa velocidad gira imperturbablemente, de igual manera sucede con los líquidos que se bombean por tuberías. De allí que el tipo de flujo sereno (laminar) observado en tubos capilares por Poiseuille se tornase turbulento a más altas velocidades, de acuerdo con los experimentos realizados por Darcy.

De estas observaciones y subsecuentes experimentos, Reynolds dedujo la relación existente entre el diámetro interno de la tubería (d), la velocidad promedio del flujo (v), la densidad del fluido (s) y la viscosidad absoluta del fluido (u), que expresó de la siguiente forma:

$$\frac{dvs}{u}$$

A esta relación abstracta se le dio, en honor a su proponente, el nombre de número de Reynolds.

$$R = \frac{dvs}{u}$$

Esta relación se aplica en la resolución de problemas de hidráulica (transmisión de fluidos por tuberías) y de aeromodelismo en túneles de aerodinámica.

Fig. 8-11. A= flujo laminar, B= flujo turbulento.

Las dos figuras anteriores representan ideas sobre los experimentos de Reynolds. Se valió Reynolds de la inyección de colorante al flujo y notó que en el caso de flujo sereno (laminar), el colorante se desplazó uniformemente sin difundirse pero en el caso de flujo turbulento, debido al incremento de velocidad, el colorante se dispersó por toda la corriente del líquido.

No obstante todo lo antes dicho, todavía faltaba algo que debía considerarse para que las relaciones y ecuaciones formuladas por los investigadores nombrados fuesen expresiones matemáticas completas.

En 1914, T.E. Stanton y T.R. Pannell consideraron la confirmación del número de Reynolds e introdujeron el coeficiente "f" de fricción, demostrando la relación directa y la existencia de un valor único de fricción para cada número Reynolds. De esta manera se deslindó la incertidumbre en los cálculos y se estableció que la velocidad crítica está en el rango de número de Reynolds entre 2.000 y 3.000. O sea que el flujo sereno (laminar) termina alrededor de 2.000 y el flujo turbulento comienza alrededor de 3.000.

El coeficiente de fricción tiene que ver con el flujo a todo lo largo de la tubería y su correspondiente valor para cada número de Reynolds puede obtenerse de gráficos (Rn vs. f) que traen los tratados, textos y artículos sobre la materia.

Los conceptos y apreciaciones mencionados sobre el flujo de fluidos son aplicables tanto para el petróleo, el gas y todos los otros fluidos que sean bombeados por tuberías. En la práctica, se encontrará que las fórmulas matemáticas fundamentales aparecen con ciertas modificaciones de forma en sus términos. Esto no contradice la exactitud de los cálculos sino que facilita su aplicación, en concordancia con los datos y situaciones dadas para el diseño de gasductos, oleoductos, poliductos o acueductos.

Tecnología fundamental de diseño

Las fórmulas matemáticas para el flujo de fluidos por tuberías contienen directa o indirectamente una variedad de términos. Es decir que algunos son evidentes por definición y magnitud, pero otros (indirectos) tienen que ser introducidos o convertidos para satisfacer la definición y magnitud del término en la fórmula. Por ejemplo: el coeficiente de fricción se obtiene utilizando el número de Reynolds, y éste se obtiene por medio de las fórmulas antes descritas. Si solamente se conoce la gravedad API del fluido hay que convertir ésta a densidad, utilizando la fórmula correspondiente. Así con varios otros. En general, los términos que aparecen en las fórmulas son los siguientes:

Tabla 8-1. Sistemas y relaciones dimensionales

Símbolo	Significado	Angloamericano	Métrico
Q	Volumen	barriles/hora (b/h)	metros cúbicos/hora (m^3/h)
D, d	Diámetro externo	pies, pulgadas	metros, centímetros
D_1, d_1	Diámetro interno	pies, pulgadas	metros, centímetros
t, e	Espesor	pies, pulgadas	metros, centímetros
f	Coeficiente de fricción	- Adimensional -	
g	Aceleración por gravedad	32,2 pies/seg^2	9,82 metros/seg^2
h	Presión hidrostática	pies (altura)	metros (altura)
L	Longitud	pies, millas	metros, km
P	Presión	libras/pulgada cuadrada (lppc)	kg/cm^2
R_n	Número de Reynolds	-Adimensional -	
S	Densidad	libras por pie cúbico (lppc)	kg/m^3, gr/cc
t	Tiempo	segundos	segundos
u, Z	Viscosidad absoluta	libras/pie-seg	dina-seg/cm^2
v, V	Velocidad	pie/seg	metros/seg
$°t$,$°T$	Temperatura	°F	°C

Tabla 8-2. Ejemplos de fórmulas fundamentales para el flujo de fluidos por tuberías

Fórmulas	Observaciones
$P = \dfrac{V}{d^2}$	Poiseuille, fórmula original 1842. Flujo laminar.
$P = \dfrac{V^2}{d}$	Darcy, fórmula original 1857. Flujo turbulento.
$R_n = \dfrac{dvs}{u}$	Reynolds, fórmula (1883) para compensar discrepancias en los experimentos de Poiseuille (flujo laminar) y Darcy (flujo turbulento).
f, coeficiente de fricción	Stanton y Pannell, 1914, introdujeron este factor como parte correspondiente y fundamental para cada valor del número de Reynolds.
$P = \dfrac{0.000668\ ZLV}{D^2 S}$	Fórmula de Poiseuille, para flujo sereno y viscoso, según adaptación de R.E. Wilson, W.H. McAdams y M. Seltzer, 1922.
$P = \dfrac{0{,}323\ f\ LSV^2}{D^5}$	
$P = \dfrac{0{,}0538\ f\ LSQ^2}{D^5}$	Fórmulas de Fanning para flujo turbulento.
$P = 0{,}54\ \dfrac{B^{1{,}735}}{D^{4{,}735}}\ S^{0{,}735}\ U^{0{,}265}$	Fórmula de Poiseuille, para flujo laminar y viscoso respecto de R_n, para tuberías múltiples en paralelo, 1934.
$R_n = \dfrac{dvs}{u} = \dfrac{0{,}02381\ S}{Du}$	Otra versión para calcular R_n.
$t_1 = \dfrac{PD_1}{2}$ (resistencia al estallido)	Fórmula de Barlow.

Todas las fórmulas anteriores son fundamentales. Representan las consideraciones técnicas que originalmente condujeron a la utilización de ciertos conceptos y factores para su derivación y aplicación práctica. A medida que la investigación y las experiencias operacionales han aportado nuevas apreciaciones, estas fórmulas han sido refinadas y extendidas para lograr respuestas numéricas más exactas. Tal es el caso, que los departamentos de diseño de oleoductos, gasductos y poliductos de las firmas especializadas y de las petroleras tienen sus propias apreciaciones, preferencias y razones por determinada versión y aplicación del conjunto de fórmulas disponibles sobre la materia.

Las nuevas versiones y aplicaciones de fórmulas revisadas y/o extendidas se deben a las modernas técnicas de fabricación de tubos y a los adelantos en la metalurgia aplicada en la fabricación. Por otro lado, la investigación conceptual y numérica se ha hecho más rápida, gracias a la computación electrónica, que permite el manejo simultáneo de una variedad de parámetros y hasta la proyección gráfica de relaciones interparametrales para seleccionar el diseño óptimo según las características físicas de las tuberías (diámetros interno y externo, espesor, peso lineal, resistencia al estallido, etc.); comportamiento y tipo de flujo de acuerdo con las especificaciones del crudo, diámetro interno y longitud de la tubería; topografía de la ruta;

funcionamiento general del oleoducto e instalaciones afines; inversiones, costos y/o gastos de operaciones y mantenimiento.

Otros aspectos del diseño

La longitud del oleoducto puede ser menos de una decena hasta varios miles de kilómetros. Por ejemplo, aquí en Venezuela, el oleoducto más corto es el Ulé-La Salina, estado Zulia, de 86 cm de diámetro y 4,10 km de longitud, y capacidad de 103.500 m³/día. El oleoducto más largo, de 338 km de longitud y 50,80 cm de diámetro, conecta el campo de San Silvestre, estado Barinas, con la refinería El Palito, estado Carabobo.

Es muy importante tener una apreciación real de la ruta del oleoducto. El perfil topográfico del terreno servirá para ubicar las ocurrencias naturales que están en la vía: depresiones, farallones, cerros, colinas, montañas, llanuras, pantanos, lagunas, quebradas, riachuelos y ríos.

Las diferencias de altitud o desnivel entre puntos de la vía, referidos al nivel del mar, y las distancias entre estos puntos, son datos importantes y necesarios para calcular la presión de bombeo requerida a todo lo largo del oleoducto, habida cuenta de otros factores, como son características del crudo, volumen máximo de crudo que podría bombearse diariamente y el diámetro y otros detalles de la tubería. En la práctica, en puntos de la ruta hay que incorporar al oleoducto estaciones adicionales de bombeo para garantizar el volumen del flujo deseado. Esto es muchísimo más importante en el caso de oleoductos largos. La distancia entre estaciones puede ser de 65 a 95 kilómetros o más, todo depende de la topografía del terreno y de los diferentes factores antes mencionados. En el caso de transporte de crudos pesados y extrapesados se utilizan hornos o plantas para calentar el crudo y reducir su viscosidad.

El desnivel entre dos puntos en la ruta de un oleoducto representa no solamente altura sino presión. Veamos. En capítulos anteriores se ha mencionado el gradiente de presión ejercido por los fluidos, según la densidad de cada uno. Para el agua se determinó que es de 0,1 kg/cm²/m de altura.

Por tanto, si el desnivel o altura hidrostática entre los puntos A y B de un oleoducto es de 1.000 metros, y el oleoducto transporta crudo de 35° API, entonces la presión representada por la columna de crudo es 1.000 x 0,085 = 85 kg/cm² (1.209 lppc). Esto significa que para bombear este crudo de A a B y si B está 1.000 metros más alto que A, entonces habrá que contrarrestar en A la presión de 85 kg/cm². Además, habrá que añadirse a esa presión la presión requerida por la distancia entre los dos puntos, como también la pérdida de presión que por fricción ocasiona el flujo del crudo por la tubería, para lograr el bombeo del volumen diario de fluido deseado. Si el caso fuese contrario, o sea de B a A, el flujo sería cuestabajo y se requeriría menos presión (equivalente a 85 kg/cm² y algo más) debido al flujo por gravedad.

En este aspecto hay semejanza con el automóvil, que se le debe imprimir potencia

Fig. 8-12. Tuberías de diversos diámetros y especificaciones son requeridas para manejar los crudos desde los campos a las terminales y refinerías.

21

(aceleración) durante la subida de la pendiente en el camino, y cuando se hace el recorrido cuestabajo, o sea por gravedad, se desacelera el vehículo; y para mayor control de la velocidad, como lo hace todo buen conductor se cambia de velocidad, de tercera a segunda o primera, según el grado de la pendiente, y se aplican los frenos económicamente.

Los diámetros de tuberías para oleoductos abarcan una serie muy variada, desde diámetro externo de 101,6 mm (4 pulgadas) hasta 1.626 mm (64 pulgadas). Para cada diámetro hay una variedad de diámetros internos que permiten escoger la tubería del espesor deseado y, por ende, tubos de diferente peso por unidad lineal. Por ejemplo, en el caso del tubo de 101,6 mm de diámetro externo se pueden escoger 12 opciones de espesor que van de 2,1 mm hasta 8,1 mm, y cuyo peso es de 5,15 kg/metro hasta 18,68 kg/metro, respectivamente. De igual manera, para los tubos de 1.626 mm de diámetro externo existen 13 opciones de espesor que van de 12,7 a 31,8 mm y pesos de 505,26 hasta 1.250,15 kg/metro, respectivamente.

Esta variedad de diámetros externos e internos, y naturalmente, espesores y peso lineal de los tubos, permiten la selección adecuada de la tubería requerida para satisfacer volúmenes y presiones de bombeo, como también aquellas características físicas y de resistencia que debe tener la tubería. Para cubrir los diferentes aspectos técnicos de diseño, construcción, funcionamiento y mantenimiento de oleoductos existe un abundante número de publicaciones que recogen las experiencias logradas. Sin embargo, cada nuevo proyecto de oleoducto de por sí requiere un enfoque particular, un tratamiento adecuado y soluciones propias que, algunas veces, pueden exigir métodos extraordinarios.

Inversiones y costos

Las inversiones requeridas para un oleoducto se expresan finalmente en bolívares por kilómetro y están representadas por los siguientes renglones: estudios preliminares y definitivos, abertura y acondicionamiento de la ruta, materiales (tubería, soldadura, recubrimientos, soportes, estaciones de bombeo), mano de obra y misceláneos.

En el caso particular de oleoductos que transportan crudos pesados o extrapesados, reclaman especial atención los siguientes factores: el diámetro de la tubería y la presión de bombeo debido a las características del crudo; el revestimiento de la tubería, ya que para transportar estos tipos de crudos por tuberías se opta por mantenerlos a cierta temperatura para bajar la viscosidad y facilitar el bombeo. Esto implica también la posibilidad de disponer de estaciones adicionales de calentamiento en la ruta para mantener la viscosidad deseada. Otra alternativa para reducir la viscosidad y facilitar el bombeo de crudos pesados y extrapesados es mezclarlos con otro crudo más liviano (diluente).

Tabla 8-3. Costos promedio de oleoductos terrestres (incluido todo)					
	Diámetro de tubería, mm (pulgadas) y $ milla				
Año	204 (8)	305 (12)	406 (16)	500 (20)	610 (24)
1997	605.483	557.359	699.239	1.043.055	1.277.548
1996	209.570	573.151	365.597	863.069	768.097
1995	410.750	469.715	298.617	863.069	768.097
1994	259.355	429.942	706.034	516.436	688.394
1993	264.238	389.570	489.737	956.379	2.605.300
1992	248.365	442.273	451.397	505.817	600.952

Fuente: Warren R. True, Pipeline Economics.
Oil and Gas Journal, November 27,1995, p. 48; August 4, 1997, p. 46.

Además, otra opción es la de bombear crudo con agua para que ésta sirva como un reductor de fricción, pero esto requiere la disposición de medios para separar y manejar el agua en la terminal donde finalmente llegará el crudo. Todo esto implica desembolsos adicionales concomitantes con los requerimientos de lograr un transporte eficiente y económico de crudos.

Como son tantos los renglones y los componentes afines que comprenden la construcción de un oleoducto, el costo final, por razones obvias, tiende a variar de año a año. Y por las condiciones económicas mundiales actuales estas variaciones son generalmente ascendentes. Para dar idea sobre esta tendencia, vale examinar los registros cronológicos de costos estadounidenses, país donde anualmente se construyen miles y miles de kilómetros de oleoductos terrestres y submarinos en aspectos y condiciones topográficas y tecnológicas muy variadas, las cuales exigen tratamientos específicos en el diseño, en el empleo de materiales, en la metodología de la construcción y en la

Tabla 8-4. Relación porcentual de la inversión en oleoductos terrestres

Diámetros en mm y pulgadas

	Ruta	Materiales	Mano de obra	Misceláneos
201 (8)				
1997*	6,6	9,1	64,7	19,6
1996	1,5	24,6	41,4	32,5
1995	7,1	27,0	39,9	26,0
1994	12,3	19,0	50,3	18,4
1993	14,2	20,2	45,5	20,1
1992	10,3	24,0	35,8	29,9
305 (12)				
1997	5,0	17,8	59,0	18,2
1996	8,7	18,7	48,6	24,0
1995	92,0	15,6	46,5	28,7
1994	13,4	14,5	53,7	10,4
1993	17,2	17,2	46,4	19,2
1992	11,8	20,0	47,3	20,9
406 (16)				
1997	6,3	15,9	59,6	18,2
1996	11,6	23,2	48,5	16,7
1995	4,7	33,9	39,0	22,4
1994	11,2	14,5	57,2	17,1
1993	15,9	20,7	44,7	18,7
1992	6,2	22,2	52,2	19,4
500 (20)				
1997	-	-	-	-
1996	8,5	16,9	46,2	28,4
1995	1,9	21,1	52,8	24,2
1994	7,4	20,3	43,0	29,3
1993	14,0	16,0	46,0	24,0
1992	5,2	26,8	47,7	20,3
610 (24)				
1997	-	-	-	-
1996	8,4	19,5	51,3	20,8
1995	0,7	33,9	52,8	12,6
1994	4,9	28,9	48,3	17,9
1993	5,5	25,1	47,2	22,2
1992	3,5	25,2	53,5	17,8

* Un solo proyecto de 38,3 millas.

Fuente: Warren R. True, "Pipeline Economics".
Oil and Gas Journal, November 27, 1995, p. 48; August 4, 1997, p. 46.

disposición de instalaciones especiales conexas o auxiliares especiales.

La construcción de oleoductos submarinos en mar abierto requiere atención especial de otros aspectos que no se presentan en tierra. Entre ellos caben mencionarse: la profundidad de las aguas, las corrientes marinas, la calidad y topografía del suelo marino, la salinidad del ambiente, la temperatura de las aguas en diferentes épocas y latitudes, la fauna y flora marina a diferentes profundidades en la ruta, y las distancias mar adentro y su relación entre las instalaciones auxiliares y afines costeras y las ubicadas costafuera, como también el comportamiento del tiempo y las condiciones meteorológicas reinantes (vientos, mareas, oleaje, corrientes) durante la realización de los trabajos.

Todo lo antes mencionado tiene su efecto sobre el diseño y los detalles del programa de construcción de la obra. Ese efecto, combinado con los aumentos generales de precios de materiales, equipos, herramientas, transporte y remuneraciones al personal, se traduce en substanciales incrementos de costos por kilómetro de oleoducto. Tampoco es raro que en medio de tanta alza de costos predominen circunstancias que permitan en un tiempo dado rebajas en las inversiones.

Mantenimiento

El mantenimiento es un aspecto importante de las operaciones y manejo de los oleoductos. El oleoducto, como sistema de transporte, tiene un punto de partida representado por un patio, donde se erige un cierto número de tanques y/o depósitos a flor de tierra (fosos) para almacenar el crudo que diariamente va a ser bombeado por el oleoducto.

Los tanques y/o fosos deben mantenerse en buen estado para evitar fugas o filtraciones del petróleo almacenado. Además, el estado de limpieza del almacenamiento debe

ser tal que el petróleo retirado esté libre de impurezas: agua y/o sedimentos. El volumen y las características del petróleo que se recibe y despacha del almacenamiento es medido y fiscalizado para tener una relación cronológica del movimiento de crudos.

Las bombas succionan petróleo de los tanques y lo descargan al oleoducto para llevarlo al punto de entrega. Estas bombas y sus instalaciones auxiliares de propulsión (mecánicas y/o eléctricas) requieren atención y mantenimiento para que todo el tiempo funcionen eficazmente.

El propio oleoducto requerirá también su cuota de atención y mantenimiento. Así como las venas y/o arterias del cuerpo humano se obstruyen por la deposición de substancias que se desprenden de la sangre, de igual manera sucede a los oleoductos. Con el tiempo, se depositan en la pared interna del oleoducto capas de hidrocarburos y sedimentos finos (parafina y arenilla o cieno) que paulatinamente reducen el diámetro del conducto. Tales obstrucciones redundan en incrementos innecesarios de la presión de bombeo y reducción del volumen bombeado. Por esto, es necesario limpiar el oleoducto de tales sedimentos.

Otro aspecto del mantenimiento es cerciorarse de la competencia física del oleoducto, que aunque es un conducto de acero, está sujeto a fuerzas internas (bombeo, corrosión, erosión, fatiga) que a la larga pueden debilitar su resistencia y causar filtraciones o estallidos. Para evitar interrupciones inesperadas en el funcionamiento y tomar medidas preventivas oportunamente, siempre es aconsejable conocer de antemano el estado físico del oleoducto, y esto se hace a través de observaciones visuales o exámenes de la tubería por rayos X u otros medios apropiados para luego proceder a las reparaciones debidas.

El final del oleoducto puede ser una refinería o la combinación de refinería y terminal de embarque. Allí el volumen y la calidad de crudo entregado debe corresponder al despachado. De igual manera, las instalaciones de recibo en la refinería y/o terminal deben mantenerse en buen estado físico y seguridad de funcionamiento, como se mencionó con respecto al patio de tanques, origen del oleoducto.

Es muy importante todo lo relacionado con el mantenimiento de la ruta y del oleoducto y sus instalaciones para cuidar y mantener el ambiente. Si la ruta no está limpia, la maleza puede ser foco de incendios y si hay derrames se dificultan los trabajos de contingencia y reparación.

Para evitar accidentes que puedan ser ocasionados por terceros, es necesario que cuando el oleoducto está enterrado se señalen debidamente aquellas partes de su ruta o cruces que puedan ser objeto de excavaciones o vayan a formar parte de algún proyecto.

Los oleoductos del país

La información sobre los oleoductos del país, manejados por las tres desaparecidas operadoras Lagoven, Maraven y Corpoven, da una idea de la extensión de las operaciones diarias de transporte de crudos.

Tabla 8-5. Venezuela: principales oleoductos existentes por compañías al 31-12-1996						
Empresa	De	A	Longitud en km	Diámetro (cm)	Capacidad m^3/día	Volumen transportado durante el año m^3
Lagoven	Ulé	Amuay N° 1	188,60	60,00	60.382	9.740.570
	Ulé	Amuay N° 2	230,30	60,00	65.149	14.142.100
	Ulé 1/	La Salina	14,50	66,04	65.149	3.972.500
	Pta. Gorda	La Salina	7,90	53,00	51.484	5.736.290
	Ulé	La Salina	14,70	40,64	41.886	-
	Ulé 1/	La Salina	14,50	86,36	57.204	-
	Temblador	Caripito	155,50	58,42	15.572	5.291.370
	Morichal	T. Pta. Cuchillo	70,00	61,00	10.328	1.287.090
	Jusepín	Travieso	26,00	51,00	37.342	12.298.860
	Jusepín	Travieso	26,00	66,04	21.452	7.071.050
Total Lagoven			748,00		425.948	59.539.830
Maraven	Cabimas	Pto. Miranda	44,20	86,36	73.396	15.413.300
	Palmarejo	Cardón	246,50	76,20	45.763	1.207.640
	Pto. Miranda	Cardón	227,50	76,20	43.763	16.922.850
	Bachaquero	Pto. Miranda	105,50	76,20	76.272	20.273.310
	Motatán-2	San Lorenzo K-15	14,50	30,48	11.000	4.099.620
	Mene Grande	Misoa	17,00	30,48	7.945	206.570
	Barúa	Boquete	7,00	20,30	6.356	127.120
	Boquete	K-15	12,00	30,48	9.693	365.470
Total Maraven			674,20		274.188	58.615.880
Corpoven	P.T. Anaco	Pto. La Cruz	100,0 40,64	65,04	5.492	13.892.627
	P.T. Anaco	Km 52/Pto. La Cruz	100,0 73,00	40,64 30,48	5.492 inactiva	-
	P.T. Anaco	Pto. La Cruz	100,0	40,64 30,48	5.492	11.199.272
	P.T. Oficina	Pto. La Cruz	155,57	76,20	67.056	15.683.430
	P.T. Oficina	Anaco	58,00	40,64	7.151	1.247.365
	P.T. Travieso	Pto. La Cruz	152,00 152,00 152,00	40,64 66,04 76,20	127.200	43.093.680
	Las Palmas	Pto. La Cruz	162,00	40,64	5.244	286.020
	Silvestre	El Palito	338,00	50,80	23.000	8.231.020
	Maya Larga	Silvestre	250,00	50,80	19.704	6.721.470
Total Corpoven			1.833,21		265.831	100.354.884
Bitor	P.T. Oficina 2/	Jose 1/	103,00 52,00	91,44 66,04	12.712	
Total Bitor			155,00		12.712	
Total Venezuela			3.410,41		978.679	218.510.594

1/ Lagoven tramo del proyecto de reemplazo del oleoducto Lagunillas-Ulé seccionando el oleoducto en Ulé. 2/ Bitor transporta Orimulsión®.

Fuente: MEM-PODE,1996, Dirección de Petróleo y Gas, Cuadro N° 38.

II. Gasductos

En todos los capítulos anteriores se ha mencionado el gas como componente esencial de los hidrocarburos y se relacionan diferentes aspectos sobre la asociación del gas con el petróleo, las características de su composición, su comportamiento volumétrico bajo la acción de la presión y la temperatura y su compresibilidad, su contenido de hidrocarburos líquidos, su utilización como energético, el gas en las refinerías y en la petroquímica como materia prima y otros aspectos tecnológicos referentes al manejo y a la utilización del gas. Mucho de lo anteriormente mencionado tiene aplicación en el transporte de gas por gasductos.

Apreciaciones básicas

Corrientemente, en los campos petrolíferos y/o gasíferos se habla de gas de baja, mediana y alta presión. Estas designaciones son importantes porque determinan la capacidad o fuerza propia (presión) de flujo que por sí tiene el gas producido de los pozos. La presión hace posible la recolección del gas y su transmisión por tubería (gasducto) de determinada longitud y diámetro.

El gas de baja presión difícilmente puede ser aprovechado comercialmente. Las razones que se sobreponen a su utilización son técnicas y económicas. Generalmente, el volumen de gas solo o de gas asociado con petróleo que producen los pozos de baja presión es muy poco. Por tanto, la recolección de todo este gas implica cuantiosas inversiones en las instalaciones requeridas para manejarlo, como son: red de tuberías, compresión, medición, tratamiento y transmisión a sitios distantes.

El gas de mediana y alta presión, siempre y cuando los volúmenes sean técnica y económicamente suficientes para ventas durante largo tiempo, ofrecen más posibilidades

Fig. 8-13. En los sitios de entrega de grandes volúmenes diarios de gas se cuenta con instalaciones de medición y control de la eficiencia de las operaciones.

de comercialización si hay mercados que hagan factible el éxito de las inversiones.

El enfoque de los pasos preliminares básicos para la adquisición y preparación de la ruta que debe seguir un gasducto en tierra o costafuera, o combinación de ambas circunstancias, se asemeja a lo mencionado para los oleoductos.

Considerando que el gas se consume en quehaceres industriales y domésticos, al aspecto de su manejo y acondicionamiento para tales fines requiere especial atención a ciertos factores.

Sobre los detalles del uso de la tecnología de diseño y funcionamiento del gasducto y sus instalaciones conexas existen aspectos que requieren tratamientos diferentes al oleoducto, por razones obvias.

Recolección del gas

Si el gas producido viene con petróleo, un cierto número de pozos son conectados a una estación de flujo donde se separa la mezcla de gas y petróleo. El número de estaciones de flujo en el campo depende, naturalmente, de la extensión geográfica del

Fig. 8-14. La mezcla de gas y petróleo producida en el campo es llevada por tubería desde el cabezal de cada pozo hasta una estación de separación y recolección.

campo, ya que las distancias entre los pozos y sus correspondientes estaciones deben permitir que el flujo se efectúe por la propia presión que muestran los pozos. Esto representa la fase inicial de la recolección del gas.

El gas separado en cada estación se mide y recolecta para ser pasado por plantas de tratamiento y acondicionamiento para luego ser comprimido a la presión requerida y comenzar su transmisión por el gasducto. El tratamiento y acondicionamiento puede ser la remoción de partículas de agua y sedimentos, sulfuro de hidrógeno, extracción de hidrocarburos líquidos para que el gas tenga finalmente las características y propiedades que lo hacen apto para usos industriales y domésticos.

Si la producción de gas proviene de un yacimiento netamente gasífero, quizás los pozos sean capaces de producir individualmente miles de metros cúbicos diariamente, y para asegurar el volumen de gas requerido sólo un número de pozos sería suficiente para abastecer el gasducto. Esta situación simplifica los as-

pectos de la recolección, manejo, tratamiento y acondicionamiento del gas en el campo.

Características de las tuberías

Las características de las tuberías para la construcción de gasductos, oleoductos, poliductos y acueductos en la industria petrolera aparecen en las recomendaciones publicadas por el API, como también en los textos y publicaciones especializadas. Las tuberías disponibles son capaces de satisfacer todas las exigencias. La verdadera escogencia está en que la tubería satisfaga los requisitos de funcionamiento y que esto se cumpla con la mayor economía posible de diseño sin comprometer la eficacia de la instalación.

Es menester recordar que cuando se trata de la construcción de este tipo de instalaciones se está haciendo una obra para 15 ó 20 años de servicio. Su funcionamiento está atado a la vida productiva de los yacimientos que sirve.

Fig. 8-15. La separación del gas del petróleo y el posterior tratamiento de cada sustancia permiten que el petróleo sea entregado a los tanqueros en las terminales de embarque. El gas, como líquido, es embarcado en buques cisterna llamados metaneros, de características especiales.

El flujo de gas por gasductos

Para transportar diariamente un determinado volumen de gas de un punto a otro, y posiblemente volúmenes mayores en unos años, se requiere tender un gasducto.

Igual sucede con un oleoducto, un poliducto o un acueducto, para transportar petróleo, productos derivados de los hidrocarburos y agua, respectivamente.

En la industria petrolera, la longitud, el diámetro y la capacidad de los ductos pueden ser respetables: miles de kilómetros, cientos de milímetros de diámetro y millones de metros cúbicos diarios de capacidad. Por ejemplo, los gasductos más grandes del mundo se han tendido en Rusia. Uno de ellos, el de Ugengoi (campo de gas ubicado cerca del golfo de Ob, en la periferia del círculo Artico) a Uzhgorod (en la frontera con Checoslovaquia y a corta distancia de la frontera rusa con Polonia y Rumania) tiene una longitud de 4.620 kilómetros, diámetro de 1.422 milímetros y capacidad diaria de entrega de 110 millones de metros cúbicos de gas para 1987. Esto, en energía equivalente, es igual a transportar, aproximadamente, 670.000 b/d de petróleo. Los clientes para este gas son Checoslovaquia, Austria, Italia, Alemania, Francia, Holanda y Bélgica.

El concepto del flujo de gas por gasducto no difiere del de petróleo por oleoductos, o sea fluido gaseoso y líquido. Sin embargo, debido a las características y propiedades físicas de los gases y de los líquidos hay que tomar en cuenta ciertas diferencias al tratar matemáticamente el comportamiento del flujo de uno y otro por tuberías.

Para el gas natural, se ha derivado un buen número de fórmulas aplicables a las condiciones del flujo. Por tanto, la nomenclatura de las ecuaciones que se utilizan es muy específica en expresar y abarcar determinadas condiciones para casos generales y especiales.

La nomenclatura y las ecuaciones se fundamentan en las relaciones entre los siguientes términos:

V	Velocidad del gas, metro o pies por segundo.
G	Aceleración gravitacional, metros o pies por segundo/segundo.
S	Distancia de la caída del cuerpo, metro o pies.
Q	Volumen de gas a determinada presión (atmósferas, kg/cm^2 o lppc). Presión de carga y presión de descarga. Volumen en metros cúbicos o pies cúbicos por hora o por día.
d, D	Diámetro interno de la tubería, centímetros o milímetros, o pulgadas.
P	Caída o descenso de presión, de un punto de la tubería o otro; atmósferas, kg/cm^2 o lppc o centímetros o pulgadas de agua para muy bajas presiones.
S, G	Gravedad específica del gas; aire = 1,293 gr/l.
L	Longitud de la tubería: km, metros, millas, yardas o pies.
C, K	Constante para designar fricción, viscosidad u otra constante, como aspereza interna de la tubería.
T_1, T_2	Temperatura absoluta, grados Celsius o Fahrenheit.
P_o	Presión absoluta básica, kg/cm^2, lppc.
P_1	Presión absoluta de entrada o carga; atmósferas, kg/cm^2 o lppc.
P_2	Presión absoluta de salida o descarga; atmósferas, kg/cm^2 o lppc.
T_o	Temperatura absoluta básica, grados Celsius o Fahrenheit.
T	Temperatura absoluta del gas fluyente, grados Celsius o Fahrenheit.
F	Coeficiente de fricción.
R_n	$\dfrac{DUS}{Z}$ utilizado para determinar el coeficiente de fricción (f), mediante gráficos apropiados.

Otros factores que se toman en consideración son los cambios que pudieran darse en diámetros de tuberías, por lo que es necesario convertir los diferentes diámetros y longitudes a equivalentes de una longitud y diámetro común. Además, en todo sistema de flujo, las curvas o cambios de dirección de la tubería, así como accesorios integrales de la tubería: codos, uniones, etc., ofrecen un grado de resistencia al flujo cuyo efecto es equivalente a cierta longitud adicional de tubería. De allí que todos estos detalles sean tomados en cuenta en los cálculos para que el gasducto funcione eficazmente.

En la literatura técnica se encuentran las fórmulas de varios investigadores y autores como Pole, Spon, Molesworth, Cox, Rix, Towl, Unwin, Oliphant, Spitzglass y otras personalidades, y entes como el Bureau de Minas de Estados Unidos, los fabricantes de material tubular, las compañías de servicios petroleros especializadas en transmisión de gas y las empresas de consultoría en la materia. Una de las fórmulas más conocidas es la de T.R. Weymouth, cuyas relaciones fundamentales son como sigue:

$$Q = 18,602 \frac{To}{Po} \left[\frac{(P^2_1 - P^2_2)D^5 \, 1/3}{G.T.L} \right]^{1/2}$$

Sin embargo, como en el diseño de un gasducto hay que tomar en cuenta tantos factores, una sola fórmula no puede abarcar todos los términos y situaciones consideradas. Por tanto, el diseñador recurre a la utilización de varias fórmulas. Con rangos o parámetros determinados para cada caso crítico, se va armando entonces un programa de cálculo general y específico que finalmente da la solución adecuada al problema planteado. Tales soluciones se logran actualmente con gran rapidez y exactitud mediante la utilización de computadoras y graficadores electrónicos.

La compresión del gas

Para enviar gas de un sitio a otro, éste debe tener cierta presión y si no tiene presión suficiente hay que imprimírsela utilizando compresores. Los compresores son máquinas diseñadas y fabricadas de acuerdo con normas técnicas precisas para satisfacer determinados requerimientos de baja, mediana y alta presión, llamadas etapas de compresión.

Ejemplos típicos de compresores sencillos de uso común en la vida diaria son: la bomba utilizada para llenar de aire las llantas de las bicicletas; el compresor que se usa en la estación de servicio para llenar de aire las llantas de los automóviles y la jeringa para aplicar inyecciones hipodérmicas.

Varias de las propiedades y conceptos mencionados en el Capítulo 5 "Gas Natural", son muy importantes y aplicables en la transmisión de gas por tuberías. Para seleccionar el compresor o compresores requeridos es necesario conocer las siguientes propiedades del gas: peso molecular, gravedad específica, relación de poder calorífico específico, factor de compresibilidad, densidad del gas a condiciones normales y a condiciones de succión. En lo referente a las condiciones de funcionamiento del compresor deben estipularse los siguientes factores: presión de succión, presión de descarga, temperatura del gas succionado, presión básica, temperatura básica, temperatura ambiental, volumen o capacidad de flujo del compresor, caídas de presión en la tubería de succión y en la tubería de descarga, relación de compresión y eficiencia del sistema.

Cuando se comprime gas, se realiza un trabajo mecánico que es equivalente al producto de la fuerza aplicada por la distancia recorrida, o lo que se traduce finalmente en la potencia del compresor, la cual se calcula utilizando las fórmulas matemáticas apropiadas que se fundamentan en los conceptos y propiedades antes mencionadas.

Fig. 8-16. En ciertos sitios en el trayecto terrestre o marítimo se dispone de instalaciones para comprimir y/o tratar el gas natural e impulsarlo hacia los centros de consumo o inyectarlo en los yacimientos.

Corrientemente, cuando se habla de la potencia de una máquina se dice que tiene tantos caballos de potencia o de fuerza. Por definición técnica, en el sistema métrico, un caballo de vapor representa el esfuerzo necesario para levantar, a un metro de altura, en un segundo, 75 kilogramos de peso, o sea 75 kilográmetros. En el sistema angloamericano es equivalente a 550 libras-pie por segundo (HP).

La designación de la potencia, o caballos de fuerza (c.d.f.) o caballos de potencia, es la base para asignar precios de costo a las estaciones completas de compresión requeridas por el gasducto. Esta inversión se expresa en Bs./c.d.f. o $/HP. Durante el período 1° de julio de 1994 a 30 de junio de 1995 (Oil and Gas Journal, 27 de noviembre de 1995, p. 46), según permisos de construcción otorgados en los Estados Unidos por la Comisión Federal Reguladora de Energía (FERC), el precio mínimo y máximo de instalación de compresores para ductos fue desde $314 hasta $5.286 por caballo de fuerza. El costo promedio fue $1.390 por c.d.f. y la distribución porcentual del costo fue así: equipo y materiales 52,4; mano de obra 17,4; terreno para erección de la

estación 1,7; misceláneos (levantamiento topográfico, ingeniería, supervisión, financiamiento, administración y contingencia) 28,5.

Esta información es muy útil si se considera que la construcción de gasductos en Venezuela requiere de ciertos equipos y materiales importados. Naturalmente, el tipo y las características de las máquinas escogidas (compresores/turbinas), como también las condiciones geográficas (transporte, construcción de la estación, emplazamiento del equipo y accesorios afines) influyen marcadamente en los costos. De todas maneras, se apreciará que el costo del equipo de compresión instalado de por sí representa una cifra millonaria. En el caso de gasductos de gran diámetro y de miles de kilómetros de longitud, que necesariamente requieren máquinas de compresión de muy alto caballaje, la inversión por este concepto es respetable. Para este tipo de proyecto se está considerando el diseño y manufactura de compresores de 16.000 a 33.525 c.d.f.

Para apreciar la aplicación y la regulación de la presión en la transmisión de gas por tuberías, basta con pensar en el sistema de servicio directo de gas doméstico que llega a los hogares venezolanos. El gas proviene de los campos petroleros, ubicados a mucha distancia de las ciudades en la mayoría de los casos. En los campos se le imprime al gas determinada alta presión para lograr su transmisión, y en tramos específicos del gasducto se refuerza la presión (por compresión) para que siga fluyendo a determinada velocidad y volumen hacia el punto de entrega en la periferia de la ciudad, donde el gasducto se conecta con la red de distribución de gas de la ciudad. Al entrar el gas en la red de distribución comienza a regularse su presión, de manera que todos los sectores de la ciudad dispongan de un adecuado suministro. El gas que se consume en los quehaceres domésticos entra al hogar a muy baja presión, presión que a la vez es regulada a niveles más bajos mediante el ajuste de los controles que tienen los equipos que funcionan a gas (cocina, calentadores de agua, acondicionadores de aire, etc.). Así que, de presiones de cientos de kilogramos/centímetro cuadrado durante el recorrido del campo a la ciudad, finalmente, la presión del gas en el hogar puede estar entre 124 y 500 gramos de presión por encima de la atmosférica.

La medición del gas

A todo lo largo de las operaciones de producción, separación, acondicionamiento, tratamiento y transmisión de gas, se reciben y despachan volúmenes de gas que deben ser medidos con exactitud para cuantificar el flujo en distintos sitios.

Debido a las propiedades y características del gas, su volumen es afectado por la presión y la temperatura. De allí que, para tener un punto de referencia común, el volumen de gas medido a cualquier presión y temperatura sea convertido a una presión base y a una temperatura base que, por ejemplo, podrían ser una atmósfera y 15,5 °C, o a más de una atmósfera y temperatura ligeramente mayor. El todo es ceñirse a una norma para que no haya discrepancias al considerar varios y diferentes volúmenes de gas medidos a presiones y temperaturas diferentes.

En el sistema métrico, el gas para la venta se mide en metros cúbicos. En el sistema angloamericano en pies cúbicos. Un metro cúbico es equivalente a 35,2875 pies cúbicos. Otra manera de ponerle precio al gas para la venta en los mercados internacionales se basa en el poder calorífico del gas. Generalmente se indica el precio por millón de B.T.U. (Unidad Térmica Británica). Una B.T.U. es igual a 0,252 kilo-caloría.

Para medir el gas de baja presión que se entrega a los consumidores, generalmente se utilizan medidores de lectura directa,

fabricados de metal. Estos medidores tienen varios círculos graduados (relojes contadores) que, a medida que haya flujo, por medio de una aguja, marcan y totalizan el volumen de la corriente de gas.

Los relojes marcan, respectivamente, fracciones de la unidad de volumen, unidad de volumen, miles, diez miles, cien miles y millones de unidades. Corrientemente, en los Estados Unidos, el gas para uso doméstico o industrial se vende a tantos dólares por cada mil pies cúbicos. En Venezuela se vende a tantos céntimos o bolívares por metro cúbico.

La mecánica del medidor de gas se asemeja mucho a otros tipos de medidores de servicios, como el medidor de agua y el medidor de electricidad.

Para los casos en que los volúmenes de consumo de gas o baja presión sean muy elevados, como en algunos talleres y fábricas, entonces se instalan medidores de alta capacidad. Estos medidores son provistos de dispositivos que marcan la presión gráficamente y el volumen entregado queda inscrito en los relojes contadores. De suerte que por estos registros se puede disponer de datos permanentes para verificar el comportamiento del flujo.

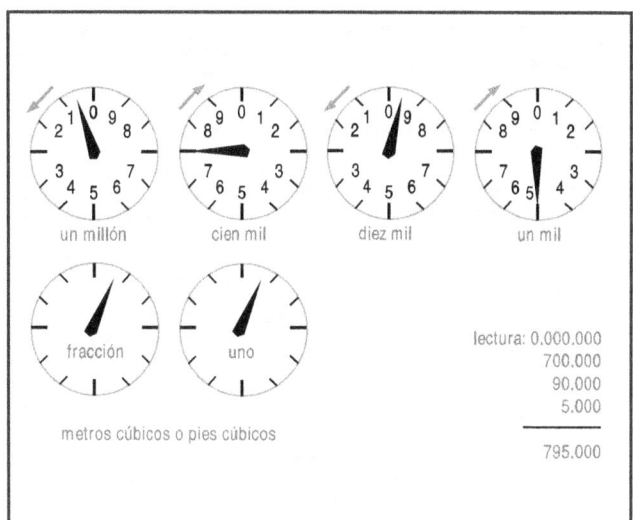

Fig. 8-17. Serie de círculos de lectura que conforman el medidor de gas utilizado en ciertos sitios para contabilizar el consumo.

31

Los adelantos en la medición del flujo de gas por tuberías se deben a los perseverantes esfuerzos de los hombres que manejan las operaciones de campo y a las contribuciones de los investigadores que en los laboratorios de flujo han diseñado y experimentado con instalaciones similares y/o totalmente avanzadas. De todo esto han surgido como dispositivos clásicos el tubo de Venturi, creación del físico italiano G.B. Venturi († 1822), la boquilla o tobera y el disco plano de orificio.

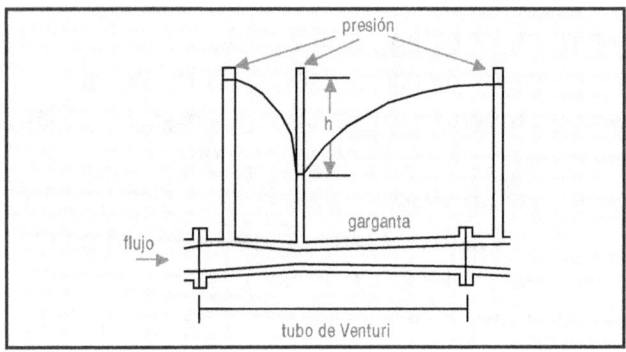

Fig. 8-18. Dispositivo para medir flujo por diferencial de presión y es parte del ducto (tubo de Venturi).

El tubo de Venturi y la boquilla o tobera tienen aplicaciones prácticas en la medición de fluidos, pero la configuración, la lisura de la superficie interna y otros detalles de confección les restan ciertos atributos que son difíciles de evitar e influyen sobre las características del flujo.

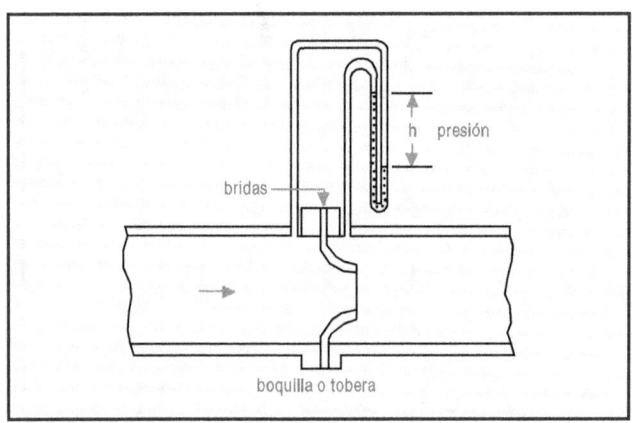

Fig. 8-19. Medidor de flujo por diferencial de presión utilizando una boquilla o tobera.

Para medición de altos volúmenes de gas se usa el medidor de orificio. Este tipo de instalación requiere mucha atención en lo referente al diseño, funcionamiento y mantenimiento de sus componentes, no obstante ser una instalación sencilla y específicamente en lo referente a la abertura de un círculo (orificio) perfecto en el centro del disco metálico.

El cálculo del volumen de flujo por el orificio se fundamenta en los conceptos y principios de la física que rigen la dinámica del flujo y las relaciones entre el orificio y la tubería.

El disco metálico debe ser instalado de tal manera que el centro del diámetro de la tubería y del orificio sean el mismo. Las bridas sirven para unir herméticamente las secciones de tubería y mantener el orificio bien sujeto.

Cuando hay flujo por la tubería, corriente arriba en la zona cercana al orificio se crea un aumento de presión y corriente abajo en la zona cercana al orificio se aprecia una disminución de la presión. A cierta distancia más allá de la salida del flujo por el orificio se registra luego un aumento de presión, como se muestra en el dibujo. Esta diferencia de presiones es la base para los cálculos del flujo.

Para medir las presiones se instala en la tubería un medidor. Los componentes

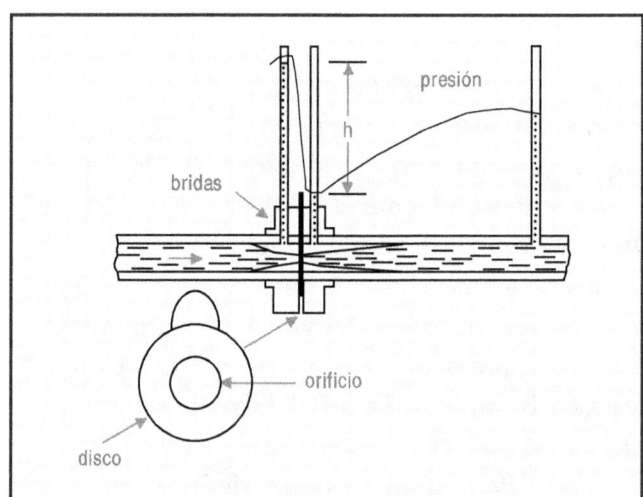

Fig. 8-20 Medición de flujo mediante el uso del orificio.

esenciales del medidor son un mecanismo de reloj que hace girar una carta circular o disco de cartulina delgada, debidamente graduado para girar una revolución completa durante tiempo determinado; las dos plumillas que, conectadas al mecanismo articulado interno del medidor, se mueven radialmente, según los cambios de presión, e inscriben sobre la carta un registro permanente de la presión diferencial y de la presión estática durante todo el tiempo del flujo.

El cálculo del volumen de gas se hace mediante la aplicación de fórmulas matemáticas como la siguiente:

$$Q = C \sqrt{h_w P_f}$$

En la que:

Q = Volumen de gas por hora o por día, en metros cúbicos (o pies cúbicos) a una presión y temperatura básicas correspondientes a C.

C = Coeficiente a determinar, correspondiente al diámetro del orificio utilizado.

h_w = Presión diferencial en centímetros (o pulgadas) de agua.

P_f = Presión estática absoluta del gas en kg/cm^2 (o lppc).

Fig. 8-21. Instalación de almacenamiento de líquidos del gas natural en Jose, estado Anzoátegui.

Fig. 8-22. Instalaciones para el manejo de gas proveniente de yacimientos petrolíferos y/o gasíferos.

En la práctica, para realizar los cálculos se emplean tablas de extensiones, que contienen la expresión que multiplicada por C da el volumen de gas medido que corresponde a la sumatoria promedio del intervalo de tiempo y presiones graficadas en el disco.

El coeficiente C se obtiene de la relación directa de multiplicación de los siguientes factores:

• El factor básico de flujo del orificio, que se calcula tomando en cuenta el peso del volumen unitario y la gravedad específica del gas.

• El número de Reynolds.

• El factor de expansión.

• El factor de la presión básica.

• El factor de la temperatura básica.

• El factor de la temperatura durante el flujo.

• El factor de la gravedad específica.

• El factor de la supercompresibilidad.

Como podrá apreciarse, para la determinación de cada uno de estos factores hay que tomar en cuenta ciertos aspectos físicos y las características de los elementos de la instalación y del propio gas. Para manejar este tipo de instalaciones en todos sus aspectos, lo mejor es consultar la información que sobre la materia publican las casas editoras especializadas, las asociaciones de profesionales petroleros y las empresas de servicios petroleros especializadas en esta rama específicamente.

La Figura 8-23 muestra una instalación de un medidor de orificio, que tiene opción de funcionar midiendo las presiones desde sitios ubicados en las bridas o desde sitios ubicados en el propio cuerpo de la tubería, corriente arriba y abajo desde el orificio. Para el diseño de la instalación existen normas y recomendaciones que cubren las relaciones de diámetros de orificio y tuberías, y tubería y conexiones, así como las distancias de las conexiones en la tubería corriente arriba y abajo del orificio. De igual manera existen detalles que deben cubrirse respecto al funcionamiento y mantenimiento de los elementos.

El manejo del gas natural, en todos sus aspectos, representa una actividad o rama muy importante de los hidrocarburos. Y son

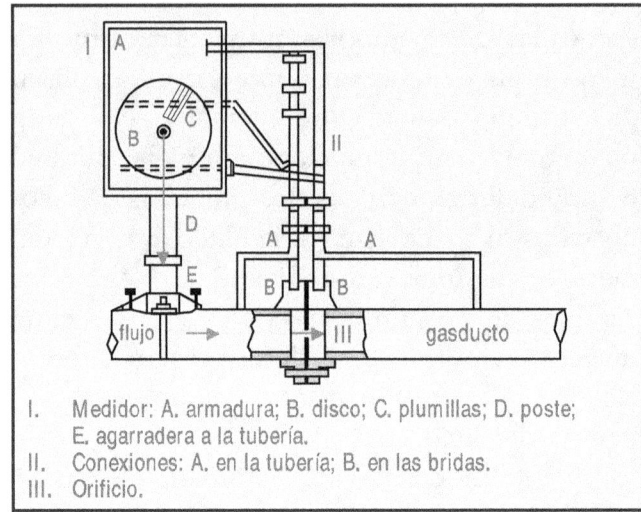

I. Medidor: A. armadura; B. disco; C. plumillas; D. poste; E. agarradera a la tubería.
II. Conexiones: A. en la tubería; B. en las bridas.
III. Orificio.

Fig. 8-23. Instalación y componentes básicos de medición de gas por orificio.

parte fundamental de esa actividad el transporte y la medición del gas, los cuales requieren la atención de un gran número de personas de diferentes disciplinas y experiencias en diferentes áreas: producción, transporte, refinación, petroquímica, mercadeo.

| Tabla 8-6. Principales gasductos existentes en Venezuela al 31-12-1996 ||||||
Empresa	Desde	Hasta	Longitud km	Volumen diario transportado Mm^3
Corpoven	Sistema Centro 1/		2.236,30	7.968.285,0
	Sistema Oriente 2/		790,00	7.699.276,0
Total Corpoven			3.026,30	15.667.561,0
Maraven	Pto. Miranda 3/	Cardón	218,90	
	Sistema Noreste del Lago 4/		232,00	748.761,0
	Sistema Central del Lago 5/		341,00	1.699.565,0
	Casigua	La Fría	270,00	61.196,0
Total Maraven			1.061,9	2.509.522,0
Lagoven	Quiriquire	Caripito	19,60	
	Boquerón/Toscana	Jusepín	45,50	205.574,0
	Orocual/Toscana	Jusepín	26,00	996.347,0
	Ulé	Amuay (N° 1)	238,00	27.285,0
	Ulé	Amuay (N° 2)	240,00	-
	Piedritas	Veladero	240,00	-
Total Lagoven			585,10	1.229.206,0
Total Venezuela			4.673,3	19.406.289,0

1/ Incluye los tramos: Anaco-Caracas, Sta. Teresa-Guarenas, El Cují-Litoral, Caracas-Valencia, Encrucijada/Morros-San Sebastián, Guacara-Morón, Morón-Barquisimeto, Lechozo-Charallave, Charallave-Figueroa, Charallave-Valencia y Nurgas. 2/ Incluye los tramos: Anaco-Pto. Ordaz, Anaco-Pto. La Cruz, M. Juan-Sta. Bárbara, La Toscana-Zinca y Guario-Merecure. 3/ Volumen incluido en el Sistema Central del Lago. 4/ Incluye los tramos: Puerto Miranda-La Paz, Mara-El Comején-Mara, La Paz-Sibucara, Palmarejo-Sibucara, Sibucara-S. Maestra, La Paz-S. Maestra, La Concepción- Boscán, La Lomita-Bajo Grande, Est. A-4-Boscán. 5/ Incluye los tramos: Bloque IV-San Lorenzo, El Boquete-San Lorenzo, San Lorenzo-Mene Grande, Bloque I-Las Morochas, Las Morochas-Lagunillas, Las Morochas-Tía Juana, Lago I-La Pica, Bloque I-La Pica, La Pica-El Tablazo, El Tablazo-Pagline, Bloque IX-La Pica.

Fuente: MEM-PODE, 1996, Dirección de Petróleo y Gas, Cuadro N° 46.

III. Tanqueros

En 1880 la producción mundial de crudos llegó a 82.241 barriles diarios y los Estados Unidos, además de ser el gran productor, incursionaba sostenidamente en el transporte fluvial y marítimo del petróleo, que ya se perfilaba como materia y carga importante en el comercio internacional.

Para la época, el transporte de petróleo se hacía en buques para carga sólida y pasajeros. Los hidrocarburos se envasaban en barriles o se depositaban en tanques inadecuadamente diseñados e instalados en los buques. El manejo de esta carga inflamable era tan rudimentario y las medidas de seguridad tan precarias que los incendios y las pérdidas llamaron poderosamente la atención, concluyéndose que la respuesta a esas tragedias estaba en el diseño y la construcción de una nave específica para tales fines. Y fue por ello que surgió el tanquero petrolero a finales del siglo XIX.

El tanquero petrolero original

El primer tanquero petrolero fue el "Gluckauf" (Buena Suerte) diseñado por W.A. Riedeman, transportista alemán de petróleo, y construido en 1885 en los astilleros de New-

Fig. 8-25. A medida que aumentó el volumen de petróleo que requería ser transportado en barcos, evolucionó la tecnología de construcción de tanqueros.

castle-Upon-Tyne de la firma británica Sir W.G. Armstrong Whitworth and Company, Ltd. Este buque fue la respuesta inicial a las características de seguridad planteadas por la industria petrolera y el transporte marítimo y oceánico.

El "Gluckauf" tenía 91,5 metros de longitud (eslora), capacidad de 2.307 toneladas brutas y velocidad de 10,5 nudos o millas náuticas. Sus tanques se podían llenar y vaciar utilizando bombas.

Concebido el primer modelo, como lo fue la construcción del "Gluckauf", la arquitectura y la ingeniería navales comenzaron luego a compilar experiencias y a expandir sus

Fig. 8-24. El "Gluckauf", primer tanquero petrolero, construido en 1885.

conocimientos para responder a una variedad de conceptos y relaciones sobre las características de los tanqueros del futuro inmediato, tales como:

- Tonelaje y velocidad (economía).
- Distribución de la carga (tanques).
- Carga y descarga (muelle, bombeo e instalaciones auxiliares).
- Seguridad de la carga durante la navegación (movimiento del barco, condiciones atmosféricas).
- Expansión y contracción de la carga debido a sus características (almacenaje).
- Comportamiento de la nave durante la navegación en condiciones atmosféricas extremas, en cuanto a temperatura, tormentas (diseño y estructura).
- Dispositivo de seguridad (detectores, alarmas, apagafuegos, etc.).
- Instalaciones y comodidades (para la tripulación).
- Características de la nave y las terminales petroleras alrededor del mundo (muelles, calado, seguridad).

Todos los factores antes mencionados cobraron mayor atención al correr del tiempo. Por ejemplo, el canal de Suez fue abierto al tráfico marítimo en 1869, y originalmente tuvo una profundidad de ocho metros. Luego, el 1° de enero de 1915, fue inaugurado el canal de Panamá, que permite la interconexión entre el océano Pacífico y el mar Caribe mediante la navegación por medio de esclusas.

Una de las inconveniencias que presentaban los primeros tanqueros petroleros era que estaban dedicados al transporte exclusivo de un tipo de carga muy específica y sucedió que por mucho tiempo navegaban de un sitio a otro haciendo viajes sencillos sin tener carga similar que llevar de regreso. Naturalmente, tal circunstancia influía sobre la eficiencia operacional y el aspecto económico del transporte.

Identificación visual de los buques

En la jerga marítima mercante y en la conversación corriente, generalmente todo buque se identifica por su nombre y nacionalidad o bandera. Además, todo buque, bajo su nombre inscrito en la popa, lleva el nombre de su puerto sede. Pero todo buque, por su silueta, tiene también otras características que sirven para identificarlo por el tipo de servicio que presta: carguero, tanquero, metanero, minero, trasatlántico, turismo, etc. Sin embargo, hay dos características: el tonelaje de desplazamiento y las toneladas de peso muerto. Estas toneladas usualmente se miden en toneladas largas, equivalentes a 2.240 libras por tonelada larga (1,01818 tonelada métrica), que dan idea más concreta sobre el tipo o clase de buque.

El tonelaje de desplazamiento es el peso de un buque, que es igual al peso del agua que desplaza (principio de Arquímedes).

Las toneladas de peso muerto (TPM) son el peso de la carga más todos los pesos variables del buque, tales como el combustible, aceite, provisiones, agua, etc.

La velocidad del buque, siempre expresada en el término marítimo de nudos o millas náuticas (la milla náutica internacional es equivalente a 1.852 metros), da idea del tiempo que tomaría para viajar de un puerto a otro y no se aprecia a menos que se sepa o se observe el buque navegando a su máxima velocidad. Generalmente, los tanqueros no son veloces, por razones obvias.

La capacidad de carga y la velocidad, como se verá más adelante, son dos factores muy importantes, y más cuando se trata del servicio que prestan los tanqueros alrededor del mundo.

Hay otras dos marcas de identificación de los buques que ayudan a visualizar sus características de carga y para la navegación. En la proa y en la popa llevan una columna de números que indica el calado, por el cual se puede apreciar la profundidad que alcanza la parte sumergida en el agua. En los costados, y a mitad de la longitud del buque, se podrá observar la marca o círculo de Plimsoll, que sirve para indicar la profundidad máxima a la cual puede legalmente ser cargado el buque.

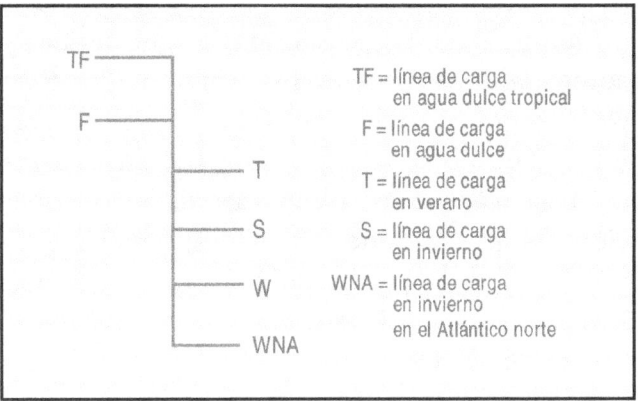

Fig. 8-26. Línea Plimsoll.

Esta marca se debe a Samuel Plimsoll (1824-1898), líder inglés de las reformas de la navegación marítima, quien en su obra "Our Seamen" ("Nuestros Marinos", 1872) dio a conocer los peligros y las condiciones de tráfico marítimo para la época. Sus observaciones y recomendaciones fueron tomadas en cuenta en los tratados internacionales de navegación. En el círculo de Plimsoll aparecen las iniciales de la sociedad clasificadora del buque, pudiéndose así identificar las normas y reglas de construcción utilizadas.

Además, casi todas las empresas navieras de carga y/o pasajeros y las empresas independientes transportistas de hidrocarburos y las mismas petroleras identifican sus buques por medio de emblemas y/o marcas que se desta-

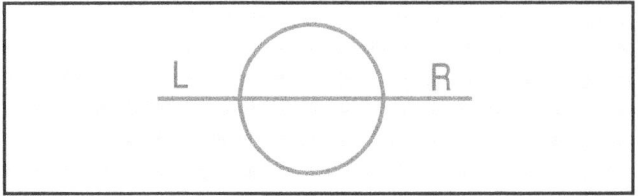

Fig. 8-27. Emblema que indica el registro del buque por Lloyd.

can en la chimenea del buque. Algunas empresas anteponen, para mejor identificación, el nombre de la empresa al nombre del buque.

Evolución del tanquero

Después de la Primera Guerra Mundial (1914-1918) hubo necesidad de disponer de buques de mayor capacidad para viajes más largos. En 1920 la producción mundial de petróleo llegó a 1.887.353 b/d, equivalente a unas 265.413 toneladas largas diarias, y como podrá apreciarse, una buena parte de este petróleo, como crudo o como refinado, debía ser transportado por tanqueros a través de todos los mares.

Se escogió como deseable el tanquero de 13.000 toneladas de peso muerto y velocidad de 11 nudos. Para entonces las empresas petroleras internacionales poseían y operaban la mayoría de los tanqueros existentes.

Durante el período 1920-1940, la industria petrolera mundial creció significativamente y la producción alcanzó 5.889.920 b/d equivalente a 828.283 toneladas largas diarias. Este sostenido incremento en la producción de petróleo requirió también una flota mayor de tanqueros. Efectivamente, en 1939, al comienzo de la Segunda Guerra Mundial (1939-1945), la flota mundial de tanqueros tenía una capacidad de 11.586.000 toneladas, o sea 16,9 % de toda la flota marítima mundial. Si se toma en cuenta que el tanquero tipo de la época era el de 13.000 toneladas, el tonelaje mundial de tanqueros era equivalente a unos 891 buques. Pero durante la Segunda Guerra Mundial se diseñó y construyó con éxito un nuevo tipo de tanquero, que hasta ahora ha servido de referencia y de comparación equivalente para los que se han construido después. Este tanquero, el T-2, tenía las siguientes características básicas: longitud (eslora) 159,45 m; calado: 9,15 m; peso muerto: 16.700 toneladas (145.158 barriles de petróleo); velocidad: 14,6 nudos.

Si se compara este tanquero con los dos tanqueros básicos anteriores y se establece su equivalencia se apreciará que por tonelaje y velocidad ninguno de los dos igualaba al T-2.

Ejemplo:

$$\frac{Gluckauf}{T\text{-}2} = \frac{2.307 \quad toneladas \times 10,5 \ nudos}{6.700 \ toneladas \times 14,6 \ nudos} = 0,0993$$

Por tanto, puede decirse que el antiguo "Gluckauf", era, aproximadamente, un décimo del T-2. O a la inversa, el T-2, por su tonelaje y velocidad correspondería a una superioridad equivalente 10 veces mayor.

Si se considera y compara el segundo tanquero tipo, el de 13.000 toneladas y 11 nudos de velocidad, construido después de la Primera Guerra Mundial, se apreciará que este buque representó aproximadamente 0,586 T-2.

Terminada la Segunda Guerra Mundial, el restablecimiento de las relaciones comerciales normales impuso un acelerado ritmo a todas las actividades. La industria petrolera retomó su camino y todas sus operaciones (exploración, perforación, producción, transporte, refinación, petroquímica, mercadeo y comercialización) se aprestaron debidamente para responder a los retos inmediatos y futuros. El petróleo y sus derivados fueron elementos básicos para los programas de reconstrucción de las naciones afectadas directamente por la guerra y para todo el resto en general. La importancia del petróleo y sus derivados y, por ende, el transporte por tanqueros, como también la producción y exportación de Venezuela, pueden apreciarse por las siguientes cifras, que cubren la primera década después de la Segunda Guerra Mundial.

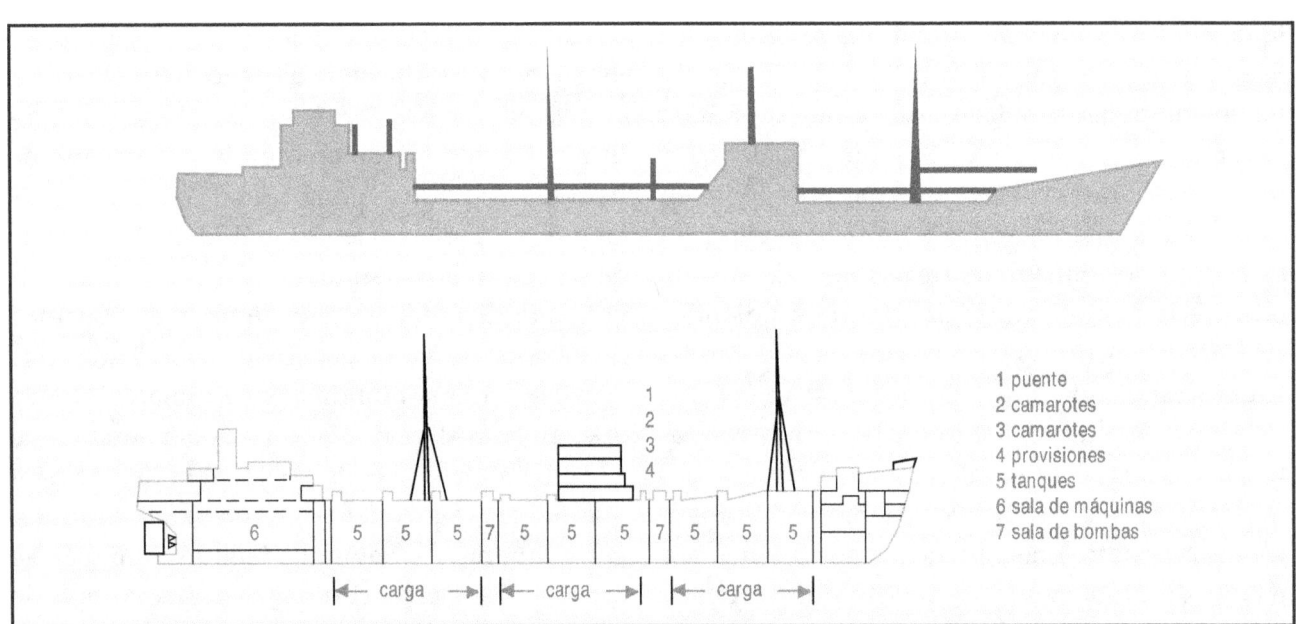

Fig. 8-28. Compartimientos estanco de un tanquero de los primeros modelos.

Tabla 8-7. Producción mundial de petróleo y la flota petrolera

	1945	1947	1949	1951	1953	1955
Mundo, MBD	7.109	8.280	9.326	11.733	13.145	15.413
Venezuela, MBD	886	1.191	1.321	1.705	1.765	2.157
Venezuela, MBD (1)	870	1.161	1.260	1.612	1.662	2.024

(1) Exportación directa de crudos y productos.

Tabla 8-8. Flota petrolera mundial

	1945	1947	1949	1951	1953	1955
N° tanqueros	1.768	1.868	1.955	2.131	5.502	2.681
TPM, miles	21.668	23.585	24.932	28.255	35.732	41.623
Velocidad promedio, nudos	12,67	13,1	13,1	13,3	13,6	14,0
Tanqueros equiv. al T-2	1.129,2	1.271,4	1.152,3	1.544,1	2.003,5	2.398,1

Fuentes: MEM-PODE, 1980.
API-Petroleum Facts and Figures: 1945, 1947, 1961, 1967, 1971.

Los supertanqueros

Inmediatamente después de terminada la Segunda Guerra Mundial (1939-1945), la industria petrolera en general reactivó todas sus operaciones. Todo el cuadro de pronósticos hacía patente que el transporte marítimo petrolero requeriría mayor número y mejores buques para reemplazar los tanqueros de preguerra y muchos de los utilizados durante la guerra. El tanquero tipo T-2 paulatinamente fue desapareciendo y finalmente quedó como buque de referencia.

En efecto, los armadores independientes, como Stavros Spyros Niarchos, Aristóteles Onassis, Daniel K. Ludwig, S. Livanos y otros, fueron los iniciadores de la nueva etapa, ordenando la construcción de buques más modernos y de mayor tonelaje. Los siguientes ejemplos dan idea de cómo empezó el desarrollo de los supertanqueros:

Al correr de los años aparecieron los gigantes de las clases o tipos de 100.000, 200.000, 300.000, 400.000 y cerca de 500.000 toneladas de peso muerto, como el Globtik Tokyo (1973) de 483.664 toneladas, de la Norop Tankers Corporation. Años después (1979), fue construido el Appama, renombrado luego Seawise Giant, propiedad de la Universal Carriers Inc., y cuyas características eran (1982) las más grandes para buques mayores de 500.000 toneladas. Tonelaje: 555.843 TPM; calado: 24,61 m; longitud total: 458,45 m; manga extrema (ancho) 68,87 m; velocidad: 15,5 nudos; número de tanques centrales y laterales: 12 y 16, respectivamente; capacidad de carga: 4.226.000 barriles; lastre permanente: 448.990 barriles; capacidad de bombeo (agua) con cuatro bombas: 22.000 toneladas por hora: potencia del eje impulsor: 50.000 HP (c.d.f.), y propela a 85 r.p.m.; consumo diario de combustibles por las máquinas:

Tabla 8-9. El tiempo y el tanquero de mayor tonelaje

Año	Tanquero	Tonelaje	Propietario
1948	Bulkpetrol	30.000	Ludwig
1951	World Unity	31.745	Niarchos
1954	World Glory	45.509	Niarchos
1954	Al-Awal	46.500	Onassis
1956	Spyros Niarchos	47.750	Niarchos
1956	Universe Leader	84.750	Ludwig

205 toneladas; almacenaje tope de combustible: 13.951 toneladas. Haciendo comparación, este gigante era equivalente a 35,3 tanqueros T-2.

Además, las empresas petroleras comenzaron también a ampliar y a modernizar sus flotas, contribuyendo así a la disponibilidad de una capacidad de transporte cada vez mayor.

En general, el transporte petrolero lo hacen las empresas con buques propios y/o alquilados. Y para satisfacer la variedad de requerimientos de tonelaje específico y el tipo de carga, hay toda clase de tanqueros, desde los de pequeña capacidad (menos de 6.000 TPM) hasta los de más de medio millón de toneladas. En el lenguaje de transporte marítimo petrolero hay tanqueros para llevar carga seca/petróleo, minerales/petróleo como también los metaneros, asfalteros y los requeridos para productos de la petroquímica. La carga constituida por petróleo crudo y productos negros se denomina "sucia" y aquella representada por gasolinas y destilados se llama carga "limpia". De allí que a los tanqueros se les identifique por el tipo de carga como buque para carga sucia o carga limpia.

Además, muchos barcos sufren averías que los imposibilitan para continuar en servicio y varios otros se hunden por colisión o fallas estructurales. Año a año, la composición de la flota cambia y está detallada en el Registro de Tanqueros (compilación y publicación hecha por H. Clarkson & Company Limited, de Londres). Este registro recoge la información de los tanqueros de todas las naciones y además incluye una amplia serie de gráficos, tablas y pormenores sobre las características de cada tanquero activo.

Tabla 8-10A. Flota mundial de tanqueros

	1992	1993	1994	1995	1996
(1) Número de tanqueros	3.177	3.198	3.192	3.200	3.241
(2) Tonelaje, MTPM	274.342	280.109	278.181	277.362	281.396

Tabla 8-10B. Países con mayor número de tanqueros y tonelaje

		1992	1993	1994	1995	1996
Liberia	(1)	546	516	812	522	527
	(2)	58.452	56.762	57.297	59.046	59.164
Estados Unidos	(1)	234	224	218	197	198
	(2)	14.538	13.353	12.203	11.238	11.256
Noruega	(1)	221	209	202	194	195
	(2)	21.417	20.295	19.192	18.817	18.979
Panamá	(1)	294	322	323	345	362
	(2)	30.484	34.942	34.659	35.966	37.983
C.E.I.	(1)	91	89	199	66	62
	(2)	3.279	3.102	3.231	2.576	2.290
Grecia	(1)	202	233	235	228	223
	(2)	22.442	26.220	26.973	25.554	25.347
Inglaterra	(1)	120	98	97	92	91
	(2)	15.376	10.158	10.211	9.546	9.205
Italia	(1)	85	83	86	81	75
	(2)	4.143	3.780	4.058	3.816	3.559
Total	(1)	1.793	1.774	2.172	1.725	1.733
	(2)	170.131	168.612	167.824	166.559	167.783
Porcentaje B/A	(1)	56,4	55,5	68,0	53,9	53,5
	(2)	62,0	60,2	60,3	60,0	59,6

MTPM = miles de toneladas de peso muerto; C.E.I = ex URSS.

Fuente: MEM-PODE, 1996, Cuadro N° 135.

La flota petrolera mundial es inmensa y representa por sí sola una actividad que sobrepasa las operaciones de las flotas mercante y de guerra de muchos países juntos. Para tener una idea de la composición de la flota petrolera mundial ver Tablas 8-10 (A y B).

Es sobresaliente que al correr de los años los grandes tanqueros de 100.000 TPM y más representen un buen porcentaje de la flota. Generalmente, la flota está constituida por buques de distintos tonelajes cuyos rangos pueden estar entre las siguientes clasificaciones de TPM:

6.000	-	19.999
20.000	-	29.999
30.000	-	49.999
50.000	-	69.999
70.000	-	99.999
100.000	-	199.999
200.000	-	239.999
240.000	-	y más

Para dar una idea de la distribución y propietarios de tanqueros, se ofrece la siguiente información:

El canal de Suez y los tanqueros

Son importantísimas las influencias y las proyecciones que sobre el tráfico marítimo petrolero emergieron de los sucesos ocurridos en el canal de Suez durante 1956 por la nacionalización del canal y en 1967 por los enfrentamientos árabe-israelí. Veamos:

En 1955, por el canal de Suez pasaron 448 millones de barriles de petróleo del Medio Oriente hacia Europa. Este volumen representó el 59,1 % de todo el petróleo despachado por esa zona hacia las naciones de Occidente. Además, ese volumen de petróleo fue el 66 % de toda la carga que pasó por el canal ese año.

Estos dos hechos destacan la importancia del canal como acceso a Europa y la importancia del petróleo como parte del consumo total de energía de las naciones europeas y como componente del tráfico marítimo internacional por el canal.

Los datos son relevantes, porque, como se verá más adelante, los acontecimientos que tuvieron lugar en el canal fueron fundamentales para el aceleramiento del desarrollo de las tecnologías requeridas para la cons-

Tabla 8-11. Distribución de la flota petrolera mundial, 1996

	Propietarios				
	Compañías petroleras	Compañías independientes	Gobiernos	Otros	Total
(1) Tanqueros	1.020	2.054	98	69	3.241
(2) Tonelaje, miles toneladas peso muerto	84.192	185.274	2.862	9.068	281.396
Porcentaje (1)	31,5	63,4	3,0	2,1	100,00
(2)	30,0	65,8	1,0	3,2	100,00

Fuente: MEM-PODE, 1996, Cuadro N° 136.

trucción de tanqueros de mayor tonelaje primeramente y luego los supertanqueros.

Hasta 1956, la profundidad del canal de Suez sólo permitía el paso de tanqueros de hasta 30.000 toneladas, pero algunos de los nuevos tanqueros de tonelaje ligeramente mayor lo cruzaban siempre que no fueran cargados a su entera capacidad. Ese año, Egipto decretó la nacionalización del canal y esta acción alteró momentáneamente el tráfico de buques de todo tipo. Sin embargo, la experiencia vivida alertó a la industria petrolera y a los transportistas de petróleo sobre un cierre prolongado del canal. Tal situación obligaría a todos los tanqueros, como sucedió años más tarde, a tomar la vía marítima larga por el cabo de Buena Esperanza, dando la vuelta por Africa para llegar a Europa y los Estados Unidos. En realidad, los tanqueros de gran tonelaje que se construyeron después de 1948 eran cada vez más grandes y la gran mayoría no podía ser admitida por el canal, por tanto se tenía ya suficiente experiencia de navegación alrededor del cabo. Pero la alternativa involucra distancias mayores, como puede observarse en el ejemplo que ofrece la Tabla 8-12.

Las distancias muy largas de navegación tienen mucha influencia sobre las características de los buques y las modalidades del servicio: tonelaje del tanquero, tiempo de viaje, costos y gastos de operaciones, fletes, inversiones y rentabilidad. Adicionalmente a estos factores, se presenta la consideración de la disponibilidad de grandes terminales (puertos petrole-

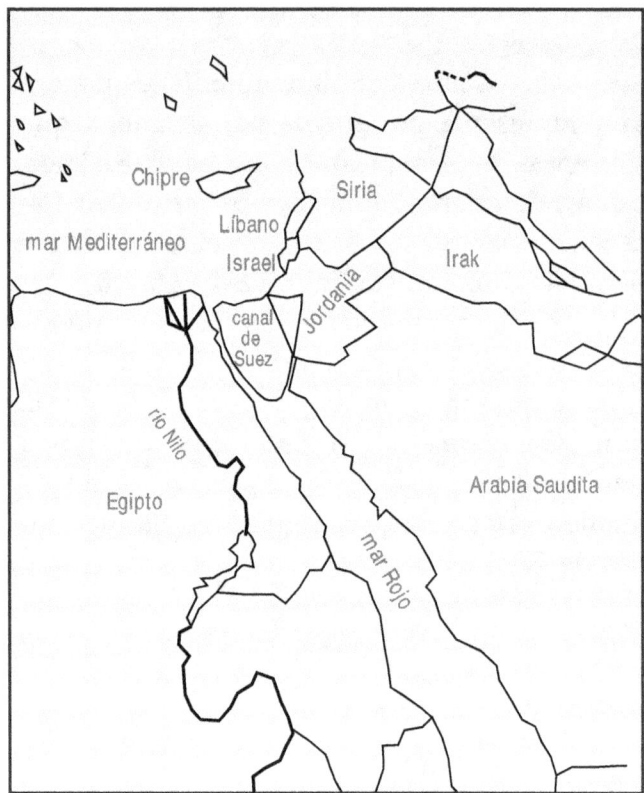

Fig. 8-29. El canal de Suez es vía indispensable para el tráfico marítimo y especialmente para los hidrocarburos que se exportan hacia Europa desde los campos petrolíferos del Medio Oriente.

ros) para acomodar los tanqueros gigantes durante sus operaciones de carga y descarga.

Afortunadamente, el episodio de la nacionalización del canal de Suez no tuvo mayores consecuencias y el tráfico fue restituido pronto. No obstante, la preocupación de no contar permanentemente con el canal no se disipó sino que más bien constituyó un fundamento para proseguir con la construcción de los supertanqueros.

Tabla 8-12. Viajes desde el Medio Oriente: Rastanura				
	Ida y vuelta*		Ida y vuelta	
A	Vía Suez, MN	Días	Vía El Cabo, MN	Días
Nueva York	8.290	46,0	11.815	65,6
Rotterdam	6.605	36,7	11.330	62,9
Southampton	6.220	34,6	10.995	61,1

* A velocidad de 15 nudos.

MN= millas náuticas.

42

Fig. 8-30. El canal de Panamá es otra vía muy importante para el tráfico marítimo convencional y petrolero.

Luego del cierre temporal (1956), el fondo del canal fue ensanchando y ahondado para dar paso a buques hasta de 45.000 toneladas.

Lo que se temía sucedió, es decir, sobrevino un cierre prolongado del canal que lo mantuvo fuera de servicio desde el 6 de junio de 1957 hasta el 4 de junio de 1975, debido a la Guerra Árabe-Israelí de los Seis Días, que dejó 10 barcos hundidos en diferentes sitios de la vía de 161 kilómetros de longitud, 120 metros de ancho y 14 metros de profundidad. Este acontecimiento justificó y aceleró la construcción de los supertanqueros, que cada vez eran de mayor tonelaje, e intensificó el tráfico marítimo y especialmente el petrolero alrededor del cabo. Además, como consecuencia de todo esto, empezaron a aparecer las superterminales petroleras en varias partes para acomodar a los grandes tanqueros y manejar los enormes volúmenes de carga y descarga de petróleo.

Durante 1956, la producción petrolera mundial alcanzó 16,8 millones de barriles diarios y la flota petrolera acusó 28,2 millones de toneladas, equivalente a 26,8 % del tonelaje de todos los buques del transporte mundial.

La importancia de los tanqueros ha llegado a ser tal que, en determinadas circunstancias, la falta de capacidad de almacenaje en

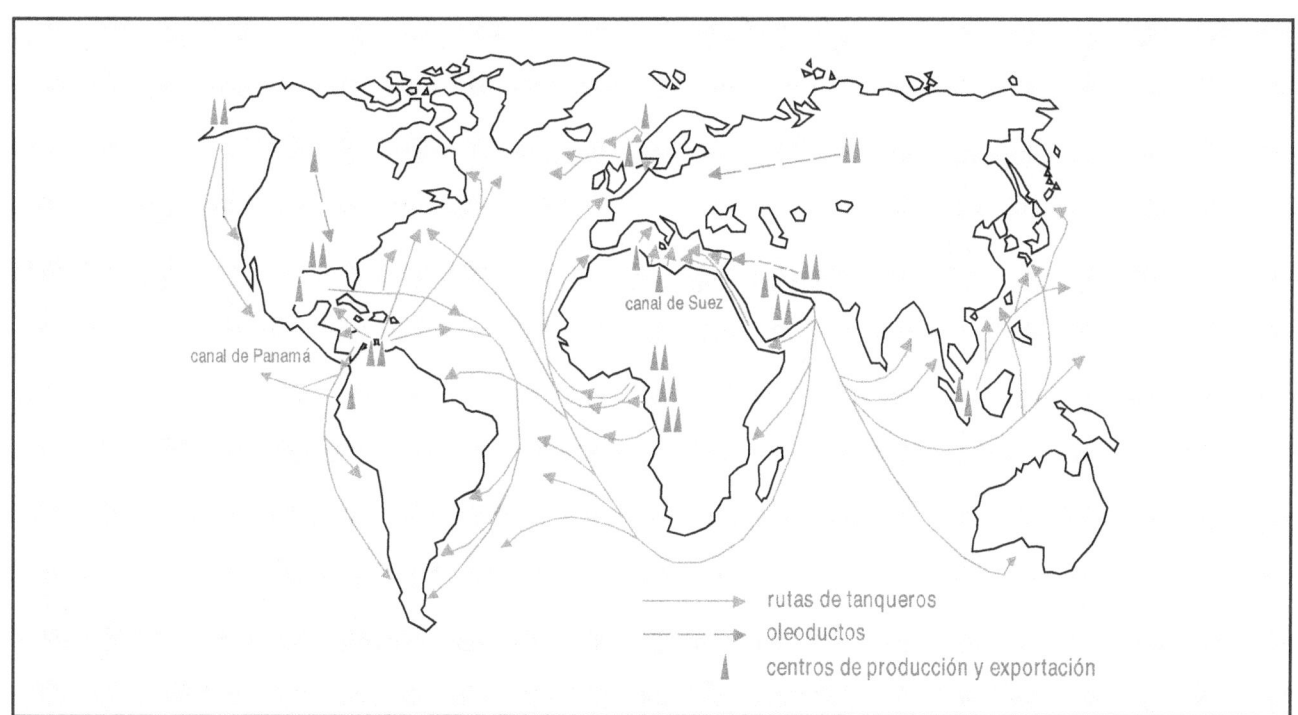

Fig. 8-31. El transporte de crudos y productos refinados se realiza continuamente las veinticuatro horas de cada día. En 1995, la producción diaria mundial de petróleo fue de 61.410.000 barriles.

diversos sitios del mundo ha sido solucionada temporalmente mediante la utilización de tanqueros, especialmente los de gran tonelaje.

Fletamento y fletes

El fletamento representa en las transacciones navieras el documento mercantil que especifica el flete. Y el flete es el precio estipulado que se paga por el alquiler de un buque o parte de él para llevar carga de un sitio a otro.

Generalmente, en la industria petrolera, la gran mayoría de las empresas, y especialmente las que manejan grandes volúmenes de crudos y/o productos propios, u obtienen de terceros volúmenes de crudos y/o productos, tienen su propia flota, pero además alquilan o utilizan buques de los transportistas independientes cuando las circunstancias lo requieran.

Sin embargo, la disponibilidad de tanqueros en determinado período puede ser fácil o difícil, de acuerdo con la oferta y la demanda de petróleo en los mercados mundiales. Cuando se reduce la demanda, el requerimiento de tanqueros tiende a bajar y, por ende, los fletes disminuyen. Al contrario, cuando se produce una demanda excesiva de transporte los fletes aumentan.

La contratación de tanqueros, de acuerdo con las normas y relaciones tradicionales entre transportistas independientes y la industria, se rige por ciertas modalidades. Ejemplos: determinado buque puede ser contratado con el fin de hacer un viaje sencillo para llevar un cierto volumen de crudo y/o productos de un puerto a otro, de acuerdo con un contrato de fletamento. O el buque puede ser utilizado para hacer un viaje de una terminal a otra y de ésta a otra para llevar en ambos casos determinados volúmenes de carga. En ocasiones se opta por el alquiler de tanqueros por determinado número de viajes o de tiempo. En algunas circunstancias se puede optar por alquilar un buque durante cierto tiempo sin tripulación y el arrendatario asume la responsabilidad de manejarlo como si fuera propio. Otras veces, el tanquero puede ser arrendado para ser utilizado como tanque de almacenamiento en determinado puerto o sitio.

El costo o flete de transporte de la tonelada de hidrocarburos refleja la situación mundial de la demanda, como se mencionó antes. El flete es el precio que dentro de la competencia de la oferta y la demanda de tanqueros hace que el transportista pueda mantenerse solvente, siempre y cuando su flota ofrezca las características deseadas y la administración de la flota sea eficaz. Este es un servicio muy competido.

El dueño de tanqueros, sea empresa petrolera con flota propia o empresa transportista independiente, incurre en una variedad de desembolsos: inversiones, seguros, sueldos, salarios y bonificaciones al personal, mantenimiento y reparaciones de buques, depreciación, avituallamiento y otras provisiones, sobrecostos, combustible y afines, derechos de puerto y de tránsito por canales.

Por todo esto, cada buque debe mantenerse navegando y transportando carga el mayor número de días posible anualmente, por aquello de "barco parado no gana flete". Las experiencias derivadas del transporte marítimo petrolero, las circunstancias, los adelantos en el diseño y la construcción de buques, la cambiante composición de la flota y los aportes de los dueños de tanqueros y de los usuarios han contribuido, conjuntamente con entes gubernamentales, a la estructuración y aplicación de los fletes.

En este aspecto han sido importantes las contribuciones del Ministerio Británico de Transporte (M.O.T.); de la Comisión Marítima Estadounidense (U.S.M.C.) y las de agentes y corredores de tanqueros de Londres y de Nueva York. Para el tráfico de cabotaje de tanqueros en los Estados Unidos se aplica desde

1956 la tarifa de fletes ATRS (American Tanker Rate Schedule). A lo largo de los años se diseñaron otras modalidades de tarifas para el transporte marítimo internacional y, finalmente, en 1969, se produjo la llamada Escala Nominal Mundial de Fletes de Tanqueros (Worldwide Tanker Nominal Freight Scale, comúnmente designada Worldwide Scale) aceptada por todo el mundo.

Así como el T-2 es el buque clásico de comparación entre buques, para la determinación del flete básico, en dólares estadounidenses por tonelada, de manera que en cualquier ruta el dueño del tanqueros reciba la misma rentabilidad, se escogió el buque de las siguientes características:

1. TPM (en verano), toneladas	19.500
2. Calado (agua salada en verano), metros	9,3
3. Velocidad, nudos	14
4. Consumo de combustible en puerto, T/D*	5
5. Consumo de combustible en alta mar, T/D*	28
6. Estadía en puerto, horas**	96
7. Arrendamiento fijo, $/D	1.800
8. Corretaje, %	2,5

* Combustóleo de alta viscosidad, 180 centistokes.
** Sólo para el propósito de cálculos (considerar otros aspectos sobre puertos, canales). Este tanquero es equivalente a 1,12 T-2.

La escala mundial de fletes ("Worldscale") se revisa dos veces al año para incluir todos aquellos cambios y condiciones que afectan los fletes y el tráfico de tanqueros. Además, si mientras tanto se producen modificaciones o enmiendas, se notifica apropiadamente a los interesados. El manual de referencia contiene información sobre los fletes vigentes que abarcan unos 1.400 puertos y terminales petroleras de distintas características en todo el mundo.

Como el tráfico de tanqueros está sometido a una variedad de condiciones y circunstancias, la tarifa básica Worldscale representa 100 y las fluctuaciones por encima o por debajo de esa base se especifican en tanto por ciento. Así que el Worldscale 140 o Worldscale 80 significan 140 % u 80 % de la tarifa.

Puertos/terminales

Los puertos y las terminales marítimas y fluviales petroleras se rigen por las leyes de cada país y por los acuerdos internacionales que sobre la navegación y materias afines hayan acordado las naciones signatarias.

Como se ha podido apreciar, la flota petrolera mundial está compuesta por una cantidad de buques de variado tonelaje y características que hacen imposible que todos los puertos y terminales puedan recibir a todos los buques. Hay limitaciones de calado y de muelles que imposibilitan atender a todos los buques y más al tratarse de los supertanqueros de dimensiones y características excepcionales. Para estos supergigantes existen contadas terminales que en sí representan puntos de transbordo de carga, donde pueden almacenarse varios millones de barriles de petróleo para luego cargar tanqueros de menor tonelaje con destino a otros puertos.

Para mantener debidamente informados a los usuarios de los puertos petroleros se recopila y publica oportunamente informa-

Fig. 8-32. Terminal de La Salina, lago de Maracaibo.

ción detallada que contiene datos y pormenores sobre:

- Localización geográfica (longitud y latitud).
- Autoridad portuaria (reglamentos y ordenanzas).
- Servicios de pilotaje.
- Ayudas a la navegación (radio, faros, boyas).
- Servicios de remolcadores (atraque y desatraque, anclaje).
- Características máximas de los buques aceptables (eslora, manga, calado).
- Instalaciones para carga y descarga (muelles, bombeo, deslastre).
- Operaciones nocturnas.
- Normas de seguridad.
- Servicios (agua, combustible, avituallamiento, hospedaje en tierra, atención médica, etcétera).
- Medidas contra la contaminación ambiental.
- Información meteorológica.

Para los casos de vías marítimas de tránsito como son el canal de Suez y el canal de Panamá, existen regulaciones especiales para garantizar la seguridad del tráfico y de las instalaciones debido a la profundidad de las aguas, longitud y ancho de la vía. Si los buques van cargados o en lastre y van en una u otra dirección (Norte-Sur/Sur-Norte) se deben tomar en cuenta la eslora, la manga y el calado, como también las indicaciones referentes a la velocidad del buque durante el viaje por estas vías. Por razones obvias, las medidas de seguridad son muy estrictas.

Abanderamiento de buques

Todos los tanqueros tienen nacionalidad y están provistos de la documentación necesaria que acredita su bandera. También, un buque de nacionalidad extranjera puede ser registrado bajo la bandera de otro país, y a este abanderamiento se le conoce como bandera de conveniencia.

El servicio mercante es muy competido y por razones de los bajos impuestos con que algunas naciones pechan esta actividad han logrado abanderar un respetable número de tanqueros.

Es interesante destacar que por orden de tonelaje, y en ciertos casos por número de buques, el mayor porcentaje de las flotas está registrada en países que no producen petróleo y son importadores netos de hidrocarburos de toda clase: Liberia, Japón, Grecia, Panamá y Singapur.

Los más grandes productores de petróleo del mundo: la C.E.I. (ex URSS), Arabia Saudita y Estados Unidos que durante 1995 promediaron conjuntamente 21,6 millones de barriles diarios de petróleo (equivalente a 35,1 % de la producción mundial), tienen en conjunto 19,6 y 9,6 % de los buques y del tonelaje de la flota, respectivamente. Sin embargo, debe mencionarse lo siguiente: Rusia exporta grandes volúmenes de crudo hacia Europa por oleoductos; Arabia Saudita, uno de los más grandes exportadores de petróleo del mundo, tiene una flota de 12 barcos, y sus exportaciones las transportan, mayoritariamente, buques de otras banderas; los Estados Unidos, además de ser gran productor, es un gran consumidor de hidrocarburos que importa diariamente grandes volúmenes mediante la utilización de buques de otras banderas y sus exportaciones de crudos y productos son ínfimas. No obstante, el tráfico de cabotaje de tanqueros estadounidenses es respetable y todo el petróleo de Alaska, cuya producción es de aproximadamente 1,5 millones de barriles diarios (05-1995), se transporta por tanqueros.

Las flotas petrolera y mercante representan para cada país un apoyo naval que en breve plazo puede ser movilizado y adscrito a las fuerzas militares en caso de emergencias. Por esta razón, muchas potencias se preo-

Fig. 8-33. Disposición de tanqueros cargando o descargando en las instalaciones de la terminal del Centro de Refinación Paraguaná, estado Falcón.

cupan porque dichas flotas mantengan sus buques en adecuadas condiciones de servicio y sean manejados por personal competente.

IV. La Flota Petrolera Venezolana

La Primera Guerra Mundial (1914-1918) retardó en cierto modo y por razones obvias el inicio de las actividades petroleras venezolanas en gran escala. Precisamente, el descubrimiento en 1914 del gran campo petrolífero de Mene Grande, estado Zulia, mediante el pozo Zumaque-1, abierto por la Caribbean Petroleum Company (Grupo Royal Dutch/Shell), no empezó a tomar auge sino en 1917 cuando por primera vez empezó a enviarse crudo venezolano a Curazao desde San Lorenzo.

La flota del lago

Los embarques se hacían utilizando dos gabarras de madera de 300 toneladas cada una llevadas por los remolcadores "Sansón" y "Don Alberto". La distancia entre San Lorenzo y Curazao es de 320 millas náuticas y el viaje redondo tomaba entonces de siete a ocho días, dependiendo de las condiciones atmosféricas,

que si eran malas se requería más tiempo y a veces los remolcadores y las gabarras sufrían averías. Se podrá apreciar que la navegación era muy lenta, la velocidad de esos remolcadores estaba entre 3,3 y 3,8 nudos por hora para el viaje de ida y vuelta.

El desarrollo de las operaciones petroleras venezolanas confirmó en poco tiempo las amplias perspectivas de producción de la cuenca geológica de Maracaibo y para la década de los años veinte la exportación de crudos requirió mejores y más amplios medios de transporte.

Barcos de guerra en desuso, de pequeño calado y de 500 toneladas de capacidad, fueron reacondicionados para el servicio de transporte petrolero bajo bandera holandesa, desde el lago hasta Curazao y Aruba.

La "flota del lago" creció en consonancia con los aumentos de producción y de exportación de crudos. La navegación por el golfo de Venezuela y por la garganta de entrada y salida al lago de Maracaibo, representada por el trecho Cabimas-Isla de Zapara, constituía para la época 67,5 millas náuticas de recorrido peligroso. Las barras en la boca del lago ofrecían profundidades de agua de casi un metro a 5,25 metros. Además, las mareas, las corrientes, el movimiento de sedimentos y

Fig. 8-34. Buque Maritza Sayalero, transportador de productos de PDV Marina.

los cambios atmosféricos eran factores que contribuían a la peligrosidad de la navegación como también a la limitación del calado de los buques y, por ende, su tonelaje. Sin embargo, con el correr de los años el tonelaje de los buques fue incrementándose de 300 a 500, 1.200, 2.000 y 4.000 toneladas a medida que el Gobierno Nacional y las empresas petroleras conjugaban esfuerzos para ahondar el canal de navegación y disponer el debido señalamiento para el tráfico de los buques, como también otras normas de seguridad.

Los trabajos de mejora de seguridad de la navegación por el golfo de Venezuela y la garganta del lago de Maracaibo se intensificaron después de la Segunda Guerra Mundial. Y con la creación del Instituto Nacional de Canalizaciones en 1952 se logró ahondar más el canal externo y el interno para permitir el tránsito de buques de mayor tonelaje. Para 1954 ya entraban y salían tanqueros de 15.000 toneladas. Más tarde, para 1959, la flota venezolana de tanqueros fue modernizada y aumentada con buques de hasta 45.057 toneladas, gracias a los continuos trabajos de profundización de los canales y puertos petroleros en el lago de Maracaibo.

La flota remozada

Para 1973 la flota petrolera venezolana había adquirido un perfil y dimensiones diferentes. Estaba compuesta por buques entre los cuales se contaban algunos que podían hacer viajes internacionales, no obstante que su principal función había sido, básicamente, el servicio costanero venezolano y cuando más por el mar Caribe.

Las siguientes Tablas 8-13 y 8-14 dan idea de la composición de la flota para los años 1973 y 1984.

Tabla 8-13. La flota petrolera venezolana en vísperas de la nacionalización de la Industria

Empresa	Buque	(1)	Características 1973 (2)	(3)	(4)	(5)
CVP	Independencia I	29.700	10	15,6	1973	2
	Independencia II	29.700	10	15,6	1973	2
		59.400				
Creole	ESSO Amuay	37.200	11,36	15,0	1960	15
	ESSO Caripito	37.200	11,36	15,0	1960	15
	ESSO Caracas	40.925	11,34	15,0	1959	16
	ESSO Maracaibo	40.925	11,34	15,0	1959	16
	ESSO La Guaira	10.905	6,82	12,0	1954	21
		167.155				
Shell	SHELL Amuay	34.904	10,95	14,5	1960	15
	SHELL Aramare	35.070	10,95	14,5	1960	15
	SHELL Mara	45.057	11,65	16,0	1958	17
	SHELL Charaima	15.100	8,31	12,5	1954	21
	SHELL Caricuao	14.671	8,31	12,5	1954	21
		144.802				
Mobil	NAVEMAR	54.307	12.65	16,0	1961	14
Total		425.664				

(1) TPM.
(2) calado, metros.
(3) velocidad, nudos.
(4) año de construcción.
(5) años de servicio.

Fuente: MMH, Carta Semanal N° 25, 21-06-1975.

Al aproximarse la nacionalización de la industria petrolera (1975), la flota tenía 13 barcos con un total de 425.664 toneladas y de ellos 10 buques con quince y más años de servicio. Prácticamente 85 % de las unidades necesitaban reemplazo por tiempo de servicio.

Después de la nacionalización, varios buques viejos fueron retirados de servicio y reemplazados por unidades nuevas que rebajaron substancialmente el total de años acumulados de servicio y aumentaron en 91,2 % el tonelaje total de la flota. En 1975, la edad global de la flota era de ciento noventa años pero en 1984 la flota fue complemente remozada. La suma de años de servicio de 20 barcos era de ochenta y dos años, y otros dos más nuevos no habían cumplido todavía un año navegando. El esfuerzo de Petróleos de Venezuela y sus filiales por contar con una flota más grande apuntaba a la nueva orientación de adquisición de más clientes y mayor participación en los mercados petroleros.

Tabla 8-14. Características de la flota petrolera venezolana al 31-12-1984							
Empresa	Buque	(1)	(2)	(3)	(4)	(5)	(6)
Corpoven	Independencia I	B	29,5	10,93	16,0	1973	11
	Independencia II	B	29,3	10,93	15,6	1973	11
			58,8				
Lagoven	Paria	N	45,6	10,06	15,0	1983	2
	Moruy	B	45,5	10,06	15,0	1983	1
	Santa Rita	B	32,0	11,30	16,0	1978	6 (+)
	Quiriquire	B	32,0	11,30	16,0	1978	6 (+)
	Caripe	N	53,7	11,60	16,0	1981	3 (+)
	Sinamaica	N	53,7	11,60	16,0	1981	3
	Ambrosio	N	61,2	11,58	15,6	1984	1
	Morichal	N	61,2	11,58	15,6	1984	0
	Inciarte	N	15,0	8,50	14,0	1984	0
	Guanoco	N	15,0	8,50	14,0	1983	1
			414,9				
Maraven	Caruao	B	31,9	11,33	15,7	1978	6
	Pariata	B	31,9	11,33	15,7	1978	6 (+)
	Transporte XX	B	19,9	8,15	7,0	1974	10
	Murachi	N	60,6	12,90	16,0	1981	3 (+)
	Urimare	N	60,6	12,90	16,0	1981	3
	Borburata	N	30,7	0,35	14,0	1981	3
	Yavire	GLP	8,0	7,60	15,0	1983	1
	Paramacay	GLP	8,0	7,60	15,0	1983	1
	Intermar Trader*	N/B	44,6	11,4	15,0	1982	1
	Intermar Transporter*	N/B	44,7	11,4	15,0	1982	1
			340,5				
Total propia/arrendada*			814,2				

(1) tipo de cargamento: blanco, negro, gases licuados del petróleo.
(2) peso muerto, miles de toneladas métricas.
(3) calado, metros.
(4) velocidad, nudos/hora.
(5) año de construcción.
(6) años de servicio.

Barcos retirados de servicio (+).

Fuente: Coordinación de Comercio y Suministro/Gerencia de Transporte Marítimo/PDVSA.

Creada PDV Marina

El crecimiento, el desarrollo y la importancia de las actividades petroleras de mercadeo de PDVSA y sus filiales condujeron a que la casa matriz aprobara en 1988 el plan rector de la flota, con miras a reemplazar viejas unidades y a expandir la capacidad de transporte marítimo nacional e internacional.

Visión, misión y estrategia

En 1988 las ventas diarias internacionales de PDVSA fueron de 1,24 millones de barriles de productos y 372.000 barriles de crudos. La visión, misión y estrategia comercial de Venezuela apuntaba a participar más en los mercados internacionales de productos derivados de petróleo.

Al efecto, para la fecha, la propiedad accionaria de PDVSA en cuatro refinerías de la República Federal de Alemania, dos en Estados Unidos, dos en Suecia y una en Bélgica y una arrendada en las Antillas Holandesas (Curazao) equivalía a que de una capacidad total instalada de 1.333 MBD le correspondía una participación de 796.720 b/d. Razón más que sobrada para que un gran exportador de petróleo como Venezuela tuviese una flota cónsona con sus compromisos empresariales.

Consolidación de la flota

• 24 de agosto de 1990. PDVSA y su filial Interven (inversiones en el exterior) crearon a **Venfleet Ltd.**

• 29 de noviembre de 1990. PDVSA creó a PVD Marina y le traspasó Venfleet Ltd.

• 06 de diciembre de 1991. PDV Marina creó a **Venfleet Lube Oil.**

• 28 de mayo de 1992. PDV Marina creó a **Venfleet Asphalt.**

• 1° de septiembre de 1992. Se integraron las flotas de las filiales Corpoven, Lagoven y Maraven, y los servicios portuarios para formar las propiedades de PDV Marina.

Lo que recibió PDV Marina de las filiales y cómo quedó constituida la nueva flota se resume en la tabla que sigue:

Tabla 8-15. Características de la nueva flota petrolera bajo PDV Marina			
1992		**1996**	
Empresa	Unidades	PDV Marina	
Lagoven	10 tanqueros 7 remolcadores 3 lanchas	25 tanqueros 4 producteros 17 remolcadores 13 lanchas de apoyo	
Maraven	8 tanqueros 5 remolcadores		
Corpoven	2 tanqueros 5 remolcadores 5 lanchas		
PDV Marina	1 tanquero 8 tanqueros en construcción		
Personal		**Personal**	
Marinos tanqueros	1.069	Tanqueros	746
Soporte oficinas	285	Gestión y soporte	415
Agenciamiento	27	Agenciamiento,	
Marinos remolcadores y lanchas	355	remolcadores y lanchas	372
Total	1.736	F/h efectiva	1.533

Fuente: PDV Marina, 1996.

Fig. 8-35. Tanquero Zeus de la flota Lakemax de PDV Marina para el transporte de crudos.

Por razones del servicio y de las características de los barcos, PDV Marina agrupa sus buques así:

• Flota Lakemax: conformada por los tanqueros Zeus, construido en 1992, y los otros siete: Proteo, Icaro, Parnaso, Teseo, Eos, Nereo y Hero, construidos en 1993, en los astilleros de la Hyundai, en Corea del Sur. Todos pertenecen a la filial Venfleet. Son utilizados para el transporte de crudos y poseen cada uno las siguientes características comunes:

- TMPM (toneladas métricas de peso muerto): 99.500

- Calado, metros: 12,9

- Velocidad, nudos/hora: 15

Además, la flota para crudos cuenta con los tanqueros cedidos a PDV Marina por Lagoven (ver Tabla 8-14): **Ambrosio, Morichal, Paria** y **Sinamaica,** y por Maraven: **Murachi.**

• Flota para transportar productos: la forman el **Moruy** (ex Lagoven), el **Caruao** (ex Maraven) y el Caura, y los bautizados en honor a las reinas de belleza Susana Duijm, Pilín León, Bárbara Palacios y Maritza Sayalero. Miles de toneladas de peso muerto total (MTPM): 301,1. Para transportar asfalto están los barcos **Guanoco** e **Inciarte**, de 15,7 y 15,4 MTPM, respec-

tivamente. Los cargueros de GLP son el **Paramacay** y el **Yavire**, de 11,8 MTPM cada uno.

Alcance de las actividades

PDV Marina como parte integral del negocio petrolero y filial de PDVSA atiende al servicio de cabotaje en el país mediante las entregas de cargamentos de productos, gases licuados del petróleo, líquidos de gas natural, asfalto y crudos. Además, cubre las entregas de hidrocarburos crudos y derivados en los mercados de Suramérica, el Caribe, Norteamérica, Europa y Asia.

Por las características operativas de las unidades de la flota, el personal de PDV Marina tiene que ajustarse y cumplir con las regulaciones siguientes:

Internas: Ley Penal del Ambiente; Ley de Navegación, Código de Comercio y Plan Nacional de Contingencia.

Externas: Seguridad de la Vida Humana en el Mar (SOLA); Ley Federal de Estados Unidos de Norteamérica, OPA-90, respecto a navegación marítima; Código Internacional de Gestión de Seguridad (I.S.M.C); Certificado de Gestión de Seguridad; Convenio Internacional sobre las Normas de Formación, Titulación y Guardia para la Gente de Mar (S.T.C.W. 1995).

51

Tabla 8-16. Plan de actividades de PDV Marina

	1995		2000	
	MBD	%	MBD	%
Volumen total transportado	671	25	1.113	31
Servicio de cabotaje	196	47	418	100
Exportaciones	475	22	695	22

Flota controlada por PDV Marina	Número de unidades	
Tanqueros	24	41
Remolcadores	17	19
Lanchas	8	15

Fuente: PDV Marina, 1996.

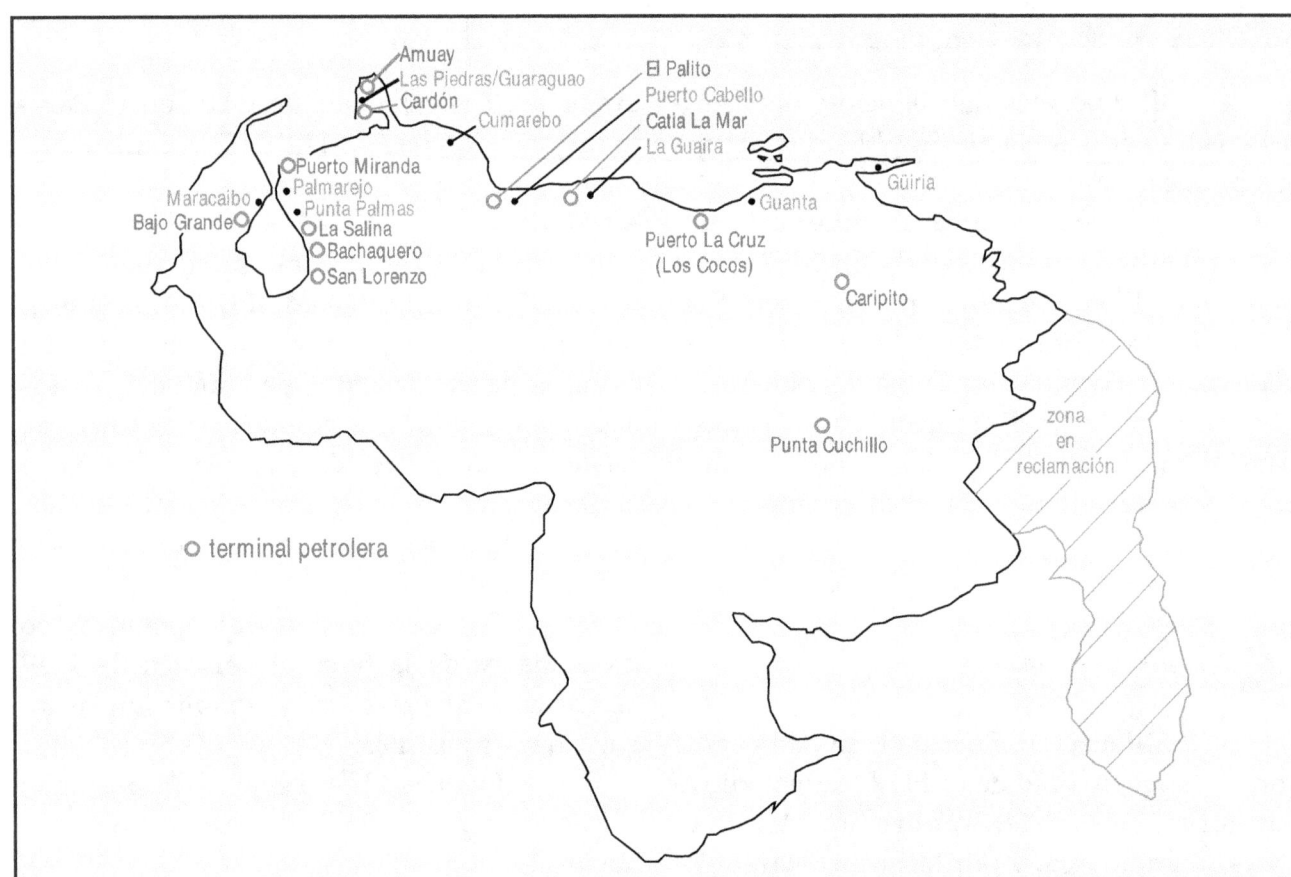

Fig. 8-36. Puertos y terminales petroleras venezolanas.

Tabla 8-17. Distancia entre puertos y terminales petroleras (•) de Venezuela

Puerto Estado	Amuay • Falcón	Bachaquero • Zulia	Caripito • Monagas	Catia La Mar • Distrito Federal	Cumarebo Falcón	El Palito • Carabobo	Güiria Sucre	La Salina • Zulia	La Guaira Distrito Federal	Lama Zulia	Las Piedras Falcón
Amuay •	-	230	652	244	110	206	584	121	248	157	5
Bachaquero •	230	-	864	456	322	418	796	114	232	127	232
Caripito •	652	864	-	419	563	483	81	750	413	791	654
Catia La Mar •	244	456	419	-	155	64	351	348	7	383	246
Cumarebo	110	322	563	155	-	117	495	231	158	249	112
El Palito •	206	418	483	64	117	-	415	312	71	351	208
Güiria	584	796	81	351	495	416	-	677	345	723	586
La Salina •	121	114	750	348	231	312	677	-	383	19	175
La Guaira	248	232	413	7	158	71	345	383	-	387	250
Lama	157	127	791	383	249	351	723	19	387	-	156
Las Piedras	5	23	2	654	246	112	208	586	175	250	156
Maracaibo	116	116	750	342	208	304	682	23	346	42	115
Palmarejo	105	127	739	331	197	299	671	14	335	54	104
Puerto Cabello	208	420	476	58	119	7	408	335	68	349	210
Puerto La Cruz •	387	599	298	151	298	215	230	511	145	526	389
Puerto Miranda •	108	121	742	151	200	302	674	7	338	50	107
Puerto Ordaz	901	1.113	449	668	812	732	378	998	662	1.040	903
Punta Cardón •	9	226	658	250	116	212	590	142	254	148	6
Punta Palmas (Sur) •	130	100	764	356	222	324	694	9	360	29	129
San Lorenzo •	226	50	860	452	318	420	792	93	456	74	225

Fuentes: Worldwide Marine Distance Tables, BP-Tanker Company Limited, 1976.
Lagoven.

(en millas náuticas)								
Maracaibo Zulia	Palmarejo Zulia	Puerto Cabello Carabobo	Puerto La Cruz • Anzoátegui	Puerto Miranda • Zulia	Puerto Ordaz Bolívar	Punta Cardón • Falcón	Punta Palmas • (Sur) Zulia	San Lorenzo • Zulia
116	105	208	387	108	901	9	130	226
116	127	420	599	121	1.113	226	100	50
750	739	476	298	742	449	658	764	860
342	331	119	298	200	812	116	222	318
208	197	7	215	302	732	212	324	420
304	299	408	230	674	378	590	696	792
682	671	335	511	7	998	142	9	93
23	14	335	511	7	998	142	9	93
346	335	68	145	338	662	254	360	456
42	54	349	526	50	1.040	148	29	74
115	104	210	389	107	903	6	129	225
-	13	306	485	8	999	112	14	112
13	-	297	474	7	981	101	27	125
306	297	-	208	300	728	214	322	418
485	474	208	-	477	547	393	499	595
8	7	300	477	-	991	104	22	122
999	881	728	547	991	-	907	1.013	1.109
112	101	214	393	104	907	-	126	222
14	27	322	499	22	1.013	126	-	98
112	125	418	595	122	1.109	222	98	-

Referencias Bibliográficas

1. American Meter Co., Dallas, Texas.
    A. Orifice Meters (Bulletin E-2-R)
        Installation and Operation
    B. Orifice Meter Constants (Handbook-2)

2. American Petroleum Institute: **Specification for Line Pipe**, API Spec 5L, 31th edition, Dallas, Texas, March 1980.

3. BACHMAN, W.A.: "Move to Giant Tankers Fast Becoming Stampede", en: **Oil and Gas Journal**, October 30, 1967, p. 47.

4. BARBERII, Efraín E.: **El Pozo Ilustrado**, Capítulo VIII "Transporte", ediciones Lagoven, diciembre 1985.

5. BP-Tanker Company Limited: **World-Wide Marine Distance Tables**, Londres, 1976.

6. Clarkson, H. and Company Limited: **The Tanker Register**, London, 1982.

7. COOKENBOO, Leslie Jr.: **Crude Oil Pipelines and Competition in the Oil Industry**, Harvard University Press, Cambridge, Massachussetts, 1955.

8. **La Industria Venezolana de los Hidrocarburos**, Petróleos de Venezuela y sus filiales, Capítulo 4 "Transporte y Almacenamiento", Tomo I, primera edición, noviembre 1989, pp. 387-451.

9. LAM, John: **Oil Tanker Cargoes**, Neill and Co. Ltd., Edimburgo, 1954.

10. MARKS, Alex: **Handbook of Pipeline Engineering Computations**, Petroleum Publishing Company, Tulsa, Oklahoma, 1979.

11. Ministerio de Minas e Hidrocarburos: **Convención Nacional de Petróleo**, Capítulo V, "El Transporte", preparado por Mene Grande Oil Company, 1951.

12. Ministerio de Energía y Minas: **Memoria y Cuenta 1978**, Transporte de Hidrocarburos Venezolanos, Carta Semanal N° 15, MEM, abril 14, 1979, p. 14.

13. MORENO, Asunción M. de: **Transporte Marítimo de Petróleo**, Ediciones Petroleras Foninves N° 6, Editorial Arte, Caracas, 1978.

14. NELSON, W.L.: **Oil and Gas Journal**:
    A. "What Does a Tanker Cost", 18-9-1961, p. 119.
    B. "USMC Rates", 7-9-1953, p. 113.
    C. "More on Size and Cargoes of Tankers", 6-6-1958, p. 136.
    D. "More on Average Tanker Rates", 30-6-1958, p. 101.
    E. "How Tanker Size Affects Transportation Costs", 9-12-1960, p. 102.
    F. "Tanker Transportation Costs", 3-6-1968, p. 104 y 10-6-1958, p. 113.
    G. "Scale and USMC Tanker Rates", 20-8-1956, p. 241.
    H. "What is the Average Cost of Tanker Transportation", 21-10-1957, p. 134.
    I. "ATRS Schedule Becoming More Widely Used", 23-5-1960, p. 125.
    J. "Meaning of Spot Tanker Rates", 26-5-1958, p. 117.

15. NICKLES, Frank J.: "Economics of Wide, Shallow VLCCS", en: **Ocean Industry**, april 1974, p. 243.

16. **Oil and Gas Journal**:
    - "Pipeline Economics", November 23, 1981, p. 79; August 11, 1980, p. 59; August 13, 1979, p. 67; August 14, 1978, p. 63.
    - "Soviet Press Construction of 56 in. Gas Pipelines", June 14, 1982, p. 27.
    - "Tankers Getting Bigger", February 20, 1956, p. 87.
    - "Why the Boom in Tankers", February 25, 1957, p. 90.
    - "Pipelines or Tankers, Which Will Move Middle East Oil", September 17, 1956, p. 253.
    - "Basis for Tankers Rates Makes Hit", July 2, 1962, p. 74.

17. Sociedad Venezolana de Ingenieros de Petróleos: **Primer Congreso Venezolano de Petróleo, 1962**, Aspectos de la Industria Petrolera en Venezuela, Capítulo VI, "Transporte", p. 579. Presentado por Venezuelan Atlantic Refining Co. Autores: Omar Molina Duarte, R.J. Deal, J.D. Benedict.

18. TAGGART, Robert: "A New Approach to Supertanker Design", en: **Ocean Industry**, march 1974, p. 21.

19. WETT, Ted: "Tanker Trade Hit by Deep Slump. No End in Sight", en: **Oil and Gas Journal**, march 1975, p. 37.

20. YONEKURA, Kunihiko: "Japanese Tanker-Building Facilities and Methods Being Improved by New Techniques", en: **Oil and Gas Journal**, June 9, 1975, p. 67.

Capítulo 9
Carbón Fósil

Índice

Introducción

El carbón fósil ha sido utilizado por la humanidad durante varios siglos. Gas derivado del carbón mediante el proceso de carbonización o destilación destructiva, empezó a consumirse en el siglo XVIII en Inglaterra para alumbrar las calles o iluminar los hogares, hasta que fue sustituido por la electricidad. Antes del carbón se utilizaron el estiércol y la leña para hacer fuego. Todavía hoy, en remotas partes del planeta, se utilizan la leña y el estiércol.

El carbón es producto de procesos naturales que comenzaron durante períodos geológicos milenarios como el llamado *Anthra-colithicum*, de 345 millones de años de edad, o el Cretáceo, de 70 millones. Los tipos o clases de carbón varían en densidad, porosidad, dureza, brillo, composición química y propiedades magnéticas y eléctricas. Su color tiende a ser oscuro, predominando el negro. El tipo **lignito** es muy blando, el **subbituminoso** y **bituminoso** más duros y el **antracito** muy duro.

Además de ser utilizado como fuente de energía, a través de la carboquímica se emplea para la preparación de químicos, tintes, drogas, antisépticos y solventes.

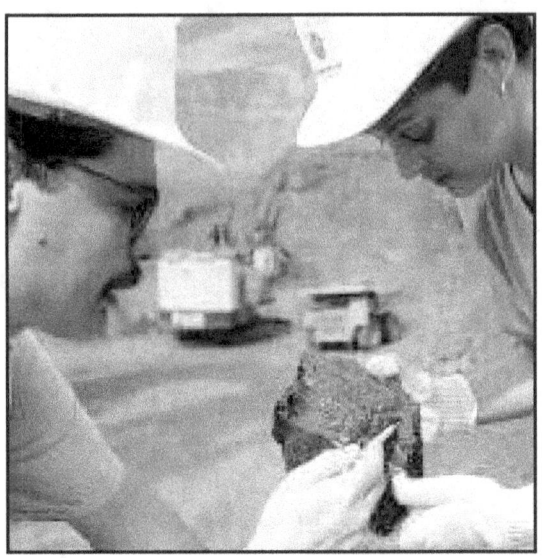

Fig. 9-1. Muestra de carbón de la mina Paso Diablo, Guasare, estado Zulia.

Utilización mundial del carbón

Como fuente natural de energía, el carbón es todavía importante. Las cifras de producción mundial de carbón son significativas y en equivalencia energética respecto al petróleo (crudos) y al gas natural ocupa el segundo lugar (ver Tabla 9-1).

El Consejo Mundial de Energía estimó en 1995 las reservas mundiales de carbón en 1.031.610 millones de toneladas métricas, repartidas porcentualmente así: Rusia 23,4; Estados Unidos 23,3; China 11,1; Australia 8,8; India 6,8; Alemania 6,5; Suráfrica 5,4, y el res-

Tabla 9-1. Producción mundial de energía de fuentes convencionales							
millones de toneladas equivalentes a petróleo							
Fuente/años	1990	1991	1992	1993	1994	1995	1996
Petróleo	3.180	3.158	3.183	3.183	3.224	3.266	3.362
Carbón	2.272	2.203	2.195	2.132	2.182	2.219	2.264
Gas natural	1.789	1.820	1.831	1.861	1.881	1.915	2.009
Producción mundial	7.241	7.181	7.209	7.176	7.287	7.400	7.635
% Consumo mundial, total	97,7	98,1	98,3	97,9	98,3	98,1	98,4

Fuente: MEM-PODE, 1996. No se incluye energía nuclear.

to de los países productores 14,7. A Venezuela se le adjudican 417 millones de toneladas, participación de 0,0004042 %.

El carbón venezolano

En el segundo gobierno (1839-1843) del general José Antonio Páez se pretendió estimular la minería exonerando por cinco años de pagos nacionales y municipales a las minas metálicas y al carbón. Sin embargo, la minería prosperó muy poco y el carbón mucho menos, exceptuando el carbón de Lobatera, estado Táchira, de consumo local, y el carbón de Naricual, estado Anzoátegui, muy utilizado durante las primeras cinco décadas del siglo XX como combustible que cargaban los vapores de cabotaje de la Compañía Venezolana de Navegación en el puerto de Guanta, estado Anzoátegui.

La creación de la Corporación de la Región Zuliana (Corpozulia) en 1969 contó entre sus propósitos con explotar el carbón del Guasare y, al efecto, el Ministerio de Minas e Hidrocarburos le confirió los derechos necesarios el 18 de febrero de 1974. Corpozulia hizo trabajos básicos experimentales en la zona denominada Paso Diablo y alrededores (caños Miraflor, Feliz y Seco) con intenciones de un desa-

Fig. 9-2. Afloramiento de carbón en la región de Guasare.

rrollo de 5 millones de toneladas de carbón al año, lo cual exigió estudios más amplios pero que por circunstancias no se llevaron a la práctica las recomendaciones formuladas.

En abril de 1985 el presidente de Corpozulia propuso que la explotación de las minas del carbón de Guasare, denominadas Paso Diablo, Socuy, Mina Norte y Cachiri, se transfiriera a Petróleos de Venezuela. Con la anuencia del Ejecutivo Nacional se iniciaron los contactos y relaciones con el equipo gerencial designado por PDVSA para evaluar la factibilidad y gestión eficiente de la explotación de las minas, lo cual concluyó con el traspaso de las acciones de Corpozulia a PDVSA el 28 de abril de 1986.

I. Carbones del Zulia S.A. (Carbozulia)

Petróleos de Venezuela compró al Fondo de Inversiones de Venezuela todas sus acciones de Carbozulia por Bs. 77 millones y todas las de Corpozulia por Bs. 100 millones. PDVSA constituyó la filial Carbozulia para encargarse de la explotación del carbón de la cuenca del Guasare, de 50 kilómetros de largo por 3 kilómetros de ancho y ubicada a 110 kilómetros al noroeste de Maracaibo.

Sobre la marcha y durante el resto del año 1986 se tomaron las siguientes acciones:

• Estructurar la nueva organización gerencial y administrativa.

• Planificar la explotación y exportación del carbón del Guasare.

• Mantener el progreso de los estudios de ingeniería básica del plan de minería.

• Considerar las alternativas para el transporte del mineral y la construcción de un puerto.

Para fines de 1987 la producción de carbón había llegado a 117.000 toneladas métricas, de las cuales 58.700 fueron despachadas en el último trimestre del año a clientes en Ita-

Fig. 9-3. Núcleos de la columna carbonífera del prospecto Cachiri.

lia y Francia. Carbozulia estaba cumpliendo con su planificación de explotación.

Asociaciones con otras empresas

Las proyecciones para incrementar la producción se fortalecieron, 1988-1990, mediante la asociación de Carbozulia con Agip Carbone, de Italia, y Arco Coal, de Estados Unidos, para constituir dos nuevas empresas mixtas: Carbones del Guasare y Guasare Coal International.

La producción de carbón siguió aumentando y colocándose con clientes en Norteamérica, Portugal, Suecia, Finlandia, Dinamarca y el Caribe. Además, en 1991, se expandieron las asociaciones con la participación de nuevas empresas. Con A.T. Massey Coal, de Estados Unidos, y Cavoven de Venezuela, se hicieron planes para la explotación de la mina Norte; con la firma Cyprus Coal Company se firmó un convenio para explorar 13.600 hectáreas de la mina Cachiri. En asociación con Shell Coal y Ruhr Kohle, Carbones del Guasare avanzó en los proyectos para aumentar la producción de las minas de Paso Diablo y Socuy, lo cual requerirá la construcción de una vía férrea y una terminal de aguas profundas para reemplazar las instalaciones temporales actualmente en servicio.

Los esfuerzos propios y asociados de Carbozulia redundaron en establecer y mantener en aumento la producción de carbón de la cuenca a un buen ritmo como lo muestra la Tabla 9-2.

El futuro, 1997-2006

El plan de negocios que se propone realizar Carbones del Zulia, S.A., fundamentado en los lineamientos emanados de Petróleos de Venezuela S.A., consta de las siguientes acciones:

• Fortalecer la presencia del carbón de la cuenca carbonífera del Guasare en el mercado internacional y aprovechar las oportunidades que ese mercado brinda al negocio.

• Desarrollar a su máxima capacidad de producción las minas de la cuenca carbonífera del Guasare.

• Disponer de la infraestructura de ferrocarril y puerto de aguas profundas.

• Diversificar la lista de clientes por países y segmentos del mercado, con énfasis en el mercado metalúrgico.

• Propiciar las asociaciones con terceros, para incorporar el capital privado nacional e internacional.

Tabla 9-2. Carbones del Zulia S.A. Evolución operacional y financiera							
Concepto	1989	1990	1991	1992	1993	1994	1995
Producción, MTM	1.553	1.516	1.606	2.094	3.567	4.297	4.042
Exportaciones, MTM	1.454	1.572	1.573	2.096	3.615	4.001	4.223
Ingresos, MMBs.	2.490	3.609	4.361	5.609	11.125	19.825	31.467

Fuente: Carbozulia, 1996.

Tabla 9-3. Proyección de la producción de carbón						
millones de toneladas métricas						
Minas	1997	1998	1999	2000	2001	2002-2006
Paso Diablo	4,4	6,5	6,5	6,5	8,0	10,0
Prospecto Socuy	0,5	2,0	2,0	2,0	4,0	8,0
Mina Norte	0,6	1,0	1,0	1,5	1,5	1,5
Prospecto Cachiri	0,3	0,6	0,6	1,5	1,5	1,5
Total	5,8	10,1	10,1	11,5	15,0	21,5

Fuente: Carbones del Zulia S.A., Plan de Negocios 1997-2006, Agosto 1996.

Carbozulia aspira que para el año 2001 sus exportaciones lleguen a 21 millones de toneladas por año, lo cual exige la ampliación de la actual terminal de embarque (Santa Cruz de Mara) para manejar 6,5 millones de toneladas de carbón. También está programada la construcción del ferrocarril y la terminal de aguas profundas.

El ferrocarril

Para servir funcionalmente al proyecto de aumentos de producción de las minas, las instalaciones del ferrocarril serán una terminal de descarga y su correspondiente sistema de almacenaje de carbón. Las características de trabajo de estas instalaciones y sus complementos son:

• El sistema de descarga de los vagones tendrá capacidad para manejar 6.000 toneladas métricas de carbón por hora.

• El patio de almacenamiento podrá almacenar 1,5 millones de toneladas.

• Las correas transportadoras de carbón podrán manejar entre 3.000 y 6.200 toneladas métricas por hora.

• Se tendrá un sistema supresor de polvo en todas las partes donde sea necesario.

• Sistema de protección contra incendio.

• Planta desalinizadora de 30 litros/segundo para abastecer de agua dulce operaciones de la terminal.

La vía férrea entre el puerto y la mina Paso Diablo tendrá 72 kilómetros; la distancia entre las minas Paso Diablo y Socuy es de 14 kilómetros. El equipo rodante consistirá de hasta seis locomotoras Diesel-Electric de 3.000 h.p. cada una y unos 218 vagones de 90 toneladas de capacidad cada uno, con sistema de descarga por el fondo.

La terminal de aguas profundas

Desde los comienzos, 1987, de la explotación del carbón de la cuenca del Guasare por Carbozulia, el transporte del carbón desde las minas hasta el embarcadero de Santa Cruz de Mara se ha hecho por carretera. Se cubre una distancia aproximada de 85 kilómetros, utilizando gandolas que en veinticuatro horas diarias hacen 320 viajes para llevar 16.000 toneladas métricas de carbón al puerto, de lunes a sábado e inclusive el domingo si fuese necesario.

Del embarcadero, se lleva el carbón en gabarra al barco, anclado a unos 25 kilómetros de distancia, prácticamente frente a Maracaibo. Hay seis gabarras que pueden llevar 2.500 toneladas cada una y cuatro con 1.500 toneladas de capacidad individual. Al barco se pueden llevar 20.000 toneladas diarias.

La terminal de aguas profundas será construida en Pararú sobre el golfo de Venezuela, a unos 5 kilómetros al norte de Paraguaipoa, municipio Páez, estado Zulia, y quedará unido a las minas por el ferrocarril.

De Pararú se extenderá hacia el mar un muelle de 3,5 kilómetros de largo y 7,5 metros de ancho, sobre pilotes. Será previsto el muelle de una correa transportadora de 9.000 tm/hora de capacidad y paso para un vehículo de mantenimiento. Para complementar el servicio del muelle se hará y mantendrá el dragado de un canal de 1.800 metros de longitud por 200 metros de ancho y una profundidad de 16,6 metros para la salida de los barcos cargados. El muelle tendrá dos atracaderos para barcos de hasta 120.000 toneladas.

II. Características del Carbón del Guasare

El carbón del Guasare pertenece en edad geológica al Paleoceno Superior/formación Marcelina del Eoceno Inferior.

Los trabajos de explotación y cuantificación han identificado 2.436 millones de toneladas de reservas y otro volumen hipotético de 8.489 millones de toneladas. En su conjunto, este volumen de mineral representa 80 % de las reservas carboníferas del país.

El carbón bituminoso del Guasare tiene propiedades muy buenas para uso termoeléctrico, para la industria del acero como sustituto del coque en altos hornos mediante la inyección en forma pulverizada, también se emplea en la industria del cemento. Otras propiedades relevantes son:

Humedad total, %	6,5 - 8,5
Cenizas, %	6,5 - 8,5
Substancia volátil, %	33,0 - 36,5
Carbón fijo, %	46,0 - 53,0
Azufre, %	0,6 - 0,8
Valor calorífico bruto,	
BTU/libra	12.600
(kcal/kg)	7.000
(kcal/kg) neto	6.708

Fig. 9-4. Instalaciones de explotación del carbón de la mina Paso Diablo, Guasare, estado Zulia.

La configuración y topografía del área se prestan a la explotación a cielo abierto. Existen 11 grupos de betas de carbón, dentro de una sección de 400 metros de espesor. Hay unas 22 betas que alcanzan 15 metros de espesor y espesores individuales segregados en exceso de 50 metros.

III. Conservación del Ambiente e Impacto Regional

Desde los comienzos de sus operaciones, 1976, Petróleos de Venezuela S.A. y sus filiales han tenido como guía las siguientes apreciaciones respecto a su entorno:

"Nuestra norma básica es tomar todo tipo de precaución para prevenir accidentes que puedan poner en peligro nuestros trabajadores, contratistas, habitantes de las áreas donde operamos o el medio ambiente en general".

Por tanto, para mitigar o minimizar los impactos que las operaciones de extracción, manejo y aprovechamiento del carbón puedan tener en esa área de la región zuliana, Carbozulia S.A. y sus empresas asociadas han puesto en marcha procesos de recuperación forestal o restauración ecológica, monitores de calidad del aire y aguas subterráneas y superficiales, y también otros tipos de controles del ambiente.

La explotación de la cuenca carbonífera del Guasare, además de tener un impacto sobre el ambiente, tiene importantes efectos beneficiosos sobre aspectos económicos y sociales del estado Zulia.

En virtud de que Corpozulia mantiene la titularidad de las concesiones, la actividad carbonífera le origina a ese organismo un aporte monetario que servirá para impulsar otros proyectos de interés para la región.

Las inversiones de Carbozulia y sus empresas asociadas generan en la región cambios importantes en el desarrollo industrial y en sus círculos conexos de manufactura y comercialización, especialmente tratándose de una zona fronteriza.

La participación de Carbones del Zulia S.A. en el desarrollo general de la industria del carbón significa, además, contribuciones al desarrollo educativo de las poblaciones aledañas, como es el caso del "Programa de Formación Artesanal" vigente en la población de Carrasquero.

La preparación de los recursos humanos de la zona, mediante la utilización de las actividades industriales de las empresas operadoras y el apoyo del CIED, Centro Internacional de Educación y Desarrollo, filial de Petróleos de Venezuela, y con otros centros de enseñanza y formación de mecánicos, electricistas, soldadores y otros oficios, servirán para que las empresas y la región cuente con el personal calificado.

Todo el plan de producción y desarrollo de las minas de la cuenca del Guasare ha sido estructurado de manera integral para obtener el mayor provecho regional de la explotación del carbón.

Fig. 9-5. Vista de las instalaciones de explotación de la mina Paso Diablo, Guasare, estado Zulia.

Referencias Bibliográficas

1. BP- Statistical Review of World Energy: **Incorporating the BP Review of World Gas.**

2. Carbones del Zulia S.A., Carbozulia: **Plan de Negocios 1997-2006**, Agosto, 1996.

3. **Diccionario de Historia de Venezuela**: "Carbón", Fundación Polar, Caracas, 1988, pp. 573-574.

4. MARTINEZ, Aníbal R.: **El carbón del Zulia**, Corpozulia, Caracas, 1976.

5. MARTINEZ, Aníbal R.: **Cronología del petróleo venezolano 1943-1993**, Vol. II, Ediciones CEPET, Caracas, 1995.

6. Ministerio de Energía y Minas: **PODE**, correspondiente a los años 1987-1996, inclusives.

7. Petróleos de Venezuela S.A.: **Informe Anual**, correspondiente a los años 1985-1996, inclusives.

Capítulo 10
Comercialización

Índice

Introducción

En los nueve capítulos anteriores se explicaron los fundamentos científicos y tecnológicos que utiliza el personal de la industria petrolera para **buscar**, **ubicar**, **cuantificar**, **producir**, **manejar** y, finalmente, **transformar** los hidrocarburos, inclusive los extraídos del carbón, en productos útiles.

La secuencia de las operaciones cubre ahora **comercialización**, cuyo objetivo es hacer llegar oportunamente los volúmenes de productos requeridos diariamente por la extensa y variada clientela nacional e internacional.

La venta final de crudos y/o productos en determinados mercados representa para la industria la culminación de todos sus esfuerzos. Satisfacer los pedidos y la aceptación de crudos y/o productos representan ventas e ingresos que aseguran la continuidad y eficacia de nuevas inversiones, las cuales proyectan la capacidad de la industria como importante generadora de divisas y dividendos para Venezuela, su único accionista.

En el caso de Venezuela, por ser gran productor/exportador de hidrocarburos y contar con un mercado interno pequeño, es muy importante tener siempre presente la competencia en los mercados internacionales. Cada empresa y cada país productor/exportador de crudos y/o productos participa en los mercados mundiales donde la oferta y la demanda juegan importantísimo papel en las transacciones a mediano y largo plazo. Además, en el negocio de los hidrocarburos cuentan otros factores como la calidad de los crudos y/o productos; la confiabilidad del suministro inmediato, a mediano o largo plazo; la ubicación geográfica de la fuente de suministros; los precios; los costos de transporte y seguros; las condiciones económicas de los contratos de compra-venta; las relaciones comprador-vendedor; la asistencia técnica; la eficiencia en los despachos de los cargamentos; y las buenas relaciones que resultan del entendimiento mutuo en los casos más fortuitos.

El desarrollo y la expansión mundial de las ventas de crudos y/o productos han cre-

Fig. 10-1. El tanquero es el símbolo del transporte marítimo mundial de hidrocarburos.

69

cido concomitantemente con la demanda. Cada empresa ha mantenido su imagen, su estilo, sus relaciones con la clientela y su posición empresarial como suplidora confiable para incrementar su participación en los mercados internacionales. Cada mercado es un reto perenne porque la competencia acecha. Cada mercado tiene sus propias modalidades técnicas, sus requerimientos específicos de crudos y/o productos, y sus aspectos administrativos y financieros muy particulares.

Para servir eficientemente a cada uno de sus mercados, tanto nacionales como extranjeros, toda empresa tiene que mantenerse al día y muy bien informada sobre varios factores: historia de consumo de crudos y/o productos; estudios demográficos; desarrollo industrial actual y proyecciones; crecimiento y diversificación de los medios de transporte; consumo de diferentes tipos de energía; ritmo de la construcción de edificaciones de toda clase; estado actual y proyecciones de los servicios esenciales. Además, son importantes varios otros aspectos que generalmente están incluidos en instrumentos legales que rigen el comercio nacional e internacional de los hidrocarburos.

I. El Consumo Mundial de Petróleo y Desarrollo de la Comercialización

La industria arrancó en 1859 con el pozo abierto por Edwin L. Drake, en Titusville, Pennsylvania, Estados Unidos, y se caracterizó primeramente como una industria productora de iluminantes, más que todo querosén. Las invenciones y descubrimientos científicos y tecnológicos logrados durante los comienzos del siglo XIX acentuaron las perspectivas del desarrollo industrial.

Las innovaciones que se lograron durante este siglo utilizaron los aportes de la industria petrolera como proveedora de com-

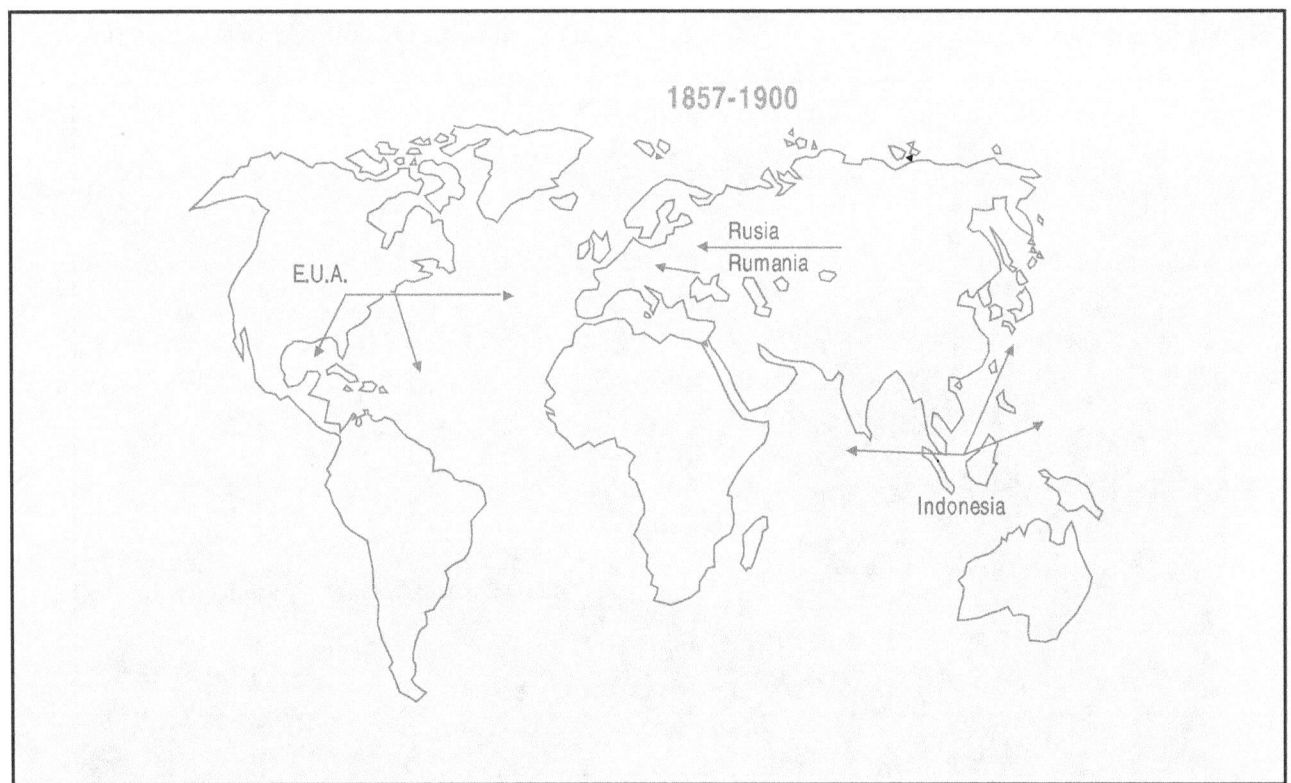

Fig. 10-2. Primeras fuentes de exportación de hidrocarburos en los comienzos de la industria. 1857-1900.

70

bustible, lubricantes y grasa. Ejemplos: el proceso para convertir hierro en acero (Bessemer, 1856). De Lesseps comenzó (1859) la construcción del canal de Suez. Kirchhoff y Bunsen descubrieron (1859) modalidades sobre los diferentes espectros y sus análisis. Se puso en servicio el ferrocarril Pacífico Central (E.U.A., 1862). Se construyó (1863) el primer tramo del metro de Londres. Siemens inventó (1866) la dinamo. Nobel inventó (1867) la dinamita. Alexander Graham Bell inventó (1876) el teléfono. Thomas Alva Edison inventó (1877) el fonógrafo. Manchiler inventó (1878) el fusil repetidor. De Lesseps formó (1879) la empresa que iniciaría el canal de Panamá. Edison construyó (1879) la bombilla eléctrica. Rockefeller fundó (1882) la Standard Oil Company. Benz y Daimler comenzaron (1883) a fabricar vehículos. Renard y Krebs construyeron (1884) la primera aeronave con posibilidades de aplicación práctica. Se puso en servicio (1888) el primer ferrocarril en China. Se comenzó (1891) la construcción del ferrocarril transiberiano. Se construyó (1894) el primer ferrocarril sobre los Andes. En Francia se construyó (1896) el primer submarino eléctrico. Marconi fundó (1897) la primera empresa de telégrafo inalámbrico. Ramsey (1897) descubrió el helio. Zeppelin (1898) inventó el dirigible. Los Curie (1898) descubrieron el metal radio. Por primera vez (1898) se usó el motor Diesel.

Durante 1857-1900, la producción de petróleo de los Estados Unidos representó 1.004 miles de barriles, 58 % de la producción mundial. El 42 % restante (727,5 millones de barriles) lo produjeron países que empezaron a conformar la lista de los primeros productores: Rumania, en 1857, más que todo de rezumaderos durante el año indicado, con un agregado anual de 2.000 barriles; Italia 1861; Canadá 1862; Rusia 1863; Polonia 1864; Japón 1875, Alemania 1880; Pakistán 1889; Indonesia 1893 y Perú 1895.

Como podrá apreciarse, la distribución geográfica de la producción de petróleo durante este primer período fue bastante extensa. Esto contribuyó a que desde el mismo comienzo de la industria, la comercialización, además de su importancia local, tomara cariz internacional. El primer gran exportador fue Estados Unidos. Pero bien pronto Rusia comenzó a competir en Europa con las exportaciones estadounidenses.

En 1900 Rusia produjo 206.400 b/d, Estados Unidos 174.300 b/d, Indonesia 6.170 b/d y Rumania 4.460 b/d. La producción de 391.330 b/d de estos cuatro países era para entonces 95,8 % de la producción mundial.

De los países mencionados en los parágrafos anteriores como productores originales de petróleo, actualmente (1996) permanecen como grandes productores con un volu-

Tabla 10-1. Producción mundial acumulada de petróleo crudo

miles de barriles

Período	Años	Producción	Porcentaje
1857-1900	44	1.732.217	0,19
1901-1949	49	60.084.292	6,71
1950-1969	20	176.186.946	19,67
1970-1989	20	502.840.910	56,13
1990-1996	7	154.930.411	17,30
Total	140	895.774.776	100,00

Años 1995 y 1996 estimados a 61.444,8 y 62.459,4 MBD, respectivamente.

Fuentes: Tabla de "El Pozo Ilustrado", edición 1983, revisada y actualizada.
MEM-PODE, 1951-1996.

71

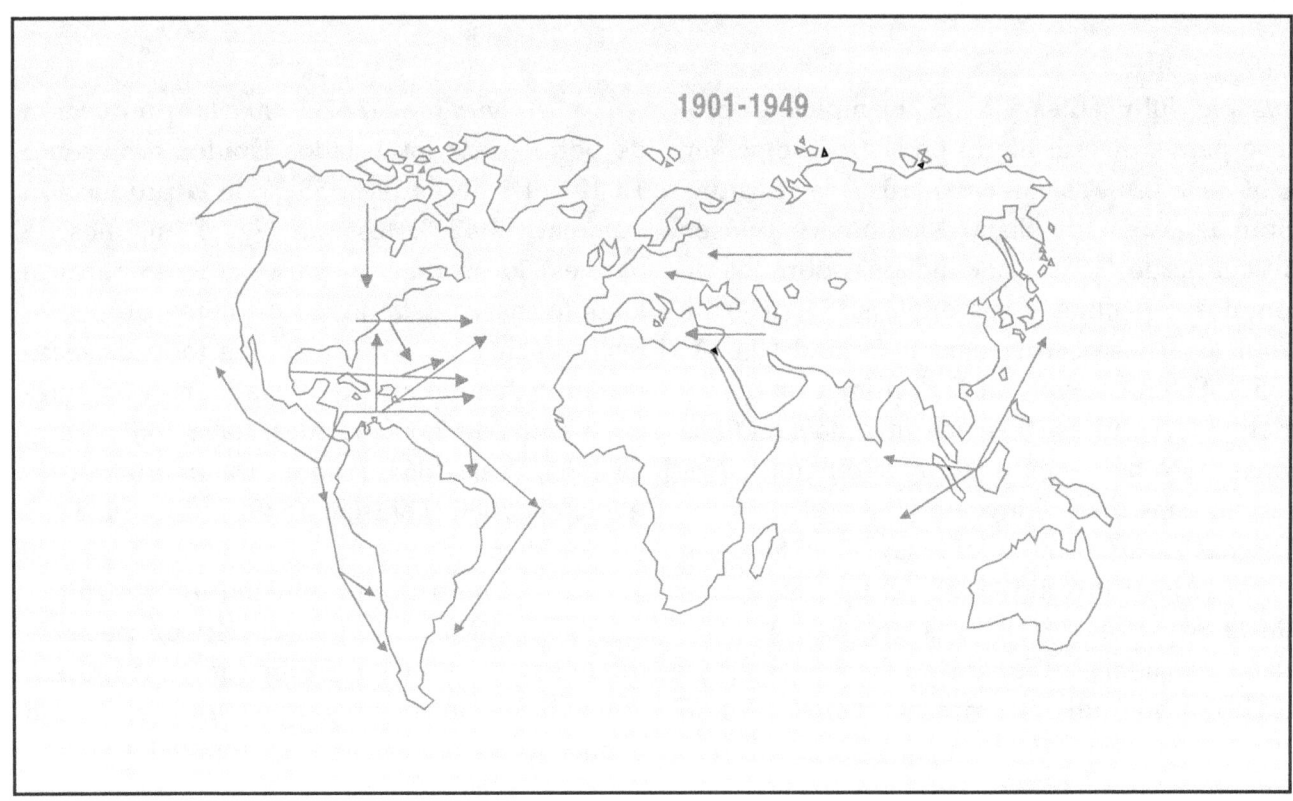

Fig. 10-3. Diversificación de las exportaciones de hidrocarburos durante los primeros cincuenta años del siglo XX.

men diario de millones de barriles: Rusia 6,8; Estados Unidos 6,5; Canadá 1,8; e Indonesia 1,4 (OGJ, 8 de julio de 1996, p. 67).

1901-1949

Durante este período tienen lugar importantes acontecimientos científicos, tecnológicos, industriales, comerciales, financieros y políticos que de una manera u otra y en mayor o menor grado influyeron sobre todas las actividades petroleras y específicamente sobre la variedad de productos derivados de los hidrocarburos y su comercialización.

Al comenzar el siglo, se multiplicaron sistemáticamente los esfuerzos de la prospección petrolera en casi todos los rincones atractivos de la Tierra. Compañías estadounidenses y europeas se lanzaron a la adquisición de concesiones en un gran número de países. Sobresalieron en estas tareas los dos grupos petroleros, entonces y hoy, más grandes del mundo: la Standard Oil Co. of New Jersey, fun-

dada en 1882 y más tarde denominada en 1892 Standard Oil Co. (New Jersey), capitaneada por John D. Rockefeller, padre (1837-1937). En 1972, "Jersey Standard" como generalmente se le llamaba, fue renombrada Exxon Corporation. Y la Royal Dutch Petroleum Co., creada en 1896, que más tarde entró a formar el Grupo Royal Dutch/Shell en 1907, dirigido por Henri Deterding (1866-1939) durante el período 1900-1936.

Estas dos dinámicas personalidades dominaron los escenarios petroleros durante más de tres décadas e influyeron poderosamente en la internacionalización de las operaciones, junto con otros destacados hombres de la industria. La comercialización jugó papel importante, y entonces como ahora la competencia por mantener y mejorar posiciones es parte esencial del negocio.

Durante el período se produjeron y consumieron 60.084 millones de barriles de petróleo que representaron 92,7 % de todo el producido desde 1857 (ver Tabla 10-1). Los esfuerzos por lograr fuentes adicionales de producción fueron positivos. La producción autóctona de los Estados Unidos contribuyó con 62,5 % a la producción del período y a la vez las empresas petroleras estadounidenses controlaban la mayor cantidad de las reservas de hidrocarburos halladas en los diferentes países, entre nuevos y los bien establecidos productores y exportadores.

Los incrementos de las reservas probadas y de la producción se afincaron en algunos nuevos productores que mostraron la abundancia de sus recursos petrolíferos. Comenzaron a figurar: México 1901; Argentina 1907; Irak y Trinidad 1909; Egipto y Malasia 1911; Borneo Británico e Irán 1913; Argelia 1914; Ecuador y Venezuela 1917; Francia 1918; Gran Bretaña y Checoslovaquia 1919; Colombia 1921; Bolivia 1927; Brunei 1929; Marruecos 1932; Albania 1933; Austria, Yugoslavia y Birmania 1935; Arabia Saudita 1936; China 1939; Holanda 1943; Brasil 1947.

En este período sucedieron importantes acontecimientos que influyeron decididamente sobre las actividades de la industria y muy particularmente sobre la comercialización, a saber: J.P. Morgan fundó su gran imperio del acero en 1901; los hermanos Wright realizaron el primer vuelo en una aeronave a motor en 1903; la empresa Krupp comenzó a funcionar en 1903; Ford inició la fabricación de automóviles en 1903; Wilbur Wright voló su avión en Francia y causó sensación en la aviación europea en 1908; General Motors inició la fabricación de automóviles en 1908; Bleriot cruzó por primera vez el canal de la Mancha en avión en 1909; el canal de Panamá fue puesto en servicio al tráfico marítimo en 1914; en agosto de 1914 comenzó la Primera Guerra Mundial. Durante esta guerra (1914-1918), se utilizaron por primera vez la aviación y los tanqueros como medios de combate. El petróleo

se convirtió en importante suministro y las fuerzas navales aliadas empezaron a navegar utilizando combustibles derivados del petróleo en vez de carbón. En los años veinte, se lograron marcados adelantos en el transporte automotor, en el transporte fluvial y marítimo y la aviación empezó a desarrollarse como gran medio de transporte del futuro. En 1928 Venezuela fue el primer exportador de petróleo del mundo. Ese año el país produjo 289.500 b/d y la producción acumulada llegó a 240 millones de barriles.

Al final de los años veinte, el 29 de octubre de 1929, ocurrió el pánico en la bolsa de valores de Nueva York y se desató la gran depresión económica mundial. El fin de esta catástrofe coincidió con el comienzo de la Segunda Guerra Mundial el 1° de septiembre de 1939. La duración y los requerimientos de la situación bélica, 1939-1945, produjeron una variedad de descubrimientos e inventos científicos y tecnológicos que tuvieron señaladas influencias en las diferentes ramas de actividades petroleras, como en la refinación y petroquímica para producir gasolinas, querosén, combustóleos, lubricantes y grasas de todo tipo y productos plásticos, fibras y químicos de una extensa variedad. En el transporte se introdujeron nuevos medios y modalidades para abastecer de combustibles a las tropas en batalla. Para entregar carburantes a los propios medios de transporte que suministraban a las fuerzas de mar, tierra y aire, se diseñaron y emplearon equipos y herramientas novedosas que agilizaban las operaciones con seguridad.

El cañoneo de la Segunda Guerra Mundial concluyó el 15 de agosto de 1945 con la rendición del Japón, luego de lanzar Estados Unidos sendas bombas atómicas sobre Hiroshima y Nagasaki, el 6 y el 9 de agosto de 1945. Los cuatro años siguientes fueron de reconstrucción y reajustes para todas las naciones y especialmente para aquellas que habían

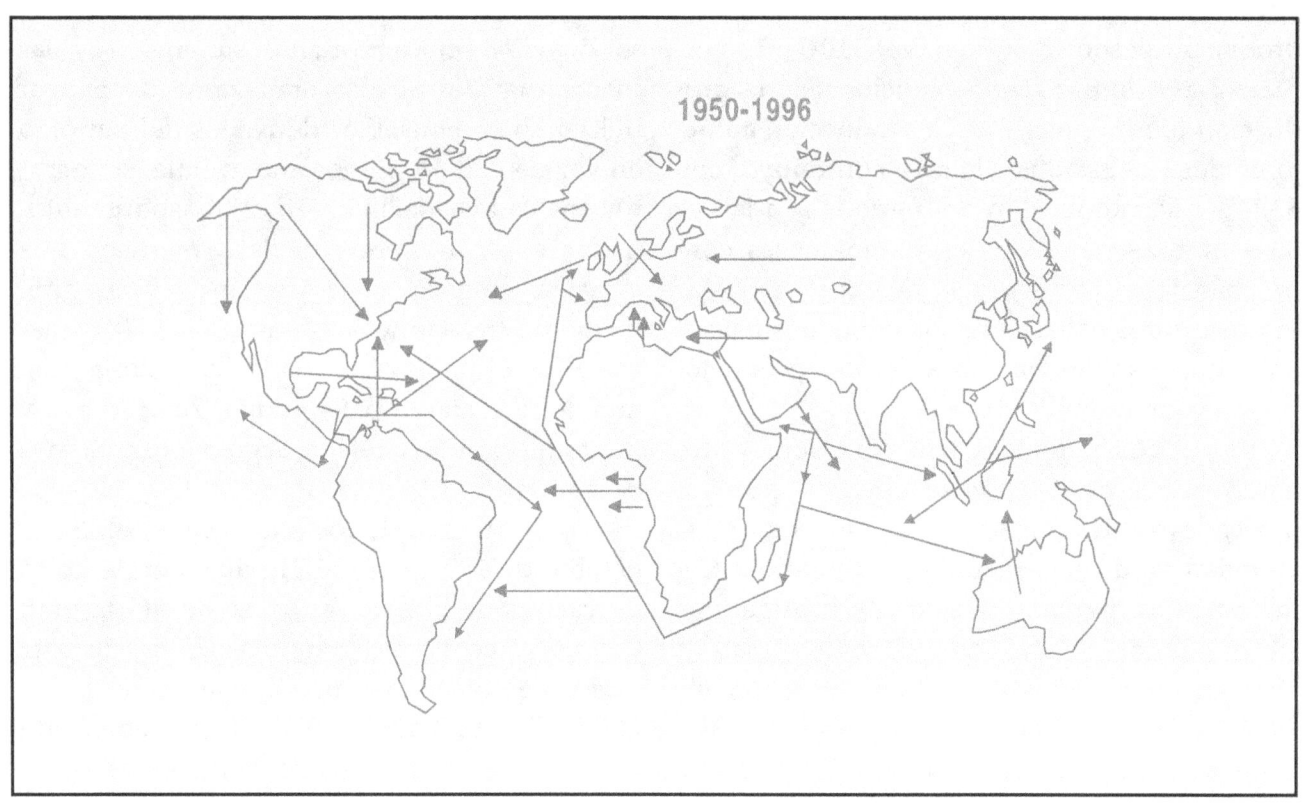

Fig. 10-4. Aumento de las fuentes de exportaciones de hidrocarburos en los últimos cuarenta y siete años.

sufrido inestimable desolación. En ese tiempo, el petróleo jugó un papel especial y a cada una de las actividades petroleras les fue requerida su aporte, cada vez mayor a medida que se incrementaba la demanda. En 1945 se produjeron diariamente 7,1 millones de barriles de petróleo y casi todo ese volumen fue destinado a las operaciones militares y usos civiles esenciales. Cinco años después de terminada la guerra y con el mundo en camino de recuperación, la producción mundial de petróleo alcanzó a 10,4 millones de barriles diarios. Durante 1945-1950, Venezuela produjo 2.666 millones de barriles, de 25,9 °API ponderados.

1950-1996

Este fue un período muy revelador. La reconstrucción de las naciones europeas y asiáticas destrozadas por la guerra se logró rápidamente. En veinte años (1945-1965), la producción mundial de petróleo se incrementó bastante y el volumen producido fue de 176.187 millones de barriles, equivalente a 74 % de todo el petróleo consumido desde el comienzo de la industria (1857). El petróleo barato hizo posible el consumo y despilfarro desmedidos.

Durante el período prosiguió febrilmente la exploración en búsqueda de nuevas reservas petrolíferas. Países de viejo cuño petrolero fortalecieron sus reservas mediante la exploración en viejas y/o nuevas áreas. Países que por primera vez se anotaron en la lista de productores, contribuyeron significativamente al creciente caudal de producción. Entre los países de larga trayectoria petrolera, Venezuela es un ejemplo. En 1950 produjo 1,5 millones de barriles diarios y en 1969 registró 3,6 millones de barriles de crudos por día. La producción acumulada del período fue de 20.759 millones de barriles de diferentes tipos de crudos que en conjunto dieron una gravedad promedio de 25,5 °API. Este volumen de producción representa el 83,2 % de todo el petróleo venezolano producido en el período 1917-1969.

Significativo es destacar que en 1950 el país contaba con 8.724 millones de barriles de petróleo de reservas probadas. El resurgimiento de la exploración después de la Segunda Guerra Mundial permitió que Venezuela aumentara sus reservas probadas y contara en 1970 con 14.042 millones de barriles de petróleo. También cabe destacar que el futuro potencial de producción que se venía manejando requeriría nuevos esfuerzos de exploración para buscar reservas adicionales porque de 1960 en adelante las empresas concesionarias redujeron drásticamente las actividades de exploración. De allí que a raíz de la nacionalización (1976), la gestión de Petróleos de Venezuela y sus filiales comenzó primeramente por la reactivación acelerada de la exploración, utilizando todos los recursos disponibles.

La abundancia y la disponibilidad de petróleo en el período 1950-1969 se debió, naturalmente, al auge de las actividades de exploración en todo el mundo. Muchos países potencialmente petrolíferos tuvieron que esperar que terminara la Segunda Guerra Mundial para empezar a constatar la magnitud de sus posibilidades, entre ellos Qatar, Kuwait, Argelia y Holanda. A la producción mundial existente empezó añadirse en firme la de los países que siguen en los años indicados: Kuwait 1951; Abu Dhabi y la Zona Dividida 1953; Chile 1954; Congo 1957; India y Nigeria 1958; Gabón, Libia, Nueva Zelandia y Siria 1959; Australia 1961; Omán 1963; España 1964; Israel 1965; Angola 1966; Noruega 1969.

Durante 1950-1969 sucedieron acontecimientos importantes que, en el momento y años después, fueron responsables por cambios profundos en el mundo petrolero. De una u otra manera, estos acontecimientos afectaron la comercialización nacional e internacional. Ejemplos: Irán nacionalizó su industria petrolera en mayo de 1951, lo cual ocasionó el cierre de casi 700.000 b/d, respaldados por reservas

probadas de 27.000 millones de barriles. La producción iraní permaneció cerrada prácticamente durante cuatro largos años y empezó a concurrir nuevamente a los mercados en 1956 cuando produjo 576.000 b/d, después del arreglo entre el gobierno de Irán y el consorcio petrolero formado por ocho empresas multinacionales.

En 1956, Egipto decretó la nacionalización del canal de Suez, el cual permaneció cerrado por cierto tiempo. Esto obligó al transporte marítimo a utilizar la vía del cabo de Buena Esperanza y navegar alrededor del África para llegar a Europa y a Norteamérica. Y como respuesta a este largo viaje, la industria optó por la construcción de grandes tanqueros.

En Venezuela, el Ministerio de Minas e Hidrocarburos (hoy Ministerio de Energía y Minas) creó, en 1950, la Comisión Coordinadora para la Conservación y el Comercio de los Hidrocarburos para estudiar y proponer acciones sobre estas materias y salvaguardar los intereses del país.

El 14 de septiembre de 1960 se creó la Organización de Países Exportadores de Petróleo (OPEP) y fueron miembros fundadores con sus respectivas producción y reservas probadas para ese año los países que aparecen en la tabla que sigue:

Tabla 10-2. Países fundadores de la OPEP (14-9-1960)		
	Producción b/d	Reservas MMbrls.
Arabia Saudita	1.240.000	50.000
Irak	975.000	27.000
Irán	1.050.000	35.000
Kuwait	1.625.000	62.000
Venezuela	2.846.107	17.382
(A) Total OPEP	7.736.107	191.382
(B) Total Mundo	20.858.670	300.986
% A/B	37,09	63,58

En los años anotados en la tabla que sigue, el volumen de producción y las reservas de la Organización se reforzaron geográfica y potencialmente al ingresar otros países:

Tabla 10-3. Miembros de la OPEP después de fundada			
	Año de ingreso	Producción b/d	Reservas MMbrls.
Qatar	1961	176.000	2.750
Indonesia	1962	458.000	10.000
Libia	1962	184.000	4.500
E.A.U.	1967	382.800	15.000
Argelia	1969	936.600	8.000
Nigeria	1971	1.543.400	11.680
Ecuador*	1973	197.000	5.675
Gabón	1973	145.000	1.500

* Se retiró el 25-11-1992.

Las razones que condujeron a la fundación de la OPEP fueron: la defensa de la estructura mundial de los precios, el ejercicio del derecho de los países exportadores netos de petróleo en la estructuración de los precios, la garantía del suministro estable y seguro de petróleo a los países consumidores y la salvaguarda de los intereses de los países productores y exportadores de petróleo y, finalmente, el reconocimiento por parte de las compañías operadoras de concesiones en los países de la Organización de que la regalía era un costo y no un crédito atribuible al impuesto sobre la renta.

En esta primera etapa (1960-1969) de actuaciones de la OPEP, las razones antes mencionadas sentaron nuevas y profundas modalidades que tuvieron eco en las relaciones entre los países productores/exportadores y las compañías operadoras y los consumidores de petróleo en todo el mundo.

En 1960, con la creación y la participación de Venezuela en la OPEP, se dieron pasos importantes que a la larga proporcionaron cambios trascendentales en la política petrolera venezolana y la participación más directa del país en el negocio petrolero. Se creó la Corporación Venezolana del Petróleo como empresa integrada, perteneciente al Estado venezolano. Se inició la política de no más concesiones y se ejecutaron acciones para optimar la participa-

Fig. 10-5. Países miembros de la OPEP, 1996.

76

Tabla 10-4. Crudos de la OPEP

Precio promedio, $/barril

	1971	1972	1973	1974	1975	1976	1977	1978	1979	1980	1981	1982	1983	1984
Venezuela (A)	2,66	2,88	3,90	13,95	13,57	14,10	13,83	13,94	16,74	28,87	32,88	32,88	28,88	28,03
Arabia Saudita (B)	2,19	2,47	2,86	11,70	11,53	12,38	13,00	13,66	24,00	28,67	33,00	34,00	28,91	29,00
Libia (C)	3,24	3,62	4,25	15,77	14,97	16,06	18,25	18,34	30,00	29,83	39,50	36,20	29,54	30,40

(A) Tía Juana Mediano, 26-26,9 °API.
(B) Crudo de 34-34,9 °API, entrega en la terminal de Rastanura.
(C) Crudo de 40 °API y más, entrega en la terminal de Brega.

Fuentes: MEM-PODE, 1982, p. 154; 1983.
Pet. Times Price Report, February 1984, interpolado.

ción de la Nación en el negocio petrolero, a través del Impuesto sobre la Renta (ISLR). Estas gestiones, junto con la Comisión Coordinadora y la participación en la OPEP, fundamentaron la política petrolera venezolana denominada "**Pentágono Petrolero**".

En Venezuela, en los primeros años de los setenta, se promulgaron leyes que abonaron el camino que desembocaría en la gran decisión de que la Nación administrara la industria petrolera en manos de las empresas concesionarias. En 1971 se aprobaron y comenzaron a regir la Ley que Reserva al Estado la Industria del Gas Natural y la Ley sobre Bienes Afectos a Reversión en las Concesiones de Hidrocarburos. En 1973 se aprobó la Ley que Reserva al Estado la Explotación del Mercado Interno de los Productos Derivados de los Hidrocarburos.

Durante 1970-1973, la OPEP hizo sentir sus intenciones y propósitos de controlar y manejar la industria petrolera establecida en sus países miembros. Por primera vez, la Organización logra incrementos en los precios del petróleo por las fluctuaciones del dólar. Y, además, países productores del Medio Oriente, miembros de la OPEP, lograron convenios de participación con las compañías operadoras e iniciaron negociaciones preliminares tendentes a la nacionalización gradual de la industria.

Después de catorce años de gestiones, las acciones de la OPEP lograron en 1974 un aumento substancial de los precios del petróleo. Por primera vez en la historia de la industria petrolera mundial, los países productores/exportadores de petróleo representados en la OPEP acordaron poner fin al bajo precio del petróleo y decidieron que en el futuro los precios debían responder a las expectativas de ingresos de los países miembros para compensar las fluctuaciones del dólar y los incrementos en precios que por bienes y servicios imponen las naciones industrializadas. La Tabla 10-4 muestra la evolución del precio del petróleo.

La actitud y la decisión de la OPEP de aumentar el precio de los crudos en 1974 llamó poderosamente la atención de los consumidores. Sin embargo, la idea de considerar el petróleo como un recurso energético no renovable caló momentáneamente en la conciencia pública al frenar un poco la producción en 1975, pero en los años siguientes hubo un sostenido repunte hasta 1979, no obstante el aumento de precios durante esos años.

La década de los ochenta se inició con un marcado descenso en la producción de crudos. Muchos analistas del comportamiento de los mercados comentaron que un gran volumen de petróleo almacenado anteriormente encontró salida e indujo a la reducción de la producción. Se consideró también que al disminuir el volumen almacenado se tendría que aumentar la producción. Las cifras que siguen son reveladoras.

Tabla 10-5. Producción mundial de petróleo

Años	Miles b/d
1971	47.890
1972	50.674
1973	55.458
1974	55.304
1975	52.968
1976	57.575
1977	60.201
1978	60.285
1979	62.806
1980	59.765
1981	56.018
1982	54.148
1983	52.683
1984	54.572

Fuente: MEM-PODE, 1981, p. 111; 1986, p. 185.

Varias áreas productoras fuera de la OPEP contribuyeron entonces, como hoy también contribuyen, con un substancial volumen de crudos al consumo mundial. Por ejemplo, entre esos productores unos han incrementado su producción y reservas significativamente y otros, no obstante la declinación de sus yacimientos, mantienen alta producción y tienen perspectivas de nuevos e importantes descubrimientos.

Se apreciará que parte del volumen de crudo se consume en el país productor, pero otra parte se exporta y compite con crudos que vienen de otras naciones productoras. Por ejemplo: el crudo de Alaska va preferiblemente a Estados Unidos pero también tiene mercado en el Japón, donde puede competir con crudos de Indonesia.

Las actividades de exploración/perforación exploratoria en tierra y costafuera de China cada día son más extensas y prometedoras. Crudos chinos se exportan al Japón, gran importador y consumidor de hidrocarburos.

En el mar del Norte, cuyos principales productores son Noruega y el Reino Unido, además de Holanda y Dinamarca, existen perspectivas de mantener y aumentar las reservas, lo cual reforzará no depender explícitamente de importaciones. Por ejemplo, las exportaciones directas de petróleo crudo y productos desde Venezuela para el Reino Unido fueron en 1974: 79.825 b/d, en 1984 34.266 b/d y en 1994: 26.634 b/d.

México, con su creciente aumento en las reservas y, por ende, mayor disponibilidad de producción, se ha convertido en un gran exportador de crudos y productos hacia su vecino, Estados Unidos. Por tanto, compite con otros exportadores en ese y otros mercados.

Al derrotar (1917) a la monarquía para luego implantar el socialismo/comunismo,

Tabla 10-6. Caudal petrolífero de ciertas áreas

Areas	Producción Promedio, miles b/d			Reservas* Millones de brls.		
	1974	1984	1994	1974	1984	1994
Alaska	193	1.715	1.576	10.096	8.642	5.314
China	1.300	2.732	3.001	25.000	19.100	24.000
Mar del Norte	36	2.462	5.189	23.247	21.134	28.245
México	514	2.799	2.687	13.582	48.300	65.050
URSS	9.243	12.304	7.038**	83.400	63.000	57.000**
Total (A)	11.286	22.012	19.491	155.325	160.176	179.609
Total Mundo (B)	56.722	54.572	60.220	715.697	669.303	1.051.408
A/B	19,90	40,34	32,37	21,70	23,89	17,08

* Al 1° de enero de cada año.
** Ex Unión Soviética, hoy Rusia.

Fuentes: MEM-PODE, 1986 y 1994.
    Oil and Gas Journal, February 12, 1996.

Fig. 10-6. Plataforma de producción, remolcada hacia las aguas profundas del campo Brent, mar del Norte.

1917-1989, la Unión Soviética comenzó en 1990 a orientarse hacia la forma democrática de gobierno. En septiembre de 1991, la República Rusa tomó control de su extensa industria petrolera y gasífera, la cual necesitará muchos esfuerzos para aumentar su producción. En tres años (1989-1991), la producción mermó 22 % y llegó a producir por debajo de 10 millones de barriles diarios.

Las exportaciones rusas de petróleo y gas natural son muy importantes para ese país por las divisas que generan y para los países europeos porque reciben directamente sus importaciones mediante oleoductos y gasductos. Recientemente, 1994-1996, la producción rusa se mantuvo en alrededor de unos 8 millones de barriles diarios pero necesita de muchas inversiones para fortalecer su potencial y capacidad de producción. No obstante las visitas de compañías petroleras estadounidenses y las firmas de cartas de intención y esfuerzos preliminares de actividades, todavía no se ha concretado una relación que pueda significar que

el petrolero extranjero está bien establecido en la República Rusa o en otros miembros de la hoy Comunidad de Estados Independientes (ex URSS).

La contribución de nuevos yacimientos a la producción de ciertos países o áreas en el contexto global de aumento de la producción mundial, no representa sino mantenimiento del potencial existente ya que, por circunstancias del mismo mecanismo natural de producción que opera en los yacimientos, el potencial decae marcadamente, no obstante el gran esfuerzo exploratorio para encontrar nuevas reservas petrolíferas. Tal es el caso de Estados Unidos que, de gran exportador y productor de crudos, con el tiempo se ha mantenido a duras penas como gran productor pero se ha convertido casi irreversiblemente en gran importador neto de petróleo para satisfacer sus propias necesidades. Otro caso es la circunstancia fortuita de una guerra, como la habida entre Irán e Irak, y Kuwait e Irak que disminuyó drásticamente la producción normal durante años. Esto perjudica a los propios países productores involucrados y a los clientes que dependen de esos exportadores.

La industria venezolana de los hidrocarburos

El 11 de marzo de 1975, el Gobierno Nacional introdujo en el Congreso el proyecto de Ley Orgánica que Reserva al Estado la Industria y el Comercio de los Hidrocarburos. Aprobada por el Congreso, el presidente Carlos Andrés Pérez le puso el ejecútese el 29 de agosto de 1975. Seguidamente, se creó la Comisión Supervisora de la Industria y el Comercio de los Hidrocarburos, adscrita al entonces Ministerio de Minas e Hidrocarburos (hoy Ministerio de Energía y Minas). Por decretos números 1.123 y 1.124 del 30 de agosto de 1975 se creó la empresa Petróleos de Venezuela S.A. y se le designó su primer directorio.

Así que, bajo el amparo de todos los instrumentos legales mencionados y avenimiento con las concesionarias, la industria petrolera pasó a manos de la Nación el 1° de enero de 1976, sin traumas internos ni desavenencias internacionales.

Desde 1976, la industria petrolífera, petroquímica y carbonífera nacional (IPPCN) ha mantenido su ritmo de operaciones de comercialización interna y de exportaciones de crudos y productos eficientemente. En veinte años de operaciones, PDVSA se ha convertido en una empresa internacional del negocio de los hidrocarburos y figura al lado de las más grandes compañías de su tipo en el mundo.

Las cifras de la Tabla 10-7 corresponden a los volúmenes de comercialización individual anual de crudos y productos y a los volúmenes acumulados en veinte años, como también la participación nacional en MMBs. por año y acumulado.

	Productos, MBD		Crudos, MBD	Total, MBD	Participación nacional
Años	Mercado interno	Exportaciones (A)	Exportaciones (B)	(A+B)	MMBs.
1995	378	718	1.819	2.537	945.636
1994	361	649	1.693	2.342	817.630
1993	376	630	1.540	2.170	486.260
1992	363	625	1.429	2.054	628.904
1991	340	736	1.382	2.118	614.262
1990	330	639	1.242	1.881	608.060
1989	349	638	986	1.624	364.519
1988	371	639	1.011	1.650	101.684
1987	343	492	1.028	1.520	102.192
1986	342	585	949	1.534	52.706
1985	337	542	829	1.371	70.214
1984	336	510	1.007	1.517	80.878
1983	362	515	985	1.500	48.281
1982	381	492	1.062	1.554	58.878
1981	369	492	1.267	1.759	75.002
1980	355	581	1.283	1.864	70.839
1979	317	697	1.402	2.099	52.098
1978	283	719	1.244	1.963	31.952
1977	254	667	1.320	1.987	35.273
1976	244	786	1.370	2.156	33.471
Total acumulado Mbrls. veinte años	3.200.013	4.511.621	8.613.195	13.124.816	5.278.739

Fuente: PDVSA, Informe Anual, años mencionados.

II. La Oferta y la Demanda de Hidrocarburos

La demanda de los diferentes tipos de hidrocarburos como petróleos crudos, gas natural y productos derivados es la que finalmente controla la oferta mundial en los mercados. Si la demanda es alta, la producción es también alta y el precio de cada sustancia tiende a mantenerse estable o a subir si hay o se percibe que puede haber escasez de determinado suministro a corto, mediano o largo plazo. La alta demanda alienta, casi instantáneamente, inusitada actividad en todas las ramas de la industria para abastecer el consumo.

Cuando la demanda baja, inmediatamente se siente el efecto en todas las actividades de la industria. Primeramente, el precio de los crudos tiende a bajar. El volumen de producción debe ajustarse a niveles descendentes y esto repercute desde los pozos hasta los expendios de gasolinas, inclusive todas las operaciones corriente arriba y corriente abajo del negocio. Como es natual, afecta a todos los programas y proyectos de la industria por razones económicas.

Los altibajos de la oferta y la demanda pueden ser largos o cortos y son episodios que forman parte del negocio desde los mismos comienzos de la industria. Por tanto, no es nada fácil pronosticar con certeza el comportamiento general del mercado petrolero mundial a mediano y a largo plazo. Existen factores geopolíticos, socioeconómicos, geográficos, financieros y operacionales, que pueden influir en la oferta y la demanda mundial de los hidrocarburos. Por tanto, el dinamismo, la complejidad y la competitividad de la industria pueden ser afectados por los factores mencionados antes. A veces, condiciones atmosféricas extremas e inesperadas, en verano o invierno en los mercados importantes, influyen en la demanda, el suministro y los precios. De allí que la empresa mejor preparada para enfrentar con éxito las circunstancias sea la más beneficiada.

A los mercados de todo el mundo concurren un gran número de empresas privadas y estatales grandes, medianas y pequeñas, que conforman un extenso grupo de suplidores, compradores y/o distribuidores directos de crudos y/o productos. La capacidad empresarial y competitividad de cada empresa depende a la vez de sus recursos y grado integral de sus operaciones. Pues no es lo mismo operar como empresa integrada y como exportador desde su propio país que operar como una transnacional mediante varias empresas filiales desde varios países.

Compradores y vendedores

Dentro de los aspectos de comercialización internacional de los hidrocarburos, los países se clasifican sencillamente como compradores y vendedores o importadores y exportadores. Sin embargo, para ampliar el significado de esta clasificación es necesario enfocar otros aspectos.

Productores e importadores netos

Hay países que dependen totalmente de la compra e importación diaria de crudos y/o productos para satisfacer sus requerimientos energéticos de hidrocarburos porque su producción de petróleo autóctono es ínfima o inexistente, y son importadores netos. El ejemplo más evidente en esta clasificación es Japón, cuya producción de petróleo es de unos 15.000 b/d (OGJ, 25-12-1995, p. 63) y sus importaciones de crudos son millonarias para alimentar una capacidad instalada de 41 plantas de refinación a razón de 4,9 millones de barriles por día calendario (b/dc) (OGJ, 18-12-95, p. 48). Varios otros países en los cinco continentes son también importadores netos de hidrocarburos.

Tabla 10-8. Estados Unidos: demanda y suministros

Semana del 26 de julio de 1996	Promedio de cuatro semanas		Variación, %
	Ultimas cuatro	Hace un año	
Demanda (1.000 b/d)			
Gasolina para automotores	8.113	7.911	2,6
Destilados	3.051	2.770	10,1
Combustible jet	1.509	1.500	0,6
Residuales	785	765	2,5
Otros productos	4.630	4.270	8,4
Demanda total	18.088	17.216	5,1
Suministros (1.000 b/d)			
Producción propia de crudos	6.489	6.458	0,5
Producción LGN	1.871	1.750	6,9
Importación de crudos	7.662	7.312	4,8
Importación de productos	1.753	1.601	9,5
Otras fuentes de suministros*	1.317	1.348	-2,3
Total suministros	19.092	18.469	3,4

* Incluye otros hidrocarburos y alcohol, ganancias volumétricas de procesos de refinación y petróleo crudo no contabilizado.

Productores e importadores

Varios países, entre los cuales se cuentan algunos que tienen una apreciable producción de petróleo y/o gas, son importadores muy importantes. Su capacidad de producción no es suficiente para satisfacer el consumo. El ejemplo sobresaliente es Estados Unidos que, de gran exportador, después de la Segunda Guerra Mundial (1939-1945), comenzó al correr de los años a convertirse en gran importador absoluto, no obstante tener alta capacidad de producción de crudos. Hay otros países en esta categoría. La Tabla 10-8, del OGJ Newsletter, del 5 de agosto de 1996, p. 3, es reveladora de la demanda y suministros de hidrocarburos de los Estados Unidos y su dependencia de las importaciones.

Productores y exportadores netos

En esta clasificación dominan las 12 naciones que hoy conforman la OPEP. Ecuador ingresó a la Organización en 1973 pero se retiró en 1992. Las fechas y cifras que se muestran en la Tabla 10-9 dan idea del desenvolvimiento de la OPEP y su posición respecto a la producción y reservas de crudos del mundo.

El precio de los hidrocarburos

No es fácil responder la pregunta: ¿Cuánto, realmente, vale un barril de petróleo? Son tantas las operaciones básicas y afines que en materia de exploración, perforación, producción y transporte hay que cumplir con éxito para lograr un barril comercial de crudo que todas ellas involucran respetables inversiones, costos y gastos hasta entregarlo a las refinerías o a las instalaciones de otros clientes. Además, por encima de todos esos desembolsos, cada barril debe generar un determinado ingreso que garantice la rentabilidad del negocio. Iguales consideraciones son aplicables a los productos manufacturados del petróleo.

En la determinación del precio tiene mucha importancia la calidad y las características del crudo, que por comparación y competencia con crudos similares sirven al refinador para evaluar la cantidad, el volumen y la calidad de productos obtenibles de ese crudo y los precios que esos productos tienen en el mercado.

De allí que el crudo que compra el refinador debe reembolsar también, además de su precio, las inversiones, los costos y gastos

Tabla 10-9. Producción (MBD) y reservas (MMB) de los países de la OPEP

Países		1960	1990	1991	1992	1993	1994	1995*
				Crudos: P = Producción		R = Reservas		
Arabia Saudita (1960)	P	1.240	6.413	8118	8.332	8.048	8.049	7.867
	R	50.000	260.342	260.936	261.203	261.203	261.203	258.703
Argelia (1969)	P	936	789	803	757	747	753	760
	R	8.000	9.200	9.200	9.200	9.200	9.979	9.200
Emiratos Arabes Unidos (1967)	P	382	2.062	2.386	2.266	2.159	2.167	2.194
	R	15.000	98.100	98.100	98.100	98.100	98.100	98.100
Gabón (1973)	P	145	269	295	292	312	297	354
	R	1.500	1.775	1.822	2.412	2.349	2.349	1.340
Indonesia (1962)	P	458	1.281	1.472	1.348	1.327	1.333	1.329
	R	10.000	10.785	10.247	9.754	9.270	8.783	5.167
Irak (1960)	P	975	2.114	279	526	660	749	600
	R	27.000	100.000	100.000	100.000	100.000	100.000	100.000
Irán (1960)	P	1.050	3.183	3.433	3.432	3.425	3.596	3.654
	R	35.000	92.850	92.860	92.860	92.860	94.300	82.200
Kuwait (1960)	P	1.625	1.172	193	1.058	1.881	2.007	1.800
	R	62.000	97.025	96.955	96.568	96.500	96.500	94.110
Libia (1962)	P	184	1.397	1.500	1.433	1.361	1.390	1.370
	R	4.500	22.932	22.800	22.800	22.800	22.800	29.500
Nigeria (1971)	P	1.543	1.727	1.893	1.957	1.905	1.821	1.887
	R	11.680	17.100	20.000	20.991	20.991	20.991	20.828
Qatar (1961)	P	176	406	391	423	390	379	438
	R	2.750	4.352	4.210	4.056	3.914	3.776	3.700
Venezuela (1960)	P	2.846	2.137	2.388	2.390	2.475	2.617	2.789
	R	17.382	60.054	62.649	63.330	64.448	64.877	66.328
(A) Total OPEP	P	7.736	23.234	23.344	24.170	24.542	24.906	25.042
	R	191.382	774.515	779.779	781.274	781.637	783.658	769.066
(B) Total mundo	P	20.859	60.635	59.966	59.699	59.729	60.469	61.445
	R	300.986	1.011.529	1.016.596	1.039.675	1.041.793	1.051.408	1.007.475
% A/B	P	37,1	38,5	38,9	40,05	41,1	41,2	40,8
	R	63,6	76,6	76,7	75,1	75,0	74,5	76,3

* Cifras estimadas.

Nota: Los totales 1960 OPEP corresponden a los cinco países fundadores de la Organización ese año. En la columna 1960 se incluye la producción y reservas de los países que ingresaron a la OPEP en los años respectivos, indicados entre paréntesis.

Fuentes: MEM-PODE, 1965 y 1994.
Oil and Gas Journal, 25-12-1995.

de todo el tren de procesamiento más la rentabilidad deseada de estas operaciones, de acuerdo a la práctica y normas de la industria.

Factores que influyen en el precio

La oferta y la demanda crean la competencia de crudos y productos en los mercados, especialmente en los mercados internacionales. En el caso del mercado nacional, en algunos países los precios de los productos son regulados a expensas de la realidad de la oferta y la demanda y de las inversiones, costos y gastos involucrados.

La regulación de precios puede utilizarse con muchos fines que no todas las veces surten los resultados deseados. Por otro lado, la liberación de precios mal empleada puede desembocar en una especulación que exaspera al consumidor. También la guerra de precios puede inicialmente beneficiar a algunos proveedores y consumidores pero a la larga se empiezan a sentir los perjuicios y hay que retomar el curso de la oferta y la demanda.

A veces, diferenciales significativos de precios no inducen el flujo de suministros de un área a otra porque el volumen no es suficiente para copar la demanda y se corre el riesgo de perder el control y crear incertidumbre en el mercado. Otras veces, jugar con el precio como medio para atraer mayor clientela tiene su límite, porque no puede sustituir la calidad del producto, el buen servicio y las buenas relaciones establecidas vendedor/comprador. Si el precio se utiliza como regulador del consumo, su acción puede ser variable, podría inducir bajas momentáneas en el consumo o podría también ocasionar cambios en la actitud de los consumidores con respecto a otros productos que sustituyen al regulado.

En la industria petrolera estadounidense, ejemplo de mercado interno que se rige por la oferta y la demanda, y donde existen varias docenas de empresas integradas y cientos de empresas independientes productoras de crudos y cientos de empresas independientes refinadoras de crudos, la competencia por los mercados regionales es bastante fuerte. De vez en cuando se producen "guerras de precios" entre expendios de gasolina, pero esto es muy pasajero, porque a la larga la influencia de la oferta y la demanda juega su papel equilibrador. Además, llega el momento en que el público se cansa y su apatía resulta ser factor regulador.

Estas erupciones de competencia nunca han logrado el fin propuesto por sus iniciadores; al contrario, en ocasiones han sido condenadas por el público. Un aspecto que influye y ayuda es que toda la información sobre estadística petrolera es asequible a quien desee mantenerse informado sobre todas las operaciones petroleras y, por tanto, puede juzgar por sí mismo cómo se comporta el mercado.

En sí, cuando se trata de un crudo nuevo en el mercado, la siguiente información y aspectos son fundamentales para apoyar el precio que pueda asignársele:

• En primer término, es importante poseer un análisis de las características, propiedades y rendimiento del crudo, como los análisis presentados en el Capítulo 1.

• Comparar el crudo con otros crudos similares para tener idea sobre los procesos de refinación a que deben ser sometidos para optimar su rendimiento y comercialización.

• Apreciar si las instalaciones actuales de la refinería donde se piensa refinar el crudo son suficientes para lograr el rendimiento y la comercialización deseadas o si son necesarias modificaciones a las plantas o adiciones de plantas complementarias.

• Investigar si dicho crudo, mezclado con otro(s) crudo(s) hace más factible un mayor rendimiento de productos y, por ende, optimación de su comercialización.

• A mediano y a largo plazo, cuáles son las perspectivas comerciales de los productos para obtener la posible optimación de su comercialización, en el mercado nacional y/o internacional.

• Origen del crudo, volumen de reservas, régimen de producción y capacidad de la empresa que lo ofrece.

• Precio del crudo en la terminal de embarque y cuáles son los costos de transporte y otros gastos afines hasta el destino final.

• Condiciones del contrato de compra-venta durante corta, mediana o larga duración, y los volúmenes necesarios del crudo para satisfacer los requerimientos de carga de la refinería durante las cuatro estaciones del año, tratándose de climas gélidos.

• Por último, la rentabilidad que cada producto derivado de ese crudo deja en la cadena de operaciones al concluir el mercadeo nacional y/o internacional.

Naturalmente, en todo esto son muy importantes también la estructura, la organización, los recursos de cada empresa, la magnitud y el alcance de las operaciones. Y, por encima de todo, la capacidad y experiencia de la gente. No es lo mismo una empresa que únicamente refina crudos que una empresa grande integrada. Tampoco es lo mismo una empresa integrada que opera solamente en su país sede que una que opera en el exterior, refinando y comercializando crudos y productos. También tienen más radio de acción y oportunidades las empresas que poseen filiales integradas en varios países y acometen el negocio petrolero en cadena a escala internacional.

III. Mercadeo Nacional

El mercadeo de petróleo y sus productos en todos los países del mundo es, quizás por su volumen y diversidad de componentes, la actividad comercial diaria más compleja e importante del negocio de los hidrocarburos.

Fig. 10-7. El transporte, un aliado en la cadena de comercialización de combustibles.

Compleja, por la secuencia de operaciones que le anteceden para asegurar y manejar los suministros requeridos y por las subsiguientes concernientes a la distribución y expendio al detal o al por mayor a las diferentes clientelas, desde el público en general a través de las estaciones de servicio hasta los hogares y las empresas e industrias de todas clases. Importante porque difícilmente podría cualquier nación mantener su ritmo cotidiano de actividades sin el petróleo y sus derivados.

Si el país tiene tipos y volúmenes de crudos de la calidad y cantidad suficientes para alimentar sus propias refinerías, los suministros de productos para satisfacer la demanda nacional están asegurados. Si los volúmenes y la calidad de petróleos propios no son suficientes, entonces las refinerías tendrán que depender de la importación de crudos y/o productos para complementar los requerimientos del mercado interno. Otra situación es la carencia total de recursos petrolíferos a pesar de contar con la disponibilidad de la capacidad instalada y la adecuada tecnología de refinación para abastecer el mercado interno y hasta disponer de excedentes de volúmenes de productos para exportar; en este caso, el punto crítico es la importación de crudos. También se da el caso de

85

países que no tienen recursos petrolíferos propios ni capacidad de refinación y dependen totalmente de la importación de productos.

Cada una de las situaciones anteriores representan para la nación involucrada aspectos y gestiones determinadas para obtener el abastecimiento diario de petróleo y/o productos requeridos por la demanda interna. Muchas naciones han vivido alguna vez varias de las situaciones mencionadas y otras han permanecido en una situación determinada de dependencia. Ejemplos: Estados Unidos, donde comenzó la industria en 1859, por muchas décadas fue gran productor, gran refinador y gran exportador, prácticamente inició al mundo en la utilización y el consumo de derivados de los hidrocarburos. Hoy continúa siendo gran productor y gran refinador pero se ha convertido en el mayor importador de crudos y productos. Japón siempre ha sido un gran refinador y exportador de productos a base de petróleo importado en su totalidad. Algunas naciones del Caribe importan todos los productos que necesitan porque no tienen petróleo ni refinerías.

Venezuela pasó por la etapa de importadora neta de productos. Sin embargo, en la octava década del siglo XIX, la Petrolia del Tá-

Fig. 10-8. Típico distribuidor ambulante de combustible (querosén) en los comienzos de la industria.

chira comenzó a vender querosén en la región andina, obtenido de su refinería de 15 b/d de capacidad, alimentada con petróleo de sus propios pozos ubicados en su campo La Alquitrana, cerca de Rubio, estado Táchira; también exportó querosén a la vecina Colombia. A propósito de la gasolina importada, y con motivo del primer vehículo adquirido por la Policía Metropolitana de Caracas, en el periódico Nuevo Diario, del 25 de agosto de 1914, aparece un anuncio sobre marcas, especificaciones y precios de gasolinas que entonces se expendían en el país. Reza así:

Caja de 18 litros, sello rojo, 72 grados

Bs. 22,82 (Bs./lt 1,27)

Caja de 18 litros, sello azul, 70 grados

Bs. 21,75 (Bs./lt 1,21)

Caja de 18 litros, sello amarillo, 60 grados

Bs. 21,25 (Bs./lt 1,18)

Precisamente, en 1914, al darse el descubrimiento del campo Mene Grande, estado Zulia, y más tarde iniciar su producción de productos en la refinería de San Lorenzo (1917), el país comenzó la escalada petrolera que lo convertiría en importante productor y exportador de crudos y al correr del tiempo también en gran refinador y exportador de productos, logros que en este siglo han contribuido generosamente a la economía del país. También comenzó en 1917 la proyección del mercadeo nacional con abundancia de productos propios, especialmente querosén.

Todo lo antes mencionado hace pensar que, en comparación con otros países productores de petróleo, en Venezuela la relación demanda-utilización-precio de los hidrocarburos ha generado un consumo subsidiado que ha sido muy difícil corregir totalmente. Tal situación va en detrimento de la economía nacional y representa una merma en ingresos para la propia industria petrolera.

Al correr de los años, se han dejado de utilizar productos más adecuados a las necesidades del país y, por tanto, un esfuerzo adicional en este sentido liberaría para la exportación crudos y/o productos que reforzarían la posición competitiva de Venezuela. Tal sería el caso de la sustitución de gasolina de motor por gas licuado, que además contribuiría a aliviar la contaminación ambiental; o la utilización de combustóleos de mayor calidad para la exportación u otros procesos de mayor rendimiento económico. Después de todo, hasta ahora, la exportación de crudos y productos es la base fundamental de la economía del país y de su industria petrolera.

En Venezuela se inició y está en promoción el uso del gas natural licuado para vehículos, GNV. El tipo de parque automotor con que actualmente cuenta Venezuela requiere ser adecuado a las necesidades reales de actividades de servicio público y al transporte masivo de personas. En este aspecto se puede contribuir significativamente al ahorro de combustibles y, por ende, obtener mayor provecho de los recursos petrolíferos del país.

Mercadeo de productos (Venezuela)

El avance y el desarrollo del mercado nacional fue creciendo en la medida en que fue aumentando el parque automotor y las pequeñas, medianas y grandes industrias del país. Las cifras de la Tabla 10-10 destacan el consumo de gasolina y otros productos.

La Segunda Guerra Mundial (1939-1945) tuvo efectos en el crecimiento del parque automotor en Venezuela, particularmente por la participación (1941) de los Estados Unidos en el conflicto y las restricciones que impuso a sus exportaciones de materiales, equipos, herramientas y vehículos requeridos para el esfuerzo bélico. Para entonces, no existían en el país plantas ensambladoras de vehículos ni la fabricación suficiente de algunos repuestos para el parque automotor. Todo era importado.

Fig. 10-9. Las estaciones de servicio PDV establecen un nuevo paradigma en la atención al exigente consumidor de hoy.

Para ejercer el control y la coordinación deseadas sobre la importación de artículos, el Gobierno Nacional creó la Comisión Nacional de Abastecimiento, por decreto N° 176 del 15 de agosto de 1944 (Gaceta Oficial N° 21.484 de la misma fecha). Para realizar sus funciones, dicha comisión contó con las secciones de Precios, Transporte y Comercio Exterior.

Una vez terminada la guerra (1945) comenzó el repunte del crecimiento de la matriculación de todos los tipos de vehículos y, por ende, el aumento significativo del consu-

Tabla 10-10. Crecimiento del consumo venezolano de productos

	miles de barriles	
Años	Gasolinas	Otros productos
1942	1.143	1.652
1945	1.530	3.065
1950	5.412	13.392
1965	18.873	45.297
1970	25.750	47.391
1980	61.787	64.588
1190	60.174	59.675
1995	71.905	66.065

Nota: Otros productos son: querosén, combustible pesado, Diesel y gasóleo, lubricantes, asfalto, turbo fuel, parafinas, G.L.P., etc.

Fuentes: MMH, Anuario Petrolero 1950-1951.
MMH-MEM-PODE, 1974, 1983 y 1994.
PDVSA, Informe Anual, 1995.

mo de gasolinas. Comenzó también la modernización y construcción de las estaciones de servicio. La comercialización nacional de petróleo y de los productos derivados creció como consecuencia del desarrollo industrial del país y la expansión de la manufactura de algunos artículos de mayor consumo y el plan de vialidad que se inauguró para acercar más las regiones del país.

Entre las decisiones de la Comisión Nacional de Abastecimiento figuró la regulación de precios de las gasolinas y el querosén, de acuerdo con la resolución N° 66 del 12 de diciembre de 1945 (Gaceta Oficial N° 21.883 de la misma fecha). Al detal, los precios promedio en bolívares por litro fueron los siguientes: 0,1083 para la gasolina etilizada; 0,1542 para la gasolina blanca y 0,1167 para el querosén. Antes de la regulación, la gasolina corriente de 74 octanos, tipo único que se vendía en el país, tenía el precio de Bs./litro 0,20 y máximo 30 céntimos. En las diez ciudades más importantes del país el precio promedio era 23,6 céntimos por litro. La regulación le rebajó el precio a 10 céntimos por litro. Por ejemplo, la gasolina de 78 octanos con tetraetilo de plomo vendida en Venezuela a Bs. 0,1083 litro estaba por debajo del precio de la gasolina de menos octanaje vendida en otras ciudades del mundo: Bogotá 0,1725; Buenos Aires 0,2381; Río de Janeiro 0,3186; Londres 0,3646; París 0,5080 y Roma 0,6859 bolívares por litro.

A partir de 1947, por los efectos de la Ley de Hidrocarburos de 1943, se empezó a consolidar en el país la expansión de la capacidad de refinación y el empleo de nuevos patrones de manufactura de productos. El diseño de nuevos modelos de motores y de diferentes relaciones de compresión requirieron gasolinas de variado rango de octanaje. A principios de la década de los sesenta, por primera vez en el país se instalaron surtidores de gasolina que ofrecían la manera para seleccionar el número

de octanos de la gasolina requerida por cualquier motor. Mediante la mezcla proporcional de gasolinas de 83 y 95 octanos se podía obtener automáticamente gasolina de 87, 89 y 91 octanos. Por tanto, el cliente tenía cinco opciones de número de octano.

Fig. 10-10. El vehículo automotor es un medio de transporte colectivo o personal de uso universal.

IV. Reorganización de la Función de Mercadeo Interno (Venezuela)

Desde los comienzos de la industria venezolana de los hidrocarburos, algunas empresas integradas concesionarias se ocuparon de servir el mercado interno y también lo hizo, por corto tiempo (1960-1975), la empresa estatal Corporación Venezolana del Petróleo (CVP). Al efectuarse la estatización de la industria petrolera venezolana el 1° de enero de 1976, PDVSA y sus filiales Corpoven, Lagoven y Maraven siguieron atendiendo el mercado interno. Sin embargo, efectivo el 1° de abril de 1996, Petróleos de Venezuela aprobó la reestructuración de la función de Mercadeo Interno, para lo cual designó a su filial Deltaven para integrar todas las actividades que en la materia realizaban las otras filiales mencionadas antes. Por tanto, tendrá sus propias estaciones de servicio, plantas de mezclado y envasado de lubricantes, flota de transporte terrestre y plantas en aeropuertos y puertos.

Actividades de Deltaven

• Vender al detal productos terminados a clientes finales, tanto en el mercado nacional como en el internacional seleccionado.

• Impulsar la participación del sector privado en el desarrollo de infraestructuras y suministro de un servicio más integral al cliente, promoviendo la apertura de un ambiente de competencia que se traduzca en beneficios para la nación.

Procesos y servicios de mercadeo

Para satisfacer eficazmente al cliente en ese preciso momento en que requiere los productos que desea para usos en el hogar, en los talleres, fábricas e industrias, puertos y aeropuertos, en el campo, y en el vehículo, se ha cumplido con anterioridad con una cadena de procesos y servicios operacionales y administrativos que conjugan los esfuerzos de las miles de personas que trabajan en la industria petrolera en exploración, perforación, producción, transporte, refinación/manufactura, comercialización /mercadeo, funciones corporativas y apoyos afines. La tarea es extensa y retadora.

De las refinerías se transportan los productos a los centros principales de almacenamiento y de distribución, ubicados en diferentes puntos estratégicos del país, para luego ser despachados a los expendios y, finalmente, a los consumidores.

El surtido de productos cubre un amplio espectro de especificaciones técnicas y de calidad necesarias para satisfacer los requerimientos para el uso y el funcionamiento en las diferentes aplicaciones específicas. Ejemplos:

• Gasolinas de diferentes octanajes para diferentes tipos de motores.

• Combustibles para diferentes tipos de aeronaves, embarcaciones, locomotoras y camiones.

• Aceites y lubricantes para automóviles, camiones, motocicletas, locomotoras, aeronaves, embarcaciones, y todos los usos industriales y hogareños.

• Aceites para sistemas hidráulicos de todo tipo.

• Fluidos para todo tipo de transmisiones.

• Aceites especiales para el corte y maquinado de materiales.

• Grasas especiales para lubricación industrial.

• Asfaltos para pavimentación, impermeabilización y otras aplicaciones.

• Limpiador y protector del radiador de automóviles.

• Liga (fluido) para frenos.

Fig. 10-11. Deltaven vende productos derivados de los hidrocarburos bajo la marca comercial PDV.

Asistencia técnica para los clientes

Además de garantizar la entrega oportuna y la calidad de sus productos, la industria petrolera mantiene un amplio servicio de asistencia técnica directa e indirecta para todos sus clientes. Esa asistencia involucra difundir conocimientos sobre el uso y aplicaciones de productos, de acuerdo con las especificaciones de diseño y de funcionamiento de las máquinas o sistemas que han de utilizarlos.

Esta fase del mercadeo la realizan personas muy bien adiestradas y de experiencia, cuyo principal objetivo es satisfacer los requerimientos de la clientela y resguardar el buen funcionamiento de la máquina.

Por ejemplo, en el caso del automóvil, se publica información para que el dueño y/o conductor obtenga el mayor beneficio económico y mecánico del uso, el funcionamiento y el mantenimiento de su vehículo; planos de ruta y de ciudades, para aprovechar mejor los viajes y el tránsito en las ciudades; recomendaciones sobre la selección de gasolina, aceites y lubricantes adecuados para cada tipo de vehículo; nociones sobre la revisión oportuna de los sistemas básicos y componentes del vehículo para obtener el mejor funcionamiento posible y evitar desgastes anormales y consumo innecesario de combustible; estado de los neumáticos/llantas y del tren de rodamiento; estado y funcionamiento del sistema de dirección; carburación, alimentación de combustible, compresión, encendido, expansión y expulsión de gases, silenciadores y tubos de escape; equipo de enfriamiento del motor (agua y/o aire); sistema eléctrico: arranque y alumbrado; sistema de aire acondicionado, sonido y mandos en el tablero; mantenimiento del chasis, carrocería, tapicería; repuestos para emergencias. Y, finalmente, guías y normas que deben observar todos los conductores en la ciudad y en las carreteras para evitar accidentes o daños lamentables, también tener muy presente evitar todo lo que pueda dañar el medio ambiente.

La distribución de productos

Por experiencia y por las modalidades de largos años de relaciones que la industria petrolera mantiene con todas las otras industrias de todo tipo, la distribución de productos se realiza por intermedio de empresarios especializados en mercadeo y cuyas empresas se ciñen y cumplen todos los requisitos y normas que sobre la materia tiene en vigencia cada empresa petrolera, a través de su función de mercadeo nacional.

En el caso de la industria venezolana, la distribución funciona con su estilo propio que incluye la mística de trabajo y de servicios prestados hace veinte años, atendiendo una zona geográfica menor, mediana o mayor que ha contado con una clientela variada y/o muy especializada conformada por una diversidad de empresas industriales.

Generalmente, para atender bien a los clientes se dispone de locales y espacios, áreas adyacentes, ambientes internos y externos, seguridad y protección de las áreas e instalaciones; recibo, almacenamiento y despacho de productos; relaciones y contactos con los clientes; asesoría técnica sobre los diferentes tipos de productos distribuidos: sus características y especificaciones, modos de empleo, funcionamiento de las máquinas e instalaciones que necesitan los productos y todos aquellos otros factores que contribuyen a que el cliente se sienta satisfecho y respaldado por un buen servicio.

La estación de servicio

La estación de servicio es el símbolo más visible de la industria y de las empresas petroleras.

Fig. 10-12. El transporte aéreo es un gran usuario de combustibles y otros productos derivados del petróleo.

Es sitio de parada obligada para todos los conductores de vehículos. ¿A quién no le es familiar una estación de servicio?

La selección de nuevos puntos de abastecimiento y la modernización de las estaciones de servicio existentes son manifestaciones de la respuesta que en el transcurso del tiempo la industria petrolera viene dando a los crecientes requerimientos del parque automotor.

Para brindar buen servicio y satisfacer las expectativas del público, todo el personal de la estación debe realizar sus tareas eficientemente y poner en práctica las normas y procedimientos básicos operacionales que resguardan la seguridad de las instalaciones, de los vehículos, del público y del propio personal en servicio. Además, la cortesía y el espíritu de colaboración entre servidores y servidos aumenta la eficiencia del despacho.

La estación de servicio de hoy cuenta con un equipo y componentes conexos de alta precisión de medidas volumétricas y funcionamiento electrónico que exigen mantenimiento y reparaciones por personal muy especializado. Este personal recibe adiestramiento técnico básico y experiencia práctica en talleres afines para garantizar el buen servicio en los expendios.

Todo conductor tiene su estación preferida. Sin duda, esa preferencia resulta del buen trato y del buen servicio que recibe, principalmente del despachador o vendedor de isla, quien es la primera persona que atiende al cliente en la estación. Es él quien con su buena presencia, aseo personal, cortesía, prontitud y colaboración se gana la confianza al despachar la gasolina, revisar el nivel de aceite del motor y de la transmisión, fluidos de los frenos y de la dirección, agua en el radiador y en la batería; observación rápida del motor para detectar desperfectos sencillos, limpieza de parabrisas y observación del estado de los cauchos y posible falta de aire.

Fig. 10-13. La estación de servicio es para el cliente reflejo del perfil de la empresa.

El despachador o vendedor de isla, para compenetrarse con sus actividades y mantenerse actualizado recibe cursos básicos sobre prevención de accidentes, prevención y extinción de incendios, prácticas de atención al cliente, aseo y mantenimiento de la estación.

Para aligerar el despacho de gasolina se dispone del autoservicio, por el cual el cliente se despacha él mismo para evitar esperas y ganar tiempo. El autoservicio cuenta con creciente aceptación por parte del público en ciertos sitios.

Administrar la estación de servicio demanda determinada preparación y disposición amable para tratar con empleados y el público. Para la empresa petrolera, la estación representa el último eslabón de la cadena de actividades pero para el público en general la estación es el sitio obligado que lo pone frente a frente con la imagen de la industria cuando necesita abastecerse de combustible y obtener otros servicios. Por tanto, el administrador se prepara mediante cursos que cubren materias como aspectos de mercadeo de productos; mantenimiento y limpieza; conservación de áreas físicas; decretos, resoluciones, ordenanzas y leyes que atañen a la administración y fun-

91

cionamiento de la estación de servicio; manejo y desarrollo de personal; seguridad; primeros auxilios; aspectos financieros del negocio; y el buen servicio al cliente.

La empresa tiene como norma que esa estación de servicio predilecta del cliente se mantenga así porque todo el personal que allí trabaja tiene como meta constante servir al público y servir bien.

Manufactura y utilización de productos: especificaciones y normas

Adicional a lo mencionado sobre este tema en el Capítulo 6 "Refinación", es importante resaltar que la manufactura de productos del petróleo se realiza según estricto cumplimiento de especificaciones y normas avaladas técnicamente por las refinerías, por los fabricantes de los equipos para dichos productos, y por agencias gubernamentales y particulares especializadas en la materia. Este esfuerzo mancomunado para lograr productos de calidad y muy confiables representa en todo momento una garantía explícita para el consumidor.

Para mayor satisfacción del usuario de productos del petróleo, la manera de obtener el mayor provecho económico y operacional es seguir fielmente las instrucciones y recomendaciones técnicas sobre el empleo de cada producto, como también las que corresponden específicamente a la máquina o mecanismos respecto a determinado producto recomendado por el fabricante.

En Venezuela existe la Comisión Venezolana de Normas Industriales (Covenín), que junto con otros entes, como el Fondo para Normalización y Certificación de la Calidad (Fondonorma) y la Dirección de Normalización y Certificación de Calidad, bajo la conducción del Ministerio de Industria y Comercio (antes Ministerio de Fomento), promueven, elaboran y difunden información sobre la materia. Pues uno de los requisitos fundamentales de la industrialización es que cada país tenga sus normas de manufactura y de calidad nacionales para que los planes y proyectos, diseño y fabricación de equipos, herramientas y materiales, y funcionamiento de todo lo fabricado responda a determinadas especificaciones técnicas uniformes; naturalmente, sin descontar normas extranjeras que por su adaptabilidad, eficiencia y garantía de éxito puedan ser utilizadas.

V. Mercadeo Internacional

En las tareas y diligencias para cumplir con los embarques de volúmenes de crudos y/o productos hacia los mercados de ultramar están involucradas prácticamente todas las actividades de la industria petrolera integrada, descritas en los capítulos anteriores. En el caso de un país mayoritariamente exportador de petróleo y productos, como Venezuela, la continuidad y buenos resultados de esas actividades son importantes para mantener la posición indeclinable de suplidor confiable al más largo plazo posible. Por tanto:

• La **exploración** tiene que mantenerse constantemente activa en áreas vírgenes y conocidas para hallar suficientes yacimientos que repongan los volúmenes de crudos extraídos y que, mejor aún, añadan reservas a las remanentes para fortalecer el potencial de producción del país a los niveles deseados.

• La **perforación** exploratoria, de avanzada, de desarrollo y la de rehabilitación, reacondicionamientos menores, mayores o extraordinarios de pozos, debe mantenerse cónsona con los niveles de reservas para mantener o alcanzar el potencial de producción disponible deseado y la producción actual comprometida a corto, mediano y largo plazo.

• La **producción** diaria de diferentes tipos de crudos requiere estudios constantes de los yacimientos para aprovechar eficazmente sus mecanismos de producción y/o prolongar por mucho más tiempo los límites de productividad económica mediante la inyección de gas y/o agua, vapor de agua u otros medios de extracción adicional de petróleo. Además, se requieren estudios y observaciones de todos aquellos otros aspectos de manejo del crudo desde el yacimiento al pozo, y del fondo de éste a la superficie, donde se separa del gas y del agua y se trata debidamente y se almacena para luego ser fiscalizado y despachado a terminales de embarque y/o refinerías.

• El **transporte** de crudos y/o productos, por oleoductos y/o poliductos, gabarras y/o tanqueros, o camiones-cisterna es clave por los grandes volúmenes que se manejan diariamente de líquidos de diferentes propiedades y características, requeridos por una diversidad de clientes que continuamente dependen del suministro para sus refinerías, plantas e instalaciones, que a la vez sirven al público en general.

• La **refinación** se encarga de convertir los crudos en productos o de darle procesamiento adicional a ciertos productos para impartirles las propiedades físicas y características necesarias para la comercialización. La re-

finación/manufactura depende de la eficacia y continuidad de las operaciones petroleras fundamentales antes nombradas.

• Y el **mercadeo nacional e internacional** de los hidrocarburos depende a su vez de la refinación/manufactura. Pero también las actividades de comercialización y mercadeo tienen sus propias características operacionales y modalidades de relaciones con la clientela. Veamos:

• Penetración y conservación de mercados: tan pronto como la industria petrolera dispuso de suficiente producción en el primer quinquenio de su iniciación (1859), la utilización del querosén como iluminante se esparció rápidamente por varias partes del mundo. Las empresas petroleras privadas, mayoritariamente estadounidenses y europeas, comenzaron a fomentar las exportaciones, gracias a que encontraban más petróleo en sus viejos y nuevos campos y activaban la exploración en varios países.

A medida que aumentaba la producción, también se ampliaban los mercados conocidos y se penetraba en nuevas regiones. Las ventas de iluminantes crecían, y poderosas empresas integradas privadas emergieron para

Fig. 10-14. La flota petrolera venezolana es reflejo de la capacidad de exportación del país.

luego convertirse en verdaderos imperios industriales, entre los cuales se cuentan hoy: Exxon, el Grupo Royal Dutch/Shell, Texaco, Mobil, British Petroleum, Chevron y otras. También se formaron y desarrollaron empresas petroleras medianas que al correr del tiempo se convirtieron en empresas operadoras y de mercadeo en gran escala.

Sin embargo, por circunstancias de conveniencia nacional, algunos países nacionalizaron la distribución y ventas de productos en sus territorios y otros estatizaron todas las operaciones petroleras de las concesionarias y de lleno se convirtieron en operadoras de todas las fases de la industria.

Pero más allá de las fronteras de cada país exportador de hidrocarburos, existe también la oferta y la demanda, y no es nada fácil la penetración de nuevos mercados y aun la conservación de mercados servidos durante muchos años. La competencia es decidida y marcada, y para mantener su posición comercial cada empresa debe contar no sólo con los recursos humanos, materiales y financieros, sino que también debe tener suficientes reservas petrolíferas para satisfacer a su clientela.

En ocasiones, la oferta de crudos y/o productos sobrepasa con creces la demanda diaria. Cuando se da esta situación existe un mercado de compradores, o sea que los precios tienden a bajar. Esta situación puede ser pasajera, más duradera y hasta crónica con una secuela de acontecimientos y acciones que pueden perjudicar la producción misma, mediante el cierre de pozos, desempleo, escasez de divisas, revaluación de proyectos, reducción del precio del crudo, dilaciones en las actividades afines y desarrollo de una cadena de males que perturban la vida nacional y la de casi todos los países.

En tiempo de auge económico mundial siempre hay mayor demanda de energía y la industria petrolera a veces no puede de mo-

Fig. 10-15. Tanqueros de otras empresas cargan crudos y/o productos en las terminales venezolanas.

mento satisfacer todos los requerimientos. Entonces se produce el mercado de vendedores. Los precios de los hidrocarburos tienden a subir, se agiliza la exploración, la perforación, la producción, el transporte y la refinación para satisfacer cabalmente la demanda de los clientes. Si este tipo de bonanza es de larga duración, a veces no todos los proyectos y requerimientos pueden cumplirse cabalmente porque la demanda de bienes y servicios es tan alta que hay que esperar también que los otros recursos necesarios estén disponibles.

Estas dos situaciones extremas, más que la excepción, parecen representar el ritmo de actividades que caracteriza a la industria: abundancia o escasez. La verdad es que por ser los hidrocarburos tan importantes para todas las actividades del diario quehacer, la industria petrolera es un indicador de la situación económica mundial.

• Flexibilidad en las operaciones: a medida que la industria petrolera fue teniendo éxito en los diferentes países donde dedicó esfuerzos en la búsqueda de petróleo, se fueron ampliando geográficamente las fuentes de suministros. Cada nuevo país productor influye en el negocio y su importancia como suplidor local y/o exportador se hará sentir de acuerdo a la abundancia de sus reservas y a la calidad de sus crudos. Tal situación crea mayor competencia en los mercados y puede lograr cambios en la estructura de las operaciones.

Las empresas que desde el mismo comienzo de la industria incursionaron en la búsqueda de petróleo en diferentes países se transformaron bien pronto en casas matrices debido a que el éxito de sus filiales les procuró reservas petrolíferas en distintos sitios. Muchas de estas empresas no contaron desde el principio con reservas petrolíferas en sus países sede pero sí en otros y en volúmenes respetables que de hecho se convirtieron desde el comienzo en empresas transnacionales, ejemplos clásicos son el Grupo Royal Dutch/Shell, British Petroleum.

La interrelación entre filiales integradas hizo más propicia la utilización de recursos y a la vez facilitó la creación de una cadena empresarial para todas las operaciones (exploración, perforación, producción, transporte, refinación, mercadeo, comercialización e investigaciones), inclusive un mejor aprovechamiento de todos los recursos: humanos, financieros y físicos, como también el intercambio de invalorables experiencias en las aplicaciones de las ciencias y las tecnologías afines al

Fig. 10-16. Por el río San Juan, estado Monagas, navegan los tanqueros cargados de crudos producidos en los campos del oriente del país.

negocio petrolero y en la conducción de relaciones comerciales y gubernamentales, nacionales e internacionales.

La estructura y el esquema de organización de operaciones integradas permite una flexibilidad de acción conducente a maximizar la utilización de todos los recursos y a obtener los más altos beneficios posibles en la comercialización de crudos y productos. La producción de una variedad de crudos en distintos países facilita mayores opciones de combinaciones directas o de intercambio para satisfacer determinados mercados. De igual manera podría hacerse con los productos. Esta estrategia empresarial no sólo funciona bien entre filiales sino que da pie para acometer operaciones de mayor envergadura mediante la colaboración mancomunada de varias empresas.

La realidad es que ninguna empresa petrolera puede acometer simultáneamente por sí sola todas las oportunidades que se le presentan en las diferentes actividades petroleras. Los recursos, aunque grandes, son limitados. Pero aunando esfuerzos, recursos y experiencias se ha logrado hacer realidad proyectos gigantescos. Ejemplos: las operaciones petroleras en Alaska, en el mar del Norte y en el círculo Artico; las investigaciones en exploración en aguas muy profundas y en mar abierto; las terminaciones en el fondo marino, a grandes profundidades; la construcción de grandes oleoductos, gasductos y poliductos, y muchos otros logros en todas las operaciones petroleras.

Sin embargo, la competencia existe y está allí, presente en todas las actividades y particularmente en los mercados. Pero también existe la colaboración, la participación y la tradición del esfuerzo mancomunado. Quizás sean estas actitudes de los petroleros las que impulsan a la industria a progresar continuamente.

• Petróleos venezolanos para el mundo: desde el momento (1917) de la consolidación del potencial de producción venezo-

Tabla 10-11. Desarrollo de la industria petrolera venezolana

miles de barriles

| Años | Producción | Petróleo procesado | Exportaciones directas | | Productos refinados |
			Petróleo crudo	Productos refinados	Consumo interno
1917-1920	1.209	953	218	CND	CND
1921-1930	510.423	21.463	488.250	CND	CND
1931-1940	1.553.410	104.155	1.447.504	6.852 (1)	CND
1941-1950	3.447.198	395.431	3.116.610	236.366 (2)	75.998
1951-1960	8.323.292	2.120.873	6.187.635	1.599.429	383.028
1961-1970	12.436.501	3.923.448	8.487.456	3.240.466	630.403
1971-1980	9.475.628	3.868.567	6.007.459	2.877.365	986.811
1981-1990	6.843.059	3.336.934	3.777.562	2.035.641	1.425.198
1991-1995	4.623.315	1.757.737	2.880.404	1.200.980	759.461
Total	47.484.035	15.529.561	32.393.098	11.197.099	4.260.899

Nota: Petróleo procesado + exportaciones directas de petróleo no tienen que ser igual a producción, ya que volúmenes adicionales de petróleo para procesar y/o exportar proceden de participaciones, consignaciones o adquisiciones directas.

(1) Años 1938-1940; (2) Años 1944-1950.

CND = cifras no disponibles.

Fuentes: MEM-PODE, 1986 y 1994.
Oil and Gas Journal, February 12, 1996.

lano salieron ese año hacia los mercados extranjeros los primeros 57.000 barriles de crudo. Y a medida que en el transcurso de los años se descubrieron más yacimientos y aumentó el número de campos petrolíferos en las diferentes cuencas geológicas del país, se hacían cada vez más importantes las exportaciones de hidrocarburos para la economía nacional. Las cifras de la Tabla 10-11 muestran el desarrollo y la consolidación de la gigantesca industria petrolera venezolana.

Los crudos venezolanos siempre han formado parte importante de la dieta de muchas refinerías alrededor del mundo y la gama de productos de nuestras refinerías se vende también en el exterior, además de satisfacer el consumo interno nacional. Por otro lado, PDVSA tiene refinerías propias, participación accionaria o arrendamiento de instalaciones y capacidad instalada en miles de b/d en los siguientes países: Antillas Holandesas 310; Estados Unidos 990; Europa 870; y en Venezuela 1.190, para un total de 3.352.

Sin embargo, los crudos y productos venezolanos tienen que competir con los de otras naciones productoras y exportadoras en los cinco continentes en base a calidad, precio, ventajas geográficas del transporte y muchas veces hasta tratamientos preferenciales por razones comerciales entre países. No obstante todo lo mencionado, y gracias a la experiencia de nuestra gente que maneja el negocio y a la capacidad de producción de la industria petrolera nacional, Venezuela siempre ha sido considerada por sus clientes una fuente segura de suministros.

Si antes el manejo y la venta de crudos y productos en los mercados extranjeros lo hicieron las empresas concesionarias establecidas en el país, a partir del 01-01-1976, al decretarse la nacionalización de la industria petrolera venezolana, Petróleos de Venezuela S.A. (PDVSA) y sus filiales operadoras asumieron la responsabilidad del mercadeo directo con los antiguos clientes y, más, ampliaron la lista de compradores de crudos y/o productos con clientes que nunca antes habían solicitado suministros venezolanos.

La dinámica de la comercialización/ mercadeo internacional de crudos y productos está sujeta a una variedad de factores y circunstancias económicas que operan en las relaciones internacionales. Por tanto, no es fácil predecir el comportamiento de la oferta y la demanda a muy largo plazo. Ultimamente se ha vivido un largo período petrolero internacional (1973-1996) que se ha caracterizado por una multiplicidad de episodios que, en conjunto, han ocasionado cambios profundos en el mundo petrolero, y PDVSA ha actuado directa o indirectamente según su estrategia e interés para establecerse y fortalecerse como empresa internacional actuando con presencia propia relevante en varios países.

Ejemplos:

• Embargo petrolero (1973) por los productores árabes contra varias naciones industrializadas como resultado del conflicto árabe-israelí.

• Inicio del aumento de precios de los crudos producidos por los países miembros de la OPEP (1973). Subsecuentemente, aumento de precios de los crudos en los años siguientes.

• Medidas de conservación y utilización más eficaz del petróleo y sus derivados, especialmente en las naciones industrializadas.

• Efectos de la drástica reducción de la producción de petróleo de Irán al ser derrocado el Sha (1979).

• Esfuerzos por incrementar el hallazgo y la producción de crudos en países fuera de la OPEP.

• Disminución de la producción de petróleo en Irán e Irak debido a la larga guerra (1980-1988) entre estos dos países.

• Desestabilización del mercado europeo de crudos por las ventas ocasionales y fluctuaciones de precios en el puerto de Rotterdam, Holanda.

• Todas las naciones compradoras e importadoras de crudos y/o productos sienten el aumento de los precios, y sus economías y presupuestos se recienten, especialmente en los países del llamado Tercer Mundo (ver Tabla 10-4, 1971-1984).

• El incremento y la disponibilidad de producción en ciertas áreas (Alaska, mar del Norte y México, principalmente) empieza a hacerse sentir en el mercado (ver Tabla 10-6, 1974, 1984, 1994).

• Esfuerzos por desarrollar y utilizar fuentes alternas de energía contribuyen en mayor o menor grado a contrarrestar la dependencia del petróleo. Se recurre al carbón, a la energía nuclear, a la energía solar, a la energía hidráulica, a fuentes termales y a la energía obtenible de fuentes agrícolas.

• Toma auge la mayor utilización del gas en Europa, tanto de fuentes propias como de mayores volúmenes importados de la Unión Soviética, en 1984, y en el futuro.

• Durante los años (1980-1984) se registró una sostenida reducción de la demanda mundial de petróleo y la producción diaria en miles de barriles se comportó así: 1980: 59.765; 1981: 56.273; 1982: 54.148; 1983: 53.259; 1984: 54.572. El año 1984 se inició con marcada tendencia a reducción de los precios del petróleo.

• Petróleos de Venezuela comenzó sus gestiones y actividades internacionales propias mediante el arrendamiento (1985) por cinco años de la refinería de Curazao, administrada y operada por la filial Refinería Isla.

• Petróleos de Venezuela adquirió el 50 % de la Nynas Petroleum de Suecia y aumentó su participación en las refinerías de Ruhr Oel, en Alemania Occidental (1986), también adquirió la mitad de Champlin, empresa refinadora/comercializadora en Estados Unidos, 1987.

• Petróleos de Venezuela obtuvo la extensión de arrendamiento de la refinería de Curazao por nueve años más, 1987.

• Petróleos de Venezuela es propietaria única de Champlin, que incluye la refinería de Corpus Christi, Texas, 1989.

• Petróleos de Venezuela es dueña única de la empresa Citgo, Tulsa, Oklahoma, 1990. Además, PDVSA compró a Chevron la terminal petrolera de Freeport, en Bahamas, 1990.

• Irak invadió a Kuwait, el 1° de agosto de 1990, y la acción tuvo repercusión mundial y se estremeció el mundo petrolero.

• Citgo, filial de Petróleos de Venezuela, ubicada en Tulsa, Oklahoma, adquirió la mitad accionaria de la empresa Seaview, que es dueña de una refinería en Paulsboro, New Jersey, Estados Unidos, 1990. Citgo adquirió a Champlin, filial de Petróleos de Venezuela, para fortalecer sus actividades de mercadeo en el suroeste de los Estados Unidos, 1991. También Citgo adquirió la totalidad de Seaview y, por ende, es propietaria única de la refinería de Paulsboro, y mediante esta adquisición creó la empresa Citgo Asphalt and Refining Company (CARCO), 1991.

• Comienza y termina rápidamente la guerra del Golfo para liberar a Kuwait (Kuwait-Irak), 1991.

• Citgo Asphalt and Refining Company (CARCO) adquirió la refinería de Savannah, estado de Georgia, Estados Unidos, 1993. Esta adquisición fortalece a Citgo en el mercado de asfalto de refinería en la Costa Este de Estados Unidos.

• Citgo y Lyondell Petrochemical incorporan la firma Lyondell-Citgo Refining, para procesar 18.000 metros cúbicos de petróleo pesado de Boscán. Con esta incorporación, Citgo es la primera asfaltera de la Costa Este de Estados Unidos, 1993.

Referencias Bibliográficas

1. American Management Association: **The Marketing Job**, New York, 1961.

2. American Petroleum Institute: **Basic Petroleum Data Book**, Petroleum Industry Statistics, publicación anual, New York.

3. BALESTRINI C., César: **Mercados Internacionales**, Capítulo IV, "Venezuela y sus Mercados Petroleros", Segundo Congreso Venezolano de Petróleo, Caracas, 1970.

4. BALESTRINI C., César: **La Industria Petrolera en Venezuela**, Centro de Evaluaciones, Caracas, 1966.

5. BETANCOURT, Rómulo: **Venezuela: Política y Petróleo**, Fondo de Cultura Económica, México, 1956.

6. BUCHANAN, Townley: **The Role of Petroleum in the Development of Venezuela**, Princeton University Press, Princeton, New Jersey, 1956.

7. CASSIDY, Ralph: **Price Making and Price Behavior in the Petroleum Industry**, Yale University Press, New Haven, Connecticut, 1954.

8. Compañía Shell de Venezuela: **The Competitive Position of Venezuelan Oil in World Markets**, Caracas, 1959.

9. Creole Petroleum Corporation (Departamento de Contraloría): **Datos Básicos sobre la Industria Petrolera y la Economía Venezolana**, Caracas, 1972.

10. DE CHAZEAU, Melvin Gardner: **Integration and Competition in the Petroleum Industry**, Yale University Press, New Haven, Connecticut, 1959.

11. Deltaven: publicaciones:
   A. Comercialización en el mercado interno.
   B. "La venta de gasolina será liberalizada", en: **El Universal**, 11-08-1996.

C. "El mercado interno hacia la libre competencia", en: **Petróleo-Economía Hoy**, 16-09-1996.
D. Deltaven, nueva filial de PDVSA, 20-08-1996.
E. Deltaven promoverá la competencia en el mercado nacional de los hidrocarburos.

12. Financial Times: **Oil and Gas International Year Book 1982**, Longman Group Ltd., Essex, Inglaterra.

13. FISHER, Franklin M.: **Supply and Costs in the U.S. Petroleum Industry**, The John Hopkins University Press, Baltimore, Maryland, 1964.

14. HAMILTON, Daniel Corning: **Competition in Oil**, Harvard University Press, Cambridge, Massachusetts, 1958.

15. HARDWICKE, Robert Etter: **The Oilman´s Barrel**, University of Oklahoma Press, Norman, Oklahoma, 1958.

16. KEMM, James O.: **Let us Talk Petroleum**, Mycroft Press, Springfield, Missouri, 1958.

17. Lagoven S.A.: "Nuestros Socios de la OPEP", en: revista **Nosotros**, Caracas, septiembre 1980.

18. Lagoven S.A.: **Datos Básicos sobre la Industria Petrolera y la Economía Venezolana**, publicación anual, Caracas.

19. Lagoven S.A.: Mercadeo Nacional, Caracas.
Publicaciones:
A. **Industria al Día**
B. **Extra Servicios**

20. LUGO, Luis: **La singular historia de la OPEP**, Ediciones CEPET, Caracas, 1994.

21. MARTINEZ, Aníbal R.: **Cronología del Petróleo Venezolano**, Vol. II, 1943-1993, Ediciones CEPET, Caracas, 1995.

22. Ministerio de Minas e Hidrocarburos: **La Industria Petrolera y sus Obligaciones Fiscales en Venezuela**, Primer Congreso Venezolano de Petróleo, Caracas, 1962.

23. Ministerio de Energía y Minas: **Petróleo y Otros Datos Estadísticos** (PODE), correspondiente a los años 1984-1994, inclusives.

24. Organization of the Petroleum Exporting Countries (OPEC/OPEP): **Pricing Problems**, Suiza, 1963.

25. PARRA, Alirio; POCATERRA, Emma: **The Petroleum Industry in Venezuela**, Third Arab Petroleum Congress, Alejandría, Egipto, 1961.

26. PARRA, Alirio: **Algunos Aspectos de la Estructura del Precio Internacional del Petróleo Crudo** (tesis), George Washington University, Washington, D.C., 1957.

27. Petróleos de Venezuela S.A.: **Informe Anual**, correspondiente a los años 1984-1995, inclusives.

28. Petroleum Publications: **Oil Buyer´s Guide**, Lakewood, New Jersey, 1978.

29. QUINTERO, Rómulo; UZCATEGUI, Mario J.; MENDOZA, Fernando: **Mercados Industriales**, Segundo Congreso Venezolano de Petróleo, Caracas, 1970.

30. RISQUEZ, J.M.: **La Función de la Gerencia en el Mercado**, Impresiones Guía C.A., Caracas, 1955.

31. RISQUEZ, J.M.: **Lecciones Preliminares de Mercados**, UCV, Facultad de Economía, Caracas, 1954.

32. RISQUEZ, J.M: **Mercados: Naturaleza del Problema de los Mercados**, UCV, Facultad de Ciencias Económicas y Sociales, Caracas, 1951.

33. SALOMON, Walter J.: **Marketing Fuel Oil in Greater Boston**, Harvard University Press, Cambridge, Massachusetts, 1961.

Capítulo 11
Ciencia y Tecnología

Índice

Introducción

La práctica y la experiencia diaria curtió de conocimientos a los pioneros de la industria y, afortunadamente, bien temprano aceptaron la colaboración y contribuciones académicas de profesores y profesionales calificados, entre ellos geólogos, químicos, físicos, matemáticos e ingenieros que persistieron en entender el origen del petróleo; las maneras de buscarlo, ubicarlo, cuantificarlo, producirlo, transportarlo, transformarlo y comercializarlo.

Año tras año, 1859-1914, se fueron cosechando frutos de la colaboración entre hombres de operaciones de campo y los del aula, del taller, del laboratorio y de las fábricas de equipos, herramientas y materiales hasta llegar a dominar los aspectos científicos y tecnológicos de las actividades petroleras, inclusive la estructura, la organización, el modus operandi, los recursos humanos requeridos, la administración, los aspectos económicos y las relaciones nacionales e internacionales.

Cuando se fundó la primera empresa petrolera venezolana, la Petrolia del Táchira, uno de sus directivos, Pedro Rafael Rincones, viajó a Estados Unidos, en 1879, para familiarizarse con la tecnología petrolera y adquirir la maquinaria, herramientas y materiales necesarios para emprender operaciones en La Alquitrana, cerca de Rubio, estado Táchira. Y cuando las empresas petroleras concesionarias comenzaron a establecerse en el país, en la primera década del siglo XX, trajeron la experiencia y los recursos necesarios para emprender operaciones. Además, en sus naciones de origen contaban con el apoyo de sus respectivas casa matriz y, en otros países, con el de sus empresas filiales. En Venezuela era muy poco lo que entonces se sabía y había para satisfacer en buena medida las exigencias de una industria integrada, tan diversificada y técnica.

Sin embargo, el venezolano aprendió trabajando. Poco a poco, dentro de la misma industria, en planteles del exterior y del país empezaron a formarse los recursos humanos deseados. A medida que creció y se expandió la industria, las empresas organizaron laboratorios para determinados estudios y análisis cualitativos y/o cuantitativos relacionados con las operaciones. Además, establecieron talleres para atender la refacción y rehabilitación de equipos, herramientas, materiales y para realizar ciertos experimentos novedosos para mejorar las operaciones.

En esos laboratorios y talleres trabajó y se formó desde 1914 en adelante el personal venezolano que contribuyó a la ciencia y tecnología petrolera nacional. Ejemplos: diseño y construcción de gabarras de perforación utilizadas en el lago de Maracaibo; hincaje y construcción de pilotes y plataformas lacustres; mudanza y remolque de equipos de perforación sin desarmar en las sabanas venezolanas; operaciones de perforación, producción y transporte en el delta del Orinoco; diseño y fabricación local de herramientas; catalogación y análisis de las fuentes de aguas subterráneas en las regiones petrolíferas; estudios, modificación de metodología y nuevas aplicaciones de las Ciencias de la Tierra al subsuelo local; experimentos y aplicaciones de combustión in situ o inyección de vapor de agua en formaciones petrolíferas; producción y manejo de petróleos pesados y extrapesados; y muchos otros aspectos de las operaciones.

El 16 de septiembre de 1938 fue inaugurado el Instituto de Geología, auspiciado por los ministerios de Educación y Fomento, y la industria. La primera promoción, 13 geólogos, egresó en 1942.

Cambios y ajustes

La Segunda Guerra Mundial, 1939-1945, propició muchos cambios y ajustes en todas las actividades de la vida y la industria petrolera mundial tuvo su cuota de participación. La prioridad asignada al petróleo como recurso natural requerido por las naciones aliadas destacó la importancia de Venezuela como productor y exportador de hidrocarburos. Durante el período señalado, Venezuela produjo 1.523.481.000 barriles de crudos y exportó 1.451.570.000 de barriles de crudos y productos.

En 1942, la promulgación de la primera Ley del Impuesto Sobre la Renta y su reglamento propiciaron cambios profundos en la industria petrolera, y también en el comercio y las personas en general como contribuyentes al Fisco Nacional. La aprobación de la Ley de Hidrocarburos de 1943 significó también un gran paso en las nuevas relaciones con las concesionarias y viceversa, desde el punto de vista técnico, control de la fiscalización de la producción de hidrocarburos y otros aspectos técnicos del negocio.

En 1944 se reorganizaron los estudios de Ingeniería en la Universidad Central de Venezuela y comenzó sus actividades el Departamento de Geología, Minas y Petróleos, cuyos egresados tenían oportunidad de trabajar en la industria petrolera. Más tarde, en 1954, se iniciaron los estudios de Ingeniería de Petróleos en la Universidad del Zulia. En 1962 comenzó sus actividades en Jusepín, estado Monagas, la Escuela de Ingeniería de Petróleos de la Universidad de Oriente. Luego, en los años siguientes, la creación de más universidades y planteles de estudios superiores propiciaron la diversificación de carreras que permitieron mayor número de profesionales venezolanos en los cuadros de las petroleras.

Al terminar la guerra, comenzó la exportación de ciencia y tecnología desde los Estados Unidos. Las experiencias logradas en la preparación y ofrecimiento de todo tipo de adiestramiento, formación y desarrollo del recurso humano estadounidense para la guerra encontraron asidero en el exterior. En Venezuela, las empresas petroleras utilizaron esta oportunidad para incrementar la preparación de sus trabajadores y empleados trayendo instructores para dictar cursos en las diferentes ramas de la industria, inclusive cursos de alta gerencia. Además, aumentó significativamente la inscripción de venezolanos en las universidades estadounidenses y comenzó a desarrollarse un acercamiento e intercambio de profesores entre universidades de allá y de aquí. Todo esto prometió un nuevo enfoque para el sistema educativo venezolano que todavía está por hacerse realidad.

La creación de la Corporación Venezolana del Petróleo por el Gobierno Nacional en 1960 y la formación, ese mismo año, de la Organización de Países Exportadores de Petróleo (OPEP), en Bagdad, por iniciativa de Venezuela y Arabia Saudita, acompañados por Irak, Irán y Kuwait, fueron acciones que fortalecieron las perspectivas petroleras de estos países.

Nuevos rumbos y horizontes

Venezuela tenía para entonces las experiencias de cincuenta y tres años como país productor y exportador de hidrocarburos. Sus relaciones con las petroleras le habían enseñado mucho. Había implantado normas y procedimientos de fiscalización y control de las operaciones, inclusive aprobación de los programas de inversiones, verificación de precios en los sitios de destino de los crudos y productos exportados por las empresas, mayor participación en las ganancias de la industria, entre otras. La situación petrolera mundial que comenzó a desenvolverse a mitad de la década de los sesenta en adelante, más la aproximación del año (1983) de reversión de las concesiones petroleras a la nación, sirvieron de punto de partida para promover debates y acciones que finalmente condujeron a proponer que el Estado manejara y administrara directamente la industria venezolana de los hidrocarburos.

Rápida y sucesivamente empezaron las autoridades a promulgar los instrumentos legales para llegar a la nacionalización. En 1972 se creó la Dirección de Bienes Afectos a Reversión en el Ministerio de Minas e Hidrocarburos. En 1973 se aprobó la Ley que Reserva al Estado la Explotación del Mercado Interno de los Productos Derivados de los Hidrocarburos. En 1974 se creó una Comisión General, integrada por entes gubernamentales y por entes representativos de la vida nacional, para estudiar la reversión de las concesiones petroleras. En 1975 se promulgó la Ley Orgánica que Reserva al Estado la Industria y el Comercio de los Hidrocarburos y se creó la empresa estatal Petróleos de Venezuela S.A. Finalmente, cumplidos los requisitos de indemnizaciones que adeudaba la República de Venezuela a las concesionarias, el 31 de diciembre de 1975 (a las 24:00 horas) terminó el régimen de otorgamiento de concesiones.

I. Intevep

El 1° de enero de 1976 por decreto N° 1.387 se creó el Instituto Tecnológico Venezolano del Petróleo (INTEVEP), filial de Petróleos de Venezuela S.A.

Toda la experiencia acumulada por venezolanos en investigación científica y tecnológica, básica y/o aplicada, tenía que volcarse ahora a echar andar el Intevep para prestar directamente al país y a su industria petrolera estatal aquellos servicios que manejaron las concesionarias. No sólo los servicios existentes aquí, también los que no se tenían pero que tuvieron disponibles en el exterior, en las respectivas casa matriz y/o filiales. Fue un gran reto.

Antecedentes y comienzos

La ciencia y la tecnología como disciplinas de investigaciones básicas y aplicadas han atraído la atención de personalidades científicas y académicas profesionales venezolanas, desde los comienzos de la República. Sin embargo, no se han logrado todos los frutos esperados ni se ha desarrollado todavía una amplia tradición científica y técnica pero han surgido esfuerzos importantes.

En 1950 se creó la Asociación Venezolana para el Avance de la Ciencia (ASOVAC). En 1952 se fundó el Laboratorio de Investigaciones Médicas (Fundación Luis Roche). En 1954, el Instituto Venezolano de Neurología e Investigaciones Cerebrales, creado por Humberto Fernández Morán, luego fue el núcleo del futuro Instituto Venezolano de Investigaciones Científicas (IVIC) establecido en 1959. En 1969 se fundó el Consejo Nacional de Investigaciones Científicas y Tecnológicas (CONICIT). Muchos años después (1976), al iniciar el Estado el manejo y la administración directa de la industria petrolera del país, estos y otros entes similares fueron fuente de inspiración y ayuda para el Intevep.

En la Asociación Pro-Venezuela, durante una mesa redonda en 1970, se le solicitó al CONICIT designar una comisión de trabajo para crear un centro de investigación petroquímica, lo cual más adelante resultó en la elaboración de un proyecto para investigación sobre petróleo y petroquímica. El grupo de trabajo lo presidió Marcel Roche y fue coordinado por Aníbal R. Martínez. De estos esfuerzos nació el proyecto para crear el Instituto de Investigaciones Petroleras y Petroquímicas (INVEPET) en 1972 y en 1973 el gobierno decretó que el Ministerio de Minas e Hidrocarburos, el CONICIT, la CVP y el IVP establecieran la Fundación INVEPET y se procedió a registrar sus estatutos.

El 22 de abril de 1975, el INVEPET entregó al Ministerio de Minas e Hidrocarburos su diagnóstico sobre transferencia de tecnología en la industria petrolera. El día de la nacionalización, 1° de enero de 1976, el INVEPET cambió de nombre a Intevep y Petróleos de Venezuela S.A. asumió responsabilidad plena de las funciones de esta nueva filial.

Veintidós años prestando servicios

En 1997 se cumplieron veintidós años de la estatización de la industria petrolera venezolana y de la actuación de funciones directivas gerenciales y operacionales corporativas de Petróleos de Venezuela S.A. y sus filiales. Durante estos años, los esfuerzos y realizaciones de la razón de ser de Intevep han sido esencialmente:

• Apoyar los negocios de la corporación, respondiendo a sus requerimientos tecnológicos.

• Desarrollar tecnologías en áreas estratégicas y en función de recursos propios.

• Mantener la competitividad técnica de PDVSA y sus filiales.

• Desarrollar nuevas oportunidades de comercialización para los crudos pesados y extrapesados.

• Maximizar la creación de valor agregado para la Nación.

Transferencia de tecnologías

Intevep inició un proceso integrado de desarrollo y transferencia de tecnologías nunca realizado antes en el país para satisfacer las necesidades inmediatas, a mediano y a largo plazo en las operaciones fundamentales y conexas de la industria de los hidrocarburos: exploración, perforación, producción, refinación/manufactura, transporte, evaluación y comercialización.

Todo esto requirió y sigue requiriendo investigación y desarrollo, fundamentados en los más amplios y apropiados recursos de ingeniería y servicios técnicos para elaborar proyectos, estudios de factibilidad y responder a consultas especializadas que deben tener aplicación en las operaciones. Por tanto, satisfacer los requerimientos tecnológicos y la información solicitada por los clientes es un reto perenne.

Para responder a los retos planteados, paso a paso Intevep fue provisto de la estructura y organización técnico-científica requerida y conformada por consultores, especialistas, analistas y tecnólogos para actuar dentro de cuadros administrativos, de jefatura de secciones, gerencia y dirección.

Al iniciar Intevep sus actividades, no había en el país suficientes investigadores científicos y técnicos en materia petrolera, específicamente, para empezar, con experiencia en determinadas especialidades como refinación/procesos/manufactura. Sobre la marcha comenzó a formarse el núcleo de recursos humanos requerido y con el tiempo a aumentarlo y diversificarlo. Al cumplir veinte años de servicios, Intevep mostró una nómina total de 1.751 empleados (ver Tabla 11-1).

Tabla 11-1. Distribución de personal de Intevep, 1996			
Grado	Disciplinas	Cantidad	%
Doctorado	Física, Geofísica, Geología, Ingeniería Mecánica, Ingeniería Química y Química.	130	7,0
Maestría	Física, Geología, Química, Ingenierías: Civil, Materiales, Petróleos, Mecánica y Química.	241	14,0
Ingeniería y licenciaturas	Ingenierías: Civil, Computación, Materiales, Petróleos, Electrónica, Geofísica, Industrial, Mecánica y Química. Licenciaturas: Matemáticas, Química, Física, Geofísica y Geología.	614	35,0
Técnicos superiores universitarios	Química, Mecánica, Geología y Minas, Electrónica, Procesos Químicos, Electricidad e Informática.	306	18,0
Administración	Apoyo Administrativo.	460	26,0
		1.751	100,0

Infraestructura

Intevep está ubicado en un sitio montañoso de clima agradable, a corta distancia de Los Teques, capital del estado Miranda, y a unos 27 kilómetros de Caracas, capital de Venezuela, por la carretera Panamericana.

Para cumplir sus actividades, cuenta con las siguientes instalaciones:

• Conjunto de laboratorios (con un área de 16.000 m^2) dotados de equipos de avanzada que aseguran resultados oportunos y de alta calidad.

• Complejo de 27 plantas piloto y 11 unidades de servicio para simulación de procesos que permiten resolver problemas operacionales de variada complejidad, así como bancos de motores para pruebas de lubricantes y combustibles y un pozo experimental que permite una amplia gama de pruebas relacionadas con producción.

• Centro de Información Técnica (CIT) con acceso a más de 500 bases de datos internacionales, 30.000 monografías, 1.600 títulos de publicaciones periódicas, 25.000 normas técnicas, 1.050 discos compactos.

• Equipos de cómputo intensivo, organizados en: Centro de Simulación de Yacimientos, Centro de Procesamiento de Datos Geofísicos, Centro de Visualización Científica y Laboratorio de Química Computacional, todos interconectados por redes de alta velocidad.

Complementan las actividades desarrolladas por Intevep los convenios técnicos que tiene con 14 universidades venezolanas y extranjeras. Además, tiene convenios con 22 centros de investigación, en Venezuela y en otros países como Alemania, Canadá, Estados Unidos, Francia, Gran Bretaña, Noruega.

El acervo tecnológico corporativo

Desde su fundación, Intevep inició sus actividades para atender con respuestas oportunas las necesidades de asistencia tecno-

Fig. 11-1. Vista panorámica de las extensas instalaciones de Intevep.

lógica emanadas de las filiales de PDVSA. La extensión y calidad de las investigaciones realizadas hasta ahora están avaladas por 480 patentes y 178 registros de marcas comerciales en las áreas de perforación, gas, exploración, emulsiones, lubricantes, petroquímica, destilados, gasolina y crudos pesados.

Las patentes otorgadas a Intevep corresponden no sólo a las de Venezuela sino también a las otorgadas por Alemania, Brasil, Canadá, España, Estados Unidos, Francia, Italia, Japón, Suiza, Australia, China, Dinamarca, Bélgica, Corea del Sur, entre otros, lo cual confirma el reconocimiento internacional obtenido por la capacidad de investigación técnica de la industria venezolana de los hidrocarburos.

Entre las patentes y marcas más relevantes de Intevep se ofrecen como muestras las siguientes:

IMULSION®: tecnología utilizada en la producción, transporte, tratamiento y uso de los bitúmenes de la Faja del Orinoco. Esta tecnología dio origen al desarrollo del producto Orimulsión®.

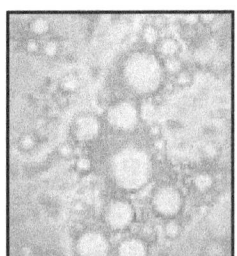

Fig. 11-2. IMULSION®.

108

ORIMULSION®: bitumen natural emulsionado con agua y surfactante. El bitumen se procesa en las instalaciones de la Faja del Orinoco y de Bitor, en Morichal, estado Monagas, donde se producen 100.000 b/d.

La Orimulsión® se usa como combustible en plantas de generación eléctrica o vapor y en diversos procesos industriales. Como combustible compite ventajosamente con el carbón, produce menos CO_2 por unidad de energía BTU o Kw ya que contiene menos cenizas. Es, además, un combustible que responde estrictamente a las normas de protección del ambiente. Ha sido sometido a pruebas satisfactorias en complejos industriales como Power Gen, Reino Unido; New Brunswick Power, Canadá; SK Power, Dinamarca; Compañía Estatal de Electricidad, Lituania; y en Kansai Electric, Kashima, y Mitzushima, Japón.

HDH®: hidrocraqueo, destilación e hidrotratamiento de crudos pesados y residuales. Proceso catalítico de hidroconversión profunda. Tiene aplicaciones en el mejoramiento de las características de crudos pesados y en la conversión profunda de residuales de refinerías. Convierte más del 90 % del residuo al vacío. Tiene alta capacidad de remoción de metales. Consume poco hidrógeno. El producto logrado por el hidrógeno es estable. Produce

Fig. 11-3. Instalaciones de campo en Morichal, estado Monagas, donde se origina la preparación del combustible Orimulsión®.

muy baja cantidad de coque, pero sí alto rendimiento de productos líquidos. Se ha utilizado muy bien con crudos venezolanos tipo Morichal, Zuata, Merey, Guaibolache y Tía Juana Pesado, y con residuales de crudos livianos tipo Guafita, Barinas, Ceuta y Lagotreco.

ISAL®: proceso de refinación que utiliza un catalizador de lecho fijo para la producción de gasolinas de alta calidad, con alto octanaje, bajo azufre y olefinas, sin incremen-

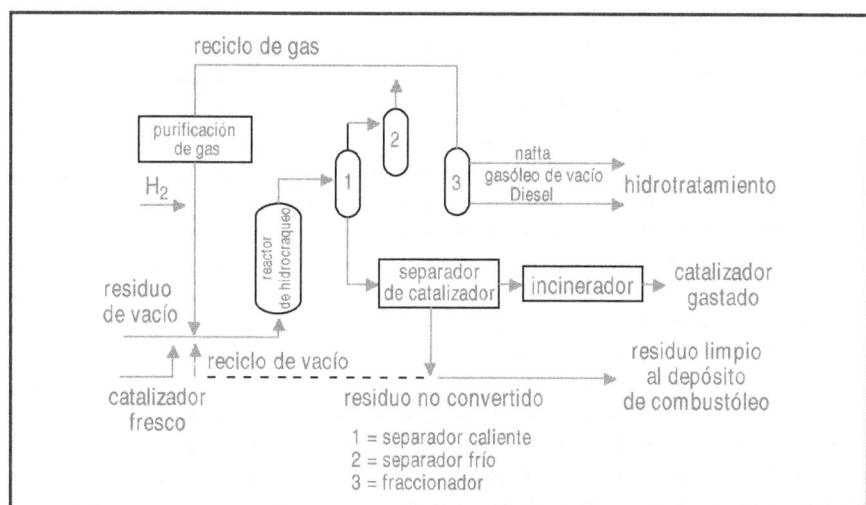

Fig. 11-4. Proceso HDH®.

tar la producción de aromáticos. Se emplea en la refinación para procesar naftas vírgenes y también las naftas provenientes del craqueo catalítico fluido o craqueo térmico (coquificación retardada). Produce componentes de gasolina de bajo azufre y olefinas. Tiene por ventaja conservar el octanaje con muy baja pérdida de rendimiento (4 %). Refinerías en Estados Unidos, México y Canadá están evaluando la posibilidad de aplicación comercial en sus instalaciones.

Fig. 11-5. ISAL®.

ETHEROL®: eterificación de iso-olefinas con alcoholes y producción de oxigenados para gasolinas reformadas. Permite obtener éteres aditivos para gasolinas, tales como el metil-ter-butil-éter (MTBE), ter-amil-metil-éter (TAME), éter-ter-butil-éter (ETBE) y otros para mejorar el octanaje y reducir el nivel de contaminantes de las emisiones de vehículos. El catalizador empleado cumple las funciones de eterificación, hidrogenación e hidroisomerización de olefinas. Dos plantas comerciales en Europa tienen experiencia con este proceso. En Venezuela se tiene experiencia de su aplicación en las refinerías Cardón, en Paraguaná, Falcón, y El Palito, en Carabobo; y en la refinería Isla, en Curazao, arrendada por PDVSA.

ORIMATITA™: densificante de fluidos de perforación, con base en mineral con alto contenido de hierro. Se emplea en pozos de gran profundidad y/o alta presión. No es abrasivo. Ha dado muy buenos resultados en pozos al norte de Monagas y en Ceuta, lago de Maracaibo.

Fig. 11-7. ORIMATITA™.

HYQUIRA™: analizador compacto para control de calidad de combustibles. También puede utilizarse en procesos de refinación o petroquímica y otras industrias como farmacia, alimentos, cosméticos, bebidas y pin-

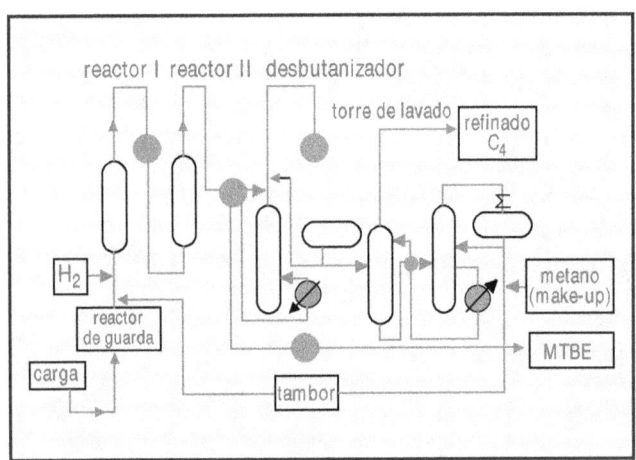

Fig. 11-6. Proceso ETHEROL®.

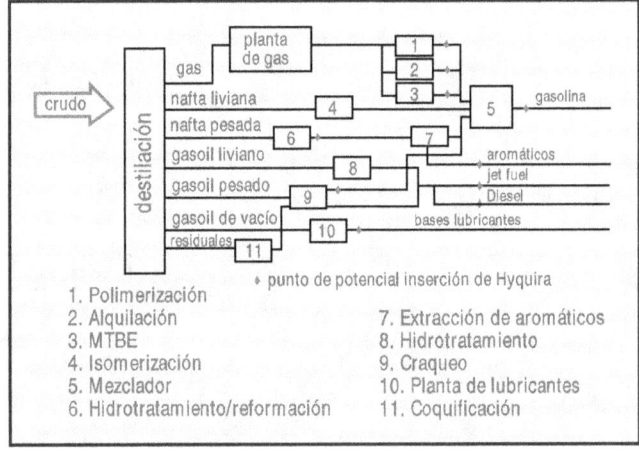

Fig. 11-8. Proceso HYQUIRA™.

turas, entre otras. Se ha instalado en las refinerías Amuay, en Paraguaná, estado Falcón; Isla, en Curazao; y UNO-VEN, en Chicago, Estados Unidos.

El negocio petrolero depende de otro negocio: ciencia y tecnología

A las muestras de procesos patentados y marcas de fábricas registradas de equipos y productos mencionados hay que agregarles muchísimas más, pero imposible hacerlo aquí por falta de espacio. Hay que mencionar también que Intevep ha desarrollado diversos catalizadores para hidrotratamiento, hidrodesmetalización e hidrodesulfuración utilizados en la conversión de crudos/residuales y reducción de emisiones.

Los procesos, equipos, productos y catalizadores desarrollados por Intevep representan un negocio. Por un lado, el negocio tiene que ser comercialmente productivo para afianzar su continuidad y conservar el respaldo de la clientela. Por otro lado, mantener con sus logros científicos y tecnológicos la capacidad competitiva y posición empresarial de avanzada de Petróleos de Venezuela y sus empresas, todo lo cual tiene un valor que puede resumirse así en lo correspondiente al período 1995-1996:

• Ahorro del 21 % en compresión de gas mediante la metodología corporativa de levantamiento artificial por gas.

• Aumento de 20 % en la conversión de residuales con el uso de un aditivo específico para aquaconversión en condiciones de viscorreducción.

• Ahorros operacionales mediante tecnologías aplicables a pozos horizontales, bombas autosumergibles, bomba de cavidad progresiva, y diluyentes utilizados en la explotación de la Faja del Orinoco.

• Asistencia a la refinería El Palito en el desarrollo, construcción y arranque de la primera unidad de éteres mezclados (MTBE-TAME) existente en Venezuela.

• Ahorros y beneficios de 1,6 millones de dólares/año en la refinería El Palito mediante el uso del proceso CDETHEROL+® para remover contaminantes (nitrilos).

• Beneficios y ahorros significativos a PDVSA en Venezuela y en el exterior a través de la asistencia técnica en craqueo catalítico fluido en sus refinerías.

• Ahorro y ganancias de gran magnitud mediante apoyo técnico y transferencia de tecnología a los complejos petroquímicos.

• Aumento de reservas de petróleo en 20 % mediante modelaje geológico operacional del campo El Carito, estado Anzoátegui.

• Incremento de la producción en 300 b/d/pozo en el área de Ceuta, estado Zulia, mediante el uso de un nuevo método de remoción de daños a la formación.

• Aumento de la tasa de inyección de agua, desde 10.000 hasta 30.000 b/d en pozos inyectores de agua en el campo El Furrial, estado Monagas, mediante el empleo de Ultramix^{TM}, desarrollado por Intevep.

• Reducción de 70 % en los índices de fallas de las sartas de perforación mediante adaptación de la tecnología ADIOS.

• Incremento de 600 a 800 b/d de producción por pozo, mediante la formulación y preparación de fluidos de perforación con aditivos sellantes para minimizar el daño a la formación durante la perforación de pozos horizontales de reentrada.

Para dar una idea del crecimiento de la tecnología que desarrolla Intevep, en 1995 se le otorgaron 48 patentes y otras 57 esperaban por aprobación.

Hay que destacar la dedicación y el espíritu de trabajo que guía al personal en sus actividades, según las cifras que se presentan en la Tabla 11-2.

111

Tabla 11-2. Horas-hombre dedicadas al esfuerzo técnico-científico, 1995

Actividad	Miles horas-hombre	%
Servicios Técnicos Especializados	598	46
Investigación y Desarrollo	494	38
Proyectos Corporativos	117	9
Investigación Básica Orientada	91	7
Total	1.300	100

1. BARBERII, Efraín E.: **El Pozo Ilustrado**, tercera edición, Lagoven S.A., Caracas, diciembre 1985, pp. 166-176.

2. BOLIVAR, Rafael A.: "Importancia de la Química en la IPPCN", en: **Revista de la Sociedad Venezolana de Química**, Volumen 16, N° 4, octubre-diciembre 1993, pp. 3-9.

3. Diccionario de Historia de Venezuela: **Ciencias Naturales, Físicas y Matemáticas**, Siglo XX, Fundación Polar, Caracas, 1988, pp. 665-667.

4. Intevep:, S.A.: **Resumen Actividades 1995**; **Tecnología como Negocio**, junio 1996; **Intevep 1996** (disponible en Internet).

5. MARTINEZ, Aníbal R.: **Cronología del Petróleo Venezolano, 1943-1993**, Vol. II., Ediciones CEPET, Caracas, 1995, pp. 162, 164, 187, 197, 217, 226, 253, 270, 308.

6. Petróleos de Venezuela S.A.:
    A. **Informe Anual**, correspondiente al año citado, y referente a Intevep: 1976 (24); 1977 (5/30-31); 1978 (5/35-36); 1979 (5/30); 1980 (8/48-50); 1981 (7/36-39); 1982 (34-35); 1983 (50-53); 1984 (50-52); 1985 (53-54); 1986 (31-33); 1987 (48); 1988 (46); 1989 (50-52); 1990 (52-53); 1991 (46-47); 1992 (36-37); 1993 (36-38); 1994 (44-45); 1995 (45-46).
    B. **1976-1985. Diez años de la Industria Petrolera Nacional**: Intevep, pp. 12, 59, 61, 84, 92, 95, 96, 97, 101, 109, 110, 111, 112, 131, 132, 133, 134, 135, 144, 238, 239, 285, 286, 287, 384, 385, 386, 395, 396, 414, 433, 441, 462; IVIC, pp. 96, 239, 285, 286; Caracas, 1986.

Capítulo 12
La Gente del Petróleo

Índice

Introducción

Toda actividad se identifica por ciertas características resaltantes y por la conducción que le imprime la gente que actúa en ella. Desde 1859, la gente del petróleo ha ido a los sitios más inaccesibles e inhóspitos del planeta Tierra en busca del maravilloso recurso. Ese espíritu pionero y el inquebrantable optimismo por hacer realidad sus deducciones sobre la prospección en tierras vírgenes son características del petrolero de antaño y del presente. El esfuerzo para llegar a donde está el tesoro, trabajar y sacarlo permanece incólume.

Ciertamente, casi catorce décadas de actividades, aquí, allá y más allá, atestiguan haber forjado una industria mundial de grandes proporciones, gracias a la intrepidez y a la perseverancia de la gente del petróleo.

Los 11 capítulos anteriores están dedicados a los fundamentos y aspectos técnicos de las operaciones. Este decimosegundo capítulo dibuja, en parte y a grandes rasgos, el perfil del recurso más importante de la industria: su gente.

I. Los Pinitos de la Industria

El comienzo (1859) no fue fácil. No se tenían grandes nociones ni experiencias fehacientes para proceder, coordinar y controlar las operaciones de la naciente industria que, a pocos años de iniciada, se transformó en una extensa diversidad de esfuerzos, de tecnologías aplicadas, de operaciones y de transacciones comerciales a escala mundial.

Una de las premisas que al comienzo confrontaron y aceptaron los iniciadores de la industria fue que las operaciones seguían una secuencia natural insoslayable y difícil de modificar. A la **exploración** sigue la **perforación**, y si se tiene éxito se inicia la **producción** y el manejo diario de grandes volúmenes de hidro-

carburos a través de adecuadas y tipos diferentes de instalaciones. Luego hay que ocuparse del **transporte** de crudos para llevarlos a los centros de **refinación**, y desde aquí iniciar el **mercadeo** de productos hacia los diferentes sitios de consumo. A todo lo largo del negocio hay que conjugar la oferta con las exigencias y peculiaridades de la demanda de cada mercado para lograr la **comercialización** óptima de los crudos y productos requeridos.

Por tanto, al nacer, la industria misma impuso a sus creadores la estructura básica de las operaciones integradas para su futuro desarrollo, sin menoscabo de que quien quisiera pudiera actuar diferente pero a riesgo de desperdiciar oportunidades.

Muchos de los pioneros se iniciaron en una u otra fase de la industria. Muchos fracasaron en una u otra de las fases. Muchos triunfaron en una u otra. Y gracias a la intrepidez, a la perseverancia y al esfuerzo de todos, la industria arrancó, evolucionó y se convirtió en el gran emporio internacional que es hoy.

Entre esos muchos de la primera etapa (1857-1900) de la industria petrolera, se destaca la recia personalidad de John Davison Rockefeller (1839-1937), quien incursionó en el negocio petrolero vía la refinación (1862) y luego organizó (1870) la empresa integrada

Fig. 12-1. John Davison Rockefeller.

Standard Oil Co., cuyas filiales se dedicaron a la búsqueda de petróleo y operaciones afines primero en el propio Estados Unidos y luego en otros países, hasta convertirse (1972) y permanecer hasta hoy (Exxon) como la primera y más grande empresa petrolera del mundo. Sin duda, apartando las controversias que suscitaron sus actuaciones, Rockefeller fue el genio organizador y conductor de la industria en la etapa formativa.

Los pioneros y la incipiente tecnología

George H. Bissell, Jonathan G. Eveleth y Asociados promovieron y organizaron en diciembre de 1854 la primera empresa petrolera, que denominaron Pennsylvania Rock Oil Company of New York, atraídos y entusiasmados por los rezumaderos petrolíferos vistos en la finca de los Hibbard, cerca del pueblo de Titusville, en el condado de Venango, estado de Pennsylvania. Su interés lo dedicaron a la utilización del petróleo como una fuente de iluminantes, que serviría para sustituir el aceite de ballena y los aceites vegetales que para entonces eran los más asequibles en el mercado.

Las intenciones y los esfuerzos de estos promotores fueron reforzados y avalados por la opinión positiva dada en abril de 1855 por el profesor de química del Colegio de Yale, Benjamin Silliman hijo, a quien le habían solicitado hacer análisis de rendimiento a muestras de crudo de Venango.

La industria comenzó por la refinación, ya que el informe del profesor Silliman abarcó el primer análisis detallado de la destilación del petróleo y el halagador rendimiento de fracciones que podían utilizarse satisfactoriamente, unas como iluminantes y otras para diferentes usos. Por tanto, los conocimientos químicos de la época y la incipiente tecnología aplicada (equipos, herramientas y materiales) para procesos químicos de conversión en el laboratorio, demostraron las posibilidades de la

Fig. 12-2. Método primitivo de perforación, ideado por los chinos muchos años antes de la era cristiana.

refinación del petróleo. Pero pasar del laboratorio a un volumen de operaciones en escala comercial fue un gran reto.

¿Qué conocimientos y tecnologías se tenían para acometer la refinación misma y las otras fases de la naciente industria en escala comercial? Veamos:

Exploración

En exploración, los conocimientos geológicos de la época se concentraban en estudios de la superficie terrestre, con miras a la explotación de minas a cielo abierto y cuando más a excavaciones someras. Lo escrito sobre geología del petróleo, que era muy poco, se circunscribía a su aparición espontánea sobre el suelo en diferentes partes del mundo. Las reseñas disponibles sólo describían las características del petróleo recogido de los menes y su uso para satisfacer ciertas necesidades como calafatear embarcaciones, pegar materiales en las obras de construcción, impermeabilizar objetos y burdas aplicaciones medicinales.

Pero las preguntas geológicas fundamentales: ¿Cómo se genera el petróleo en las entrañas de la Tierra? ¿Cómo se atrapa y desplaza en el yacimiento? ¿Qué condiciones de-

117

ben darse para la existencia de grandes acumulaciones? ¿Cómo, sin el auxilio de rastros en la superficie, puede detectarse la posibilidad de su presencia en el subsuelo? ¿Cuáles mecanismos de desplazamiento operan internamente en los estratos que lo contienen una vez que comienza la producción? ¿Cómo manejar el petróleo en la superficie? Esas y muchas otras interrogantes no tenían respuestas de antemano y los promotores y pioneros de las primeras operaciones petroleras tuvieron que esperar la terminación de los primeros pozos para que la atención de los geólogos de entonces se volcara hacia la nueva industria.

Afortunadamente, antes y durante los primeros cuarenta años de la industria, se contó en muchos sitios con la existencia y la promoción de grupos de cartografía geológica o sociedades geológicas, cuyos miembros, al correr de los años, contribuyeron con sus conocimientos y publicaciones a la tecnología geológica requerida por la industria, primero en los Estados Unidos y luego en Rusia, Rumania e Indonesia. Entre estos grupos o sociedades se contaban los creados en las siguientes ciudades, estados o países: Londres (1807), Nueva York (1824), Massachusetts (1830), Francia (1830), Gran Bretaña (1835), Austria-Hungría (1849), India (1856), Noruega (1858), Suecia (1858), Italia (1868) y México (1895).

Sin embargo, la selección de los primeros sitios para perforar se hizo a capricho y por empíricos, tomando en cuenta la presencia de rezumaderos petrolíferos o menes y siguiendo el rumbo y buzamiento de estratos que afloraban en la superficie. Hubo hasta "videntes" y "adivinadores" de la presencia del petróleo en el subsuelo. Muchos se valían de un supuesto poder mental extraordinario o de una fuerza sobrenatural inexplicable que al caminar sobre el terreno los detenía en el sitio indicado o hacía que una rama "encantada" en forma de horqueta que sostenían con ambas manos se inclinara fuertemente hacia el suelo. Proliferaron los expertos en "riachuelogía", que ubicaban sitios apropiados para abrir pozos en el cauce seco o en las orillas de los riachuelos. Los empíricos jugaron su papel y hubo quienes, favorecidos por su audacia y por la suerte, adquirieron renombre local o regional, primero en el este de los Estados Unidos, luego en el resto de las áreas petrolíferas del país durante los primeros cuarenta años de la industria.

Pero una vez que los geólogos de la época dedicaron tiempo y esfuerzos a la interpretación de los primeros pozos secos y productores, como se verá, las cosas empezaron a cambiar.

Perforación

En la finca de los Hibbard, ubicada cerca de Titusville, Pennsylvania, y adquirida en $5.000 por la Pennsylvania Rock Oil Company, fue donde Edwin L. Drake consagró su nombre como precursor de la industria el 27 de agosto de 1859, al resultar productor de petróleo el pozo que había abierto hasta la profundidad de unos 18 metros.

Fig. 12-3. Edwin L. Drake.

Drake realizó su cometido gracias a su tenacidad, perseverancia y experiencia mecánica ferrocarrilera. Hasta entonces, horadar la tierra se había circunscrito específicamente a la búsqueda de agua y de sal. Sin embargo, algunos hombres de empresa ya eran pioneros en la abertura de pozos de gas y la utilización de éste para el alumbrado y la calefacción. Las herramientas disponibles eran muy rudimentarias y prácticamente la fuerza motriz utilizada era humana o animal, siguiendo las prácticas chinas de hacer hoyos mediante la aplicación del sistema rudimentario de horadación a percusión.

Drake tuvo muchos problemas para obtener el equipo y el personal deseado pero finalmente logró satisfacer sus necesidades. Diseñó y construyó una cabria a la que adicionó malacates principales y auxiliares para manejar las herramientas de perforación; agregó al sistema un balancín impulsado por una máquina de vapor, y por medio de innovaciones adicionales completó el equipo de perforación a percusión adecuado que le garantizase horadar hasta unos 300 metros.

Los perforadores y el personal auxiliar de la época no creían en la misión de Drake. Buscar petróleo en vez de sal o agua era aventurado. Pero Drake se ganó la confianza de unos pocos, entre quienes pudo seleccionar gente decidida a terminar la perforación con éxito, mediante la colaboración del perforador W.A. (tío Bill) Smith, no obstante los muchos contratiempos mecánicos y económicos.

Los estratos someros eran muy deleznables y el derrumbe de la pared del hoyo impedía el avance de la perforación. Para contrarrestar este inconveniente, Drake ideó proteger el hoyo logrado introduciendo a fuerza de golpes un cilindro metálico hasta cierta profundidad. Esta idea originó el diseño y empleo de sartas de revestidores que con el tiempo han evolucionado para satisfacer una gran variedad de aspectos y condiciones mecánicas y geológicas en las operaciones modernas de perforación.

La intención y los esfuerzos de Drake por terminar con éxito su pozo se vieron seriamente amenazados porque en el transcurso de las operaciones sus recursos económicos escasearon. El equipo, los materiales y las herramientas requeridas absorbían todo el dinero disponible. Casi al final, amigos que tenían confianza en sus propósitos le facilitaron dinero para que cumpliera sus aspiraciones. La suerte lo favoreció al tornarse el pozo en descubridor y productor de petróleo.

El pozo de Drake produjo por bombeo unos 20 b/d de petróleo y la hazaña sirvió para que Drake se hiciera famoso inmediatamente. La noticia corrió por todos los contornos y en cuestión de días el auge petrolero se posesionó de Titusville. Muchos pozos de bombeo siguieron al primero y después empezaron a brotar incontroladamente algunos de flujo natural.

Los estudiosos y profesionales de la época, especializados en las Ciencias de la Tierra, dirigieron su atención a la naciente industria y ofrecieron respuestas a muchas de las preguntas que planteó el pozo de Drake y los siguientes. El profesor canadiense Henry D. Rogers (1808-1866) hizo apreciaciones sobre la ubicación y la posición estructural del pozo de Drake. T. Sterry Hunt, también canadiense, amplió conceptos y formuló aplicaciones prácticas futuras sobre la teoría anticlinal. Alexander Winchell estudió la porosidad de las rocas, especialmente las arenas y areniscas, y dio a conocer la capacidad de almacenamiento (porosidad) de éstas para contener grandes volúmenes de petróleo.

A medida que se abrían más pozos y la industria se expandía por los estados de Pennsylvania, Ohio, Virginia, Nueva York, Oklahoma y otros, también cobraba interés en Europa (Rumania y Rusia) y en Asia (Indonesia) la búsqueda del petróleo. También comenzó a tomarse muy en cuenta la aplicación de los conceptos geológicos formulados por científicos de la talla de Louis Agassiz (1803-1873), Charles Lyell (1797-1875), William Whewell (1794-1866), W.P. Schimper, H.E. Beyrich, Víctor Lemoine, Von Koenen y otros. Pero entre todos los pioneros de los años petroleros del siglo XIX y las primeras dos décadas del siglo XX, la figura que más sobresalió por hacer que la geología fuese parte fundamental de las operaciones petroleras fue el profesor I.C. White (1848-1927).

Al correr de los años de la primera etapa (1859-1900) emergió un criterio tecnológico básicamente práctico de las operaciones petroleras. Se aprendió haciendo y se hizo aprendiendo. En la escuela del trabajo se formó el grueso de los recursos humanos de la industria.

Producción

En 1860 la producción de petróleo estadounidense llegó a 500.000 barriles (98 % de la producción mundial) y Rumania produjo el resto, 9.000 barriles. Como se podrá apreciar, la producción estadounidense representó, aproximadamente, 1.370 barriles diarios. Pero el mane-jo de este volumen de producción trajo consigo muchos retos para los pioneros. Sin embargo, el ingenio y la voluntad los llevó a sortear obstáculos mecánicos para producir los primeros pozos. Extraían el petróleo del pozo mediante un achicador cilíndrico, que en el extremo inferior llevaba una válvula en forma de lengüeta. Al introducirse el achicador en el hoyo y si el nivel del petróleo era suficientemente alto, el achicador se llenaba por la boca o extremo superior. Si el nivel del petróleo en el hoyo era muy bajo, entonces con asentar el achicador en el fondo era suficiente para que el petróleo entrara al cilindro al subir la lengüeta. Al levantar el achicador, la lengüeta bajaba y no permitía que el petróleo saliera del cilindro. En la superficie, con asentar levemente la lengüeta contra el fondo del recipiente (barril) se podía desplazar el petróleo del cilindro.

Pero producir continuamente los pozos con este procedimiento era muy antieconómico e ineficiente. Los pioneros se las ingeniaron para adaptar el concepto del balancín

Fig. 12-4. Primeros tiempos de la producción petrolera (1865), Pennsylvania.

120

de perforación a percusión al bombeo directo y continuo, mediante una sarta de producción que en su extremo inferior llevaba una bomba con una válvula fija y un pistón con una válvula viajera accionada por la sarta de varillas de succión. (Para más detalles ver Capítulo 4, "Producción").

La fiebre del petróleo aceleró inusitadamente las actividades de exploración y de perforación. Las experiencias logradas auspiciaron la audacia de los exploradores empíricos para escoger sitios y abrir pozos más profundos. El petróleo confinado en los estratos más profundos, naturalmente, mostró mayor presión, y esto trajo como consecuencia el hecho espectacular de que los pozos fluyeran incontroladamente hasta la superficie y el chorro de petróleo, en la mayoría de los casos, sobrepasara la altura de la cabria. Así nació el reventón.

Los equipos de perforación y de producción disponibles al comienzo de la industria fueron inadecuados para manejar los reventones. Tampoco los hombres que antes sólo habían abierto pozos "dóciles" se habían preparado ni imaginaron situaciones tan violentas y peligrosas. De inmediato comenzaron los pioneros a diseñar medios para prevenir o controlar totalmente tales ocurrencias.

Las experiencias vividas a boca de pozo les habían enseñado muchas cosas como: apreciar los diferentes tipos de estratos, la dureza y la compactibilidad de los estratos, el espesor y la extensión geográfica de los estratos, las características, la composición y la edad geológica de los estratos, la importancia de la porosidad y de la permeabilidad de las rocas, los fluidos contenidos en las rocas: gas, petróleo, agua; la presión de flujo de los fluidos, la separación de fluidos, los caudales de producción, la estabilidad física del hoyo durante la perforación, el comportamiento del pozo durante su vida productiva, la limpieza, la rehabilitación y el reacondicionamiento de pozos, los tipos y la calidad de los crudos, los aspectos económicos de la perforación y de la producción, los requerimientos de capital, los riesgos y las expectativas, los recursos humanos y físicos requeridos. Pero todavía faltaba mucho que aprender en la práctica y en teoría para desarrollar nuevos conocimientos tanto en los laboratorios como en las mismas operaciones de campo.

La práctica les había enseñado mucho. Fueron autodidactas. Transcurrirían todavía muchos años para que los institutos superiores de educación y las universidades estadounidenses y europeas diseñaran programas de estudios para carreras en una industria que crecía a pasos agigantados. Doce años después de iniciada la industria, la producción mundial en 1870 se indica en la Tabla 12-1.

Transporte

En los primeros años de desarrollo de la industria, las fases operacionales se consolidaron con una celeridad y simultaneidad asombrosas. Quienes seleccionaban sitios para abrir pozos deseaban comenzar la perforación sobre la marcha, y si tenían éxito procuraban

Tabla 12-1. Producción mundial de crudos, 1870			
Países	Barriles	%	b/d
Estados Unidos	5.261.000	90,7	14.414
Canadá	250.000	4,3	685
Rusia	204.000	3,5	559
Rumania	84.000	1,5	230
Total	5.799.000	100,00	15.888

Fuente: World Oil, August 15, 1953, p. 68.

Fig. 12-5. Grupo de trabajadores instalando (1890) un sistema de transporte de crudo.

inmediatamente producir sus pozos a capacidad para, sin dilaciones, llevar el petróleo a las refinerías.

Las crónicas periodísticas de la época dejan entrever la euforia creada por la naciente industria. La competencia fue feroz y fortunas aparecían y desaparecían en cuestión de semanas. Todos los involucrados en el negocio fueron poseídos por la magia de la riqueza petrolera.

En el transporte se suscitaron agudas rivalidades entre productores y transportistas, y entre los mismos transportistas, a tal punto que hubo momentos en que se perjudicaron las operaciones de despacho y entrega de crudos. Participaron en las actividades iniciales de transporte quienes sobre carretas llevaban los barriles de crudos a los terminales fluviales cercanos a los campos para luego llevarlos en barcazas a las refinerías u otros sitios; simultáneamente, los constructores de oleductos se proponían demostrar la continuidad, eficiencia y economía del transporte de crudos por tuberías. Pero encontraban oposición de los arrieros; dificultades para adquirir derechos de paso de parte de los dueños de tierras, y trabas de las empresas ferrocarrileras que también competían por el transporte. Además, los interesados en el transporte acuático y los ferrocarrileros se disputaban el derecho de transportar crudo. Hubo encuentros que dejaron su cuota de sangre y ojerizas duraderas.

A los campos petroleros de Pennsylvania concurrieron muchos hombres de experiencia y expertos en el tendido de oleoductos, entre ellos sobresalieron el general Samuel D. Karns y Herman Janes como promotores e iniciadores de los primeros proyectos. J.L. Hutchins, inventor, demostró la utilidad de su bomba rotatoria para bombear crudo por tubería. Causó admiración que por una tubería de 98,4 milímetros de diámetro (3 pulgadas) se pudiese bombear diariamente 3.500 barriles de petróleo. Este volumen era equivalente a 700 carretadas diarias, a razón de 5 barriles por carretada.

Una vez demostrada la utilidad del oleoducto, la construcción de este medio de transporte se esparció por todas las áreas petrolíferas de Pennsylvania y estados adyacentes. Proliferó la construcción de oleoductos de diámetro y longitudes mayores a medida que se descubrían nuevos campos en regiones remotas. Las técnicas de fabricación de tubos fueron mejoradas para responder a las necesidades de la industria. Los constructores de oleoductos comenzaron a aplicar conceptos y especificaciones de diseño de acuerdo con la tecnología disponible entonces e iniciaron investigaciones para profundizar los conocimientos sobre la materia. En el campo comenzaron a utilizar herramientas adecuadas para abrir trochas y zanjas y para manejar y enroscar la tubería. A Samuel Van Syckel se le atribuye haber construido (1865) el primer oleoducto de éxito comercial desde el campo de Pithole, Pennsylvania.

Ya para 1880 el transporte de crudos por oleoductos en Estados Unidos era una fase millonaria de la industria, en inversiones y operaciones. Para ese año, la producción petrolera mundial fue de 30.018.000 barriles, repartidos así: Estados Unidos 88 % y el resto correspondió, en orden de magnitud, a Rusia, Canadá, Polonia, Japón, Alemania e Italia. La producción diaria estadounidense fue de, aproximadamente, 72.372 barriles y la del resto de los productores de 9.869 barriles.

Desde el comienzo, la industria utilizó las vías fluviales y marítimas para transportar crudos, gracias a la coincidencia de que muchos de los primeros descubrimientos petrolíferos se hicieron en sitios muy cercanos a ríos y costas. Ello facilitó el transporte por estas vías y al correr de los años promovió el desarrollo de las barcazas y gabarras para el cabotaje de petróleo en los Estados Unidos e influyó luego muy marcadamente en la construcción de los tanqueros para el transporte local e internacional.

Refinación/manufactura

Sin duda, la fase de refinación/manufactura de la industria petrolera ha sido, desde el comienzo mismo de la industria, la más favorecida en recursos humanos calificados y tecnología, por razones obvias.

Desde los tiempos de Heraclitus (540-475 A.C.), los alquimistas y químicos antiguos se preocuparon por descifrar las características de los elementos. Las cuatro sustancias básicas: tierra, aire, agua y fuego, y los metales oro, plata, cobre, hierro, plomo, estaño y mercurio, y los no metálicos azufre y carbón acaparaban la atención de los forjadores de la ciencia química. Al correr de los siglos se avanzó en conocimientos acerca de la composición, la estructura y las propiedades de las sustancias y las transformaciones que pueden ocurrirles mediante procesos naturales o inducidos.

Por ejemplo, en lo que respecta a las sustancias básicas que forman a los hidrocarburos, Robert Boyle (1627-1691) preparó hidrógeno en 1671 mediante la utilización del hierro en ácido clorhídrico diluido. Henry Cavendish (1731-1810) dedicó esfuerzos a la investigación del carbón natural y la presencia de este elemento en otras sustancias. Dimitri Mendeleeff (1834-1907) y Julius Lothar Meyer (1830-1895) coincidieron y fueron codescubridores independientes (1869) del sistema periódico de los elementos. El primero estudió los principales campos petroleros de Rusia y de los Estados Unidos y fue profesor de química en la Universidad de Petrogrado, y Meyer, también profesor de química en las universidades de Breslau y Tubingen, dedicó tiempo al estudio del volumen molecular de los compuestos químicos y al peso atómico de los elementos, como también a los aspectos químicos de las parafinas.

Además, para la época de iniciación de la industria petrolera y los comienzos de la refinación de crudos (1859), los Estados Unidos contaban ya con un centenar de institutos superiores y universidades (entre los que ya disfrutaban de fama académica mundial: Yale, M.I.T., Harvard, Columbia, Princeton, Rensselaer, William and Mary, Cornell, Boston, Marietta y otros) donde las ciencias básicas: matemática, física y química se enseñaban científica y tecnológicamente para fomentar la investigación académica e industrial requeridas para el avance y desarrollo nacional. Por tanto, empresarios como William Barnsdall, quien abrió el segundo pozo productor de petróleo en Titusville, después de Drake, y quien en compañía de William A. Abbott construyó (1860) la primera gran refinería en Titusville, seguida por la de Charles Lockhart y los hermanos William y Phillips Frew en 1861, tuvieron a su alcance los conocimientos técnicos y la asesoría de los docentes de esas casas superiores de estudios.

Fig. 12-6. Aviso de las actividades de refinación y transporte a principios del siglo XX.

Además, profesionales europeos, estadounidenses y canadienses de la ingeniería de procesos de la época volcaron su atención y conocimientos a la resolución de los retos que les planteaba la refinación de petróleo y la construcción de refinerías a escalas comerciales cada vez mayores. El resultado fue que en poco tiempo la química de los hidrocarburos adelantó sustancialmente y la rama de refinación de la industria, antes que cualquiera de las otras, empezó a afianzarse científica y tecnológicamente.

Mercadeo

Apenas cuatro años después de establecida la industria, el mercadeo nacional e internacional ya se perfilaba como gestión de grandes proporciones y ramificaciones. El querosén, por sus características y disponibilidad cada vez mayor, se convirtió en el iluminante preferido.

En Estados Unidos, la producción de crudo y las refinerías de Pennsylvania dieron la pauta para que la industria empezara a expandirse en el país y se acometiera la exportación, primero hacia Europa y luego al resto del mundo. En Europa, Rumania y Rusia fueron los iniciadores de la industria con crudos autóctonos, y con sus propios recursos y técnicas de refinación empezaron a contrarrestar las importaciones de querosén estadounidense.

A través de la refinación y del mercadeo se acentuó y confirmó el modus operandi integral de la industria. Por tanto, la estrategia de los primeros empresarios petroleros fue compenetrarse con el aspecto geográfico del negocio y llevar la industria a sitios donde las perspectivas geológicas favoreciesen la exploración, la perforación y la producción. Una vez lograda la producción comercial de crudo, la refinación, el transporte y el mercadeo seguirían su curso normal y se completaría la cadena de operaciones integradas que facilitarían la flexibilidad del negocio en un país, en una región o en un continente.

Esta compenetración geográfica empresarial era clave para las futuras operaciones petroleras mundiales. En 1899, la producción mundial de petróleo crudo había alcanzado 131,1 millones de barriles (359.307 b/d). El año siguiente (1900) alcanzó a 149,1 millones de barriles (408.594 b/d). La producción estadounidense de estos dos años representó 44 y 43 %, respectivamente, lo que quiere decir que el resto del mundo contribuyó con 56 y 57 %, respectivamente. Esta proporción vislumbra entonces la potencialidad de la industria internacionalmente y reafirmaba que para el siglo XX, ya a vuelta de la esquina, las empresas petroleras que quisieran ser líderes en el negocio tendrían que operar a escala internacional.

Los pioneros venezolanos

Transcurrieron casi cuarenta años (1839-1878) desde que, en comunicación del 3 de octubre de 1839, el doctor José María Vargas remitiera al gobierno nacional su análisis y apreciaciones sobre el petróleo venezolano (Capítulo 1 "¿Qué es el Petróleo?)", para que gestores venezolanos se interesaran por las

Fig. 12-7. Estación de gasolina PAN-AM en la entrada hacia el barrio de El Cementerio, Caracas, 1930.

Fig. 12-8. José María Vargas.

perspectivas y posibilidades de la industria petrolera en Venezuela.

Ese interés nació como consecuencia del terremoto del 18 de mayo de 1875 que sacudió la cordillera andina en la frontera colombo-venezolana, sector Cúcuta-San Antonio del Táchira, y ocasionó la aparición de menes en la hacienda La Alquitrana, ubicada a unos 15 kilómetros al oeste de San Cristóbal. Y sin duda, tratándose de petróleo, ya los interesados seguramente tenían noticias de los avances de la industria petrolera estadounidense y europea y de la importancia de sus exportaciones de querosén hacia otras partes del mundo.

Y fue así como un grupo de hombres del Táchira: Manuel Antonio Pulido, José Antonio Baldó, Ramón María Maldonado, Carlos González Bona, José Gregorio Villafañe y Pedro Rafael Rincones unieron sus esfuerzos y recursos para formar la primera empresa petrolera en Venezuela, la Petrolia del Táchira, creada privadamente el 12 de octubre de 1878 y registrada formalmente el 31 de julio de 1882 en San Cristóbal. La empresa se dedicaría a la explotación petrolera en una concesión de unas 100 hectáreas que se le había otorgado en La Alquitrana.

Pedro Rafael Rincones fue encargado de obtener la maquinaria petrolera requerida

Fig. 12-9. Manuel Antonio Pulido.

Fig. 12-10. José Antonio Baldó.

Fig. 12-11. Ramón María Maldonado.

por la empresa y con tales fines viajó a Estados Unidos en enero de 1879 donde pasó un año en Nueva York y los centros petroleros de Pennsylvania para familiarizarse con el equipo y las técnicas de las operaciones, especialmente perforación, producción y refinación. Adquirió el equipo deseado, cuyo transporte de Nueva York a Venezuela se realizó sin contratiempos. Pero ya en Venezuela, para llevar el equipo desde Maracaibo a Encontrados y luego a La Alquitrana fue cuando comenzaron las dificultades por falta de medios y vías apropiadas. Fue la repetición de las experiencias vividas por todos los petroleros de antaño en los campos estadounidenses, rumanos, rusos, indone-

sios y de otras partes, descubiertos en el siglo XIX. Rincones trajo al país lecciones y experiencias aprendidas por aquellos arrojados exploradores, perforadores y refinadores de Pennsylvania. Fue el iniciador de la transferencia de la tecnología petrolera. Una vez aquí, le tocó vivir sus propias experiencias, acumular lecciones autóctonas y fomentar por cuenta propia la tecnología adquirida afuera.

La historia de la Petrolia no difiere de la historia de muchas firmas estadounidenses de la época. La trayectoria de la empresa y el ánimo de sus hombres se asemejan a las expectativas que acariciaban muchos petroleros de Pennsylvania, de Nueva York o de Ohio y

Fig. 12-12. Carlos González Bona.

Fig. 12-13. José Gregorio Villafañe.

Fig. 12-14. Pedro Rafael Rincones.

que, por circunstancias más allá de sus esfuerzos, no se hicieron realidad perdurable. Pero dejaron su página escrita. No obstante lo intermitente de las actividades de la Petrolia, estos hombres del Táchira fueron los pioneros del petróleo en Venezuela. En las obras de Aníbal R. Martínez (pp. 29, 30) y Rafael Rosales/Hugo M. Velarde Ch. (pp. 39, 40), el lector encontrará una muy buena relación pormenorizada de las gestiones de los fundadores y de las actividades de la Petrolia, 1878-1934.

II. Avances y Desarrollo de la Industria

Al finalizar el siglo XIX, los hombres que habían hecho posible el arranque y la expansión de la industria (1859-1900) se preparan para mayores esfuerzos; el negocio es mundial. En más de cuarenta y un años de operaciones, la producción acumulada alcanzó a 1.732 millones de barriles, distribuidos como se anota entre los principales productores de la época.

En Estados Unidos, los productores de Pennsylvania se esparcieron bien pronto por todo el territorio nacional en busca de petró-

Fig. 12-15. Distribución de querosén en Oporto, Portugal, a principios de los años veinte.

leo. Demetrius Schofield llegó a California en 1861 y fue abanderado en la iniciación de la industria allí, con miras a la exportación de productos hacia el Lejano Oriente. Fundó su empresa, que luego se transformó en la Standard Oil of California. Para 1895, la producción californiana llegó a 11.850 b/d. Lyman Stewart y Thomas R. Bard fueron responsables por la fusión de tres pequeñas firmas petroleras para formar en octubre de 1890 la Union Oil Co. of California. Y así se fue consolidando la indus-

Tabla 12-2. Producción mundial de crudos, siglo XIX

		Miles de barriles	%	Producción Año 1900-b/d
Estados Unidos	(1859/1900)	1.003.605	57,94	174,304
Canadá	(1862/1900)	16.932	0,98	2.501
Perú	(1896/1900)	552	0,03	750
Total América		1.021.089	58,95	177.555
Rusia	(1863/1900)	654.139	37,76	207.616
Polonia	(1874/1900)	21.486	1,24	6.430
Rumania	(1859/1900)	11.190	0,64	4.463
Alemania	(1880/1900)	2.218	0,13	980
Italia	(1865/1900)	206	0,01	36
Total Europa		689.239	39,78	219.525
Indonesia	(1893/1900)	13.496	0,78	6.172
Pakistán	(1889/1900)	5.180	0,30	2.956
Japón	(1875/1900)	3.213	0,19	2.386
Total Asia		21.880	1,27	11.514
Total mundo		1.732.217	100,00	408.594

tria petrolera californiana, la cual adquirió un perfil y una autonomía propia para acometer mayores retos en el siglo XX.

La producción estadounidense se mantuvo, como era de esperarse, bien alta durante las primeras décadas de la industria petrolera (1861-1900). Ejemplos:

Tabla 12-3. Producción total			
miles de barriles			
Período	Mundo	EE.UU.	% EE.UU.
1861-1870	35.614	32.971	92,6
1871-1880	144.196	125.187	86,8
1881-1890	446.047	292.490	65,6
1891-1900	1.106.360	552.957	50,0
Total	1.732.217	1.003.605	57,9

Durante el período 1898-1901, Rusia tomó el primer puesto como productor de crudos. La expansión de la industria petrolera rusa contó con la participación de los hijos de Alfred Nobel y de los Rothschild, como también de los intereses de Rockefeller. El empuje de la producción rusa, conjuntamente con la producción de los otros países europeos, incrementó la competencia del crudo europeo con respecto al crudo/productos importados de Estados Unidos. Para 1878, la empresa de navegación de Marcus Samuel llevaba al Lejano Oriente querosén ruso, y más tarde (1880) adquirió tanqueros y construyó una serie de instalaciones portuarias para atender sus crecientes actividades de mercadeo petrolero en esa parte del mundo. La flota de la familia Marcus navegaba de Londres al Lejano Oriente desde 1833 y el nombre de la firma era Shell Transport and Trading Company. Llevaba mercancía al Lejano Oriente y de regreso traía a Londres curiosidades y antigüedades de aquellas lejanas tierras, inclusive conchas (shell) marinas.

Para finales del siglo XIX, empresarios holandeses se interesaron por las actividades petroleras en el Lejano Oriente y en 1890 se fundó la Royal Dutch Petroleum Co. (NV. Koninklijke Nederlandsche Petroleum Maattschappij) bajo la dirección de J.B. August Kessler, a quien se le unió Henri Deterding en 1896. La competencia por el transporte petrolero entre la Royal Dutch, la Shell y la Standard Oil Company, que también se había establecido en el Lejano Oriente en 1880, acercó a la Royal Dutch a la Shell. Estas dos empresas se unieron en la primera década del siglo XX. Primero, formaron (1903) una empresa en la que las dos eran dueñas, la Asiatic Petroleum Co. Ltd. Más tarde (1907) las dos empresas, como casa matriz, se unieron para formar el Grupo Royal Dutch/Shell en relación de 60 y 40 % en las dos empresas operadoras creadas: The Anglo-Saxon Petroleum Co. Ltd., con sede en Londres, y la NV. de Bataafsche Petroleum Maattschappij (BPM), con asiento en La Haya.

El grupo toma importancia desde el mismo momento de su creación y se convertirá a lo largo del siglo XX en gestor mundial en las actividades de la industria.

El siglo XX, comienzo del auge petrolero

El siglo XX se inició con espectaculares acontecimientos en el avance y desarrollo de la industria petrolera. Rusia se mantiene en

Fig. 12-16. Piezas y conexiones de transmisión de un equipo de perforación rotatoria de principios del siglo XX.

1901 como primer productor, 233.337 b/d, y gran exportador de crudos y productos para Europa y el Lejano Oriente. La producción mundial ese año alcanzó a 458.740 b/d. Estados Unidos produjo 190.107 b/d.

Los petroleros estadounidenses temieron por su posición como productores y exportadores. La capacidad de las reservas halladas y el potencial de producción no permitían dar más. La capacidad de producción rusa les llamó poderosamente la atención. Algunos creyeron que el petróleo estadounidense se acababa, pero muchos pioneros se lanzaron a la exploración de tierras vírgenes. Corrieron los decires: "el petróleo está donde se encuentra" y "la barrena dirá".

La tecnología petrolera comenzó a fundamentarse en las ciencias y las artes mecánicas. Los hombres de la industria, de las fábricas de equipos, herramientas y materiales y de las escuelas, universidades y asociaciones profesionales comenzaron a intercambiar conocimientos y experiencias que desembocaron en grandes adelantos y logros.

El ingeniero de minas Anthony F. Lucas concibió el método de perforación rotatoria e indujo a John H. Galey y a James M. Guffey a probar el nuevo método en el sitio denominado Spindletop Hill, Texas. Galey y Guffey eran petroleros pennsylvanianos que habían acumulado una serie de descubrimientos petrolíferos importantes en Pennsylvania y con igual suerte habían actuado en los estados de Kansas, el territorio Indio (luego Oklahoma) y Texas. Para acometer la perforación de Spindletop, Galey y Guffey solicitaron ayuda financiera de A.W. y R.B. Mellon, banqueros de Pittsburgh. El 10 de enero de 1901, la barrena encontró el estrato petrolífero a 1.120-1.160 pies (341-354 metros) y se estimó que fluyó descontroladamente 84.000 b/d.

Este acontecimiento inició el siglo con los mejores augurios para la industria petrolera, y en sí generó los siguientes resultados: éxito de

Fig. 12-17. Inicio del sistema rotatorio de perforación (1900).

la perforación rotatoria y subsecuente adopción de este método por la industria; auge de la búsqueda de petróleo en Texas, que al correr de los años se convirtió en el mayor productor de petróleo de los Estados Unidos y en uno de los más grandes productores del mundo; de la asociación para perforar en Spindletop, los Mellon y Guffey formaron luego la J.M. Guffey Petroleum Company y más tarde la Gulf Refining Co. of Texas. En 1907, estas empresas se fundieron en la Gulf Oil Corporation of New Jersey. Al correr de los años, la Gulf se convirtió en una de las empresas más importantes de los Estados Unidos y del mundo.

Los petroleros pennsylvanianos fueron tenaces en la búsqueda de petróleo. De Pennsylvania se encaminaron a los otros estados del país y muchos contribuyeron con sus aportes al desarrollo e historia de la industria.

A raíz de Spindletop, otro pennsylvaniano, Joseph S. Cullinan, radicado en Texas, fundó la Texas Fuel Company. Más tarde (1902), fundó The Texas Company, la cual, de inmediato, se dedicó a la búsqueda de petróleo en Estados Unidos y a exportar crudos y productos. Con el tiempo se transformó en una de las grandes petroleras del mundo y se conoce simplemente como Texaco.

129

A medida que durante la primera década del siglo XX se afincó el auge petrolero estadounidense, al pasar la producción de 190.107 b/d en 1901 a 547.129 b/d en 1910, y en el resto del mundo pasó de 268.633 b/d a 323.852 b/d, respectivamente, en Europa empezaron a formarse otras empresas petroleras que con el tiempo se transformaron en grandes emporios integrados. En el Reino Unido se fundó la Burmah Oil Co. Ltd. (Escocia, 1902); la Anglo-Persian Oil Co. Ltd. (1935) y, finalmente, The British Petroleum Co. Ltd., en 1954. Mucho más tarde, en la segunda década del siglo, se fundaron otras empresas petroleras que participan en el negocio internacional. Petrofina S.A., Bélgica, 1920; Cie Francaise des Petroles, 1924; Cía. Española de Petróleos, 1929.

La ciencia y la tecnología petrolera

Desde el nacimiento de la industria y a medida que el petróleo resultó ser materia energética de enormes posibilidades, los hombres de ciencia y tecnología de Estados Unidos, Canadá y Europa comenzaron a dar su aporte. Las Ciencias de la Tierra y, especialmente, la geología petrolera y sus aplicaciones a la exploración y al manejo de los yacimientos, recibieron esmerada atención de los hombres de los catastros o entes geológicos gubernamentales y de la docencia. La industria se benefició y, aunque algo tarde, las empresas comenzaron en la segunda década del siglo XX a emplear geólogos y a crear departamentos de geología para las actividades de exploración y producción.

La mecánica y el arte de abrir pozos, la mecánica del flujo de fluidos en los yacimientos, el manejo de los pozos y de la producción requerían también un enfoque más técnico y profesional. Poco a poco, las empresas comenzaron a apreciar la contribución de los profesionales de las ingenierías clásicas: civil, mecánica, eléctrica y de minas. Sin embargo, la nueva industria requirió además de dos nuevos tipos de ingenieros, y las universidades estadounidenses, especialmente las ubicadas en los estados petroleros, respondieron creando facultades o escuelas a tales fines, y comenzaron a ofrecer programas de estudios de ingeniería de petróleos e ingeniería de refinación de petróleos (ingeniería química petrolera).

El auge petrolero y la expansión de actividades a escala internacional hicieron que la industria tomara nota de la necesidad y conveniencia de contar con profesionales de las diferentes ramas de la ingeniería y es así como, en las dos primeras décadas del siglo, las empresas comenzaron a crear departamentos de ingeniería general, de petróleos, de oleoductos, de refinación y a incursionar en la investigación básica y técnica de los aspectos operacionales de la industria.

Las fábricas de equipos petroleros esenciales y afines también se dedicaron a investigar científica y tecnológicamente el diseño, la metalurgia, la manufactura, el funcionamiento, la durabilidad y la eficiencia de toda la maquinaria, piezas, herramientas y materiales requeridos por la industria. Y en el transcurso de los años se formó un extenso número de empresas cuyo cliente principal es prácticamente la industria petrolera mundial y, en pri-

Fig. 12-18. Laboratorio de Estudios Ambientales en Intevep.

mer término, la industria petrolera estadounidense que cuenta con miles de empresas operadoras en el propio Estados Unidos y muchas de ellas con operaciones en casi todo el mundo.

A lo antes dicho hay que agregar que, desde muy temprano, la industria, por el alcance y la diversidad de sus operaciones, reconoció que no podía satisfacer internamente todos sus requerimientos de asistencia técnica y servicios especializados por razones económicas y operacionales. Por tanto, ayudó a crear y desarrollar un grupo de numerosas empresas de servicios que hoy, a escala mundial, colaboran y trabajan casi exclusivamente para la industria petrolera en todas la ramas de las operaciones. Muchas de estas empresas han sido también pioneras en sus actividades y han contribuido con su ciencia y tecnología al desarrollo del **porqué hacer, cómo hacer, cuándo hacer** y **dónde hacer** en exploración, perforación, producción, transporte, refinación, mercadeo, comercialización, organización, administración y dirección.

Las asociaciones profesionales

Los requerimientos científicos y gerenciales de las operaciones petroleras están en constante escrutinio y evaluación por todos los recursos humanos propios y afines a la industria, a través de asociaciones, institutos y sociedades que promueven intercambio de conocimientos y experiencias.

La siguiente lista da una idea de los gremios, institutos y asociaciones en los que participa la gente del petróleo.

Lista de asociaciones petroleras

• Instituto Americano de Ingeniería de Minas, Metalurgia y Petróleos, 1871. (Creación: Minas 1871, Metalurgia 1908, Petróleos 1922. Sociedades semiautónomas desde 1957).
• Sociedad Americana de Ingenieros Mecánicos, 1880.
• Instituto Americano de Ingenieros Electricistas, 1884. (Convertido en Instituto de Ingenieros Electricistas y Electrónicos, 1963).
• Instituto Americano de Ingenieros Químicos, 1908.
• Instituto Americano de Ingenieros de Seguridad Industrial, 1911.
• Instituto Americano de Ingenieros Consultores, 1911.
• Asociación Americana de Geólogos Petroleros, 1917.
• Instituto Americano del Petróleo, 1919.
• Asociación de Procesadores de Gas, 1921.
• Sociedad de Ingenieros de Petróleos, 1922.
• Asociación de Petroleros Independientes de América, 1929.
• Sociedad de Geofísicos de Exploración, 1930.
• Asociación de Suplidores de Equipos Petroleros, 1933.
• Instituto Nacional de Grasas Lubricantes, 1933.
• Instituto Petrolero Mundial (Internacional), 1933.
• Asociación Nacional de Productores de Pozos Marginales, 1934.
• Comisión Petrolera Interestatal, 1935.
• Asociación Internacional de Contratistas de Perforación, 1940.
• Fundación de la Industria Petrolera para la Investigación, 1944.
• Consejo Nacional de Petróleo, 1946.
• Asociación de Redactores Petroleros, 1947.
• Instituto Americano de Geología, 1948.
• Sociedad Americana de Ingenieros de Gas, 1954.
• Asociación de Contratistas de Servicios para Pozos, 1957.
• Sociedad de Analistas Profesionales de Registros de Pozos, 1959.
• Asociación Nacional de Refinadores de Petróleo, 1961.
• Asociación Nacional de Gases Líquidos del Petróleo, 1962.

- Asociación Internacional de Contratistas de Conductos (Oleoductos, Gasductos, Poliductos), 1966.
- Asociación de Editores de las Ciencias (Geología) de la Tierra, 1967.
- Instituto de Gerencia de Proyectos, 1969.
- Asociación Internacional de Contratistas de Geofísica, 1971.

La industria dedica increíbles esfuerzos a la divulgación y transferencia de conocimientos y tecnología. Todas las asociaciones antes mencionadas, tanto en Estados Unidos o sus equivalentes ramas internacionales establecidas en el resto de los países petroleros del mundo, cada año promueven reuniones que sumadas en días de actividad representan una respetable cifra. El siguiente ejemplo es una muestra de esas actividades. (Ref. OGJ, 1-1-1996).

Fig. 12-19. Las instalaciones de refinación/manufactura, además de imponentes, son expresiones de ciencia y tecnología.

Tabla 12-4. Programación reuniones técnicas petroleras

Días por mes/1996

	Ene.	Feb.	Mar.	Abr.	May.	Jun.	Jul.	Ago.	Sep.	Oct.	Nov.	Dic.	Total
EE.UU.	19	39	81	24	38	24	9	12	10	36	26	-	318
Australia	-	-	-	-	-	4	-	-	-	6	-	-	10
Austria	-	-	-	-	-	-	-	-	-	-	-	4	4
Bahrein	3	3	-	3	-	3	-	-	-	-	-	-	12
Bélgica	-	-	5	-	-	-	-	-	-	-	-	-	5
Birmania	-	3	-	-	-	-	-	-	-	-	-	-	3
Brasil	-	-	-	-	-	-	-	-	-	5	-	-	5
Colombia	-	-	-	-	-	-	-	-	-	3	3	-	6
Canadá	-	2	2	7	7	14	-	-	4	-	3	-	39
China	-	-	-	-	-	-	-	-	-	2	-	-	2
Chipre	-	-	-	-	-	-	-	-	-	3	-	-	3
Dubai	-	-	3	-	-	-	-	-	-	-	-	-	3
Egipto	-	-	-	-	4	-	-	-	-	-	-	-	4
España	-	-	-	5	-	-	-	-	-	-	-	-	5
Francia	-	-	-	-	-	-	-	-	3	-	-	-	3
Gran Bretaña	-	-	-	4	-	-	-	-	-	-	-	-	4
Holanda	-	-	-	-	-	5	-	-	-	-	-	-	5
Hong Kong	-	-	-	-	3	-	-	-	-	-	-	-	3
Indonesia	-	-	-	-	19	-	-	-	-	-	-	-	19
Italia	-	-	-	-	-	5	-	-	-	-	-	-	5
México	-	-	3	-	-	-	-	-	-	-	-	-	3
Noruega	3	-	6	2	-	-	-	4	-	-	-	-	15
Nueva Zelandia	-	-	4	-	-	-	-	-	-	-	-	-	4
Perú	-	-	-	-	-	-	-	-	-	4	-	-	4
Rusia	-	-	-	-	-	5	-	-	-	-	-	-	5
Singapur	-	-	-	-	2	-	-	-	8	-	-	-	10
Suráfrica	-	-	3	-	-	-	-	-	-	-	-	-	3
Tailandia	-	-	4	-	-	-	-	-	-	-	-	-	4
Taiwán	-	-	5	-	-	-	-	-	-	-	-	-	5
Trinidad	-	-	-	4	-	-	-	-	-	-	-	-	4
Turkmenistán	-	-	5	-	-	-	-	-	-	-	-	-	5
Turquía	-	-	-	-	-	-	-	-	8	-	-	-	8
Vietnam del Norte	3	-	-	-	-	-	-	-	-	-	-	-	3
Venezuela	-	-	4	-	-	-	-	-	4	-	2	-	10
Total	28	47	125	49	73	60	9	16	37	59	34	4	541

Durante estas reuniones, los participantes se benefician mutuamente del intercambio de conocimientos y experiencias locales y/o internacionales contenidas en los trabajos que se presentan o por el contacto personal. Además, las revistas petroleras y las publicaciones institucionales reseñan ampliamente esas actividades y publican los trabajos más importantes presentados en estas reuniones.

Las escuelas de Ingeniería de Petróleos

Durante el transcurso de los años formativos de la industria en el período 1859-1900 no se contó con profesionales de las ramas de geología e ingeniería, expresamente formados en las aulas para servir a la industria. Sin embargo, los geólogos e ingenieros de minas de la época, y específicamente a comienzos del siglo XX, comenzaron a ser aceptados para empleo, principalmente en las ramas operacionales de exploración y producción.

A medida que los aspectos tecnológicos y operacionales comenzaron a exigir mayor participación de profesionales, hombres de la industria y de las facultades de Geología y de Ingeniería de las universidades estadounidenses colaboraron para formar el personal requerido. En lo que a Ingeniería de Petróleos se refiere, al principio hubo algunas instituciones que comenzaron a ofrecer ciertos cursos sobre petróleo como materias electivas para ingenieros. Sin embargo, bien pronto se optó por darle forma y consistencia a un programa de estudios que respondiera a las aspiraciones de la industria. La siguiente lista muestra los años de creación de las escuelas de Ingeniería de Petróleos en varias universidades estadounidenses:

1912 Universidad de Pittsburg
1915 Universidad de California (Berkeley)
1920 Universidad de California Sur (Los Ángeles)
1920 Colegio de Minas de Colorado
1921 Universidad de Stanford
1922 Colegio de Minas de Missouri
1925 Universidad del Estado de Ohio
1927 Colegio de Minas de Nuevo México
1927 Universidad del Estado de Louisiana
1928 Universidad de Oklahoma
1928 Universidad de Tulsa, Oklahoma
1928 Universidad de Minnesota
1930 Universidad de Texas
1932 Colegio (hoy Universidad) del Estado de Pennsylvania
1935 Colegio (hoy Universidad) de A. y M. (Agricultura y Mecánica) de Texas
1937 Universidad de Kansas
1945 Colegio de Marietta, Ohio
1947 Colegio Tecnológico de Texas
1947 Universidad de Houston, Texas

Es inestimable la contribución dada a la industria durante muchos años por los profesores de estas escuelas y por la industria a las escuelas y sus respectivas universidades. Las investigaciones y publicaciones de textos y artículos técnicos sobre operaciones en los órganos institucionales y revistas comerciales petroleras y la preparación de ingenieros de petróleos de todas partes del mundo por los docentes estadounidenses representan grandes éxitos en los anales de la industria. Sin duda, muchos de los petroleros de Venezuela y de otros países que se formaron en las escuelas estadounidenses en los años 1930-1950 recuerdan a: H.H. Power, G.H. Fancher, Charles F. Wienaug, A.E. Sweeney, H.T. Botset, Harold Vance, A.B. Stevens, Robert L. Whiting, W.H. Carson, Wilbur F. Cloud, R.L. Huntington, Lawrence S. Reed, John Calhoun, John M. Campbell, Raymond Loper, Glenn Stearns, W.B. Bedner, C.F. Barb, Ben Parker, Benjamin C. Craft, S.T. Yuster, R.F. Nielsen, D.E. Menzies, C.D. Stahl, S.J. Pirson, Charles R. Dodson, Carlton Beal, R.L. Langenheim, W.L. Nelson, C.V. Sidwell, H.W. Walker, Paul Zurcher, Paul Buthod, C.C. Hogg, Lester C. Uren, Anders J. Carlson, C.V. Kirkpatrick, Edward V. O´Rourke, J.D. Forrester, F.A. Graser, W.D. Lacabanne, L.S.

Heilig, T.L. Joseph, Walter H. Parker, E.J. Workman, Georges Vorbe, C.B. Folsom, John Bukvich, Eugene S. Perry, W.L. Ducker, Frank H. Dotterweich y otros, que fueron los responsables por la organización y desarrollo de las escuelas de petróleos estadounidenses para satisfacer las necesidades de la industria.

Estos profesores ejercieron gran influencia sobre los alumnos extranjeros en lo que respecta al conocimiento e importancia de la industria petrolera en sus respectivos países. Y muchos de ellos motivaron a sus alumnos, y con buenos resultados, para que al correr de los años fundaran escuelas de Ingeniería de Petróleos en sus propios países, especialmente en los países petroleros en desarrollo en América Latina, Africa, Asia y el Medio Oriente.

Petróleo alrededor del mundo

Los hallazgos y experiencias petroleras de las empresas estadounidenses Standard Oil (New Jersey), hoy Exxon, Texaco y Mobil, principalmente, y las europeas Royal Dutch/ Shell y Anglo-Iranian, hoy BP, acentuaron la búsqueda del petróleo alrededor del mundo a comienzos de este siglo. También se dedicaron a la búsqueda de petróleo, y con gran éxito, exploradores y empresarios que actuaron a título personal.

América Latina

Al iniciarse el siglo XX, A.A. Robinson, del Ferrocarril Central de México, fue atraído por las **chapapoteras** (menes) mexicanas del área de Tampico, y entusiasmó al petrolero independiente de California, Edward L. Doheney,

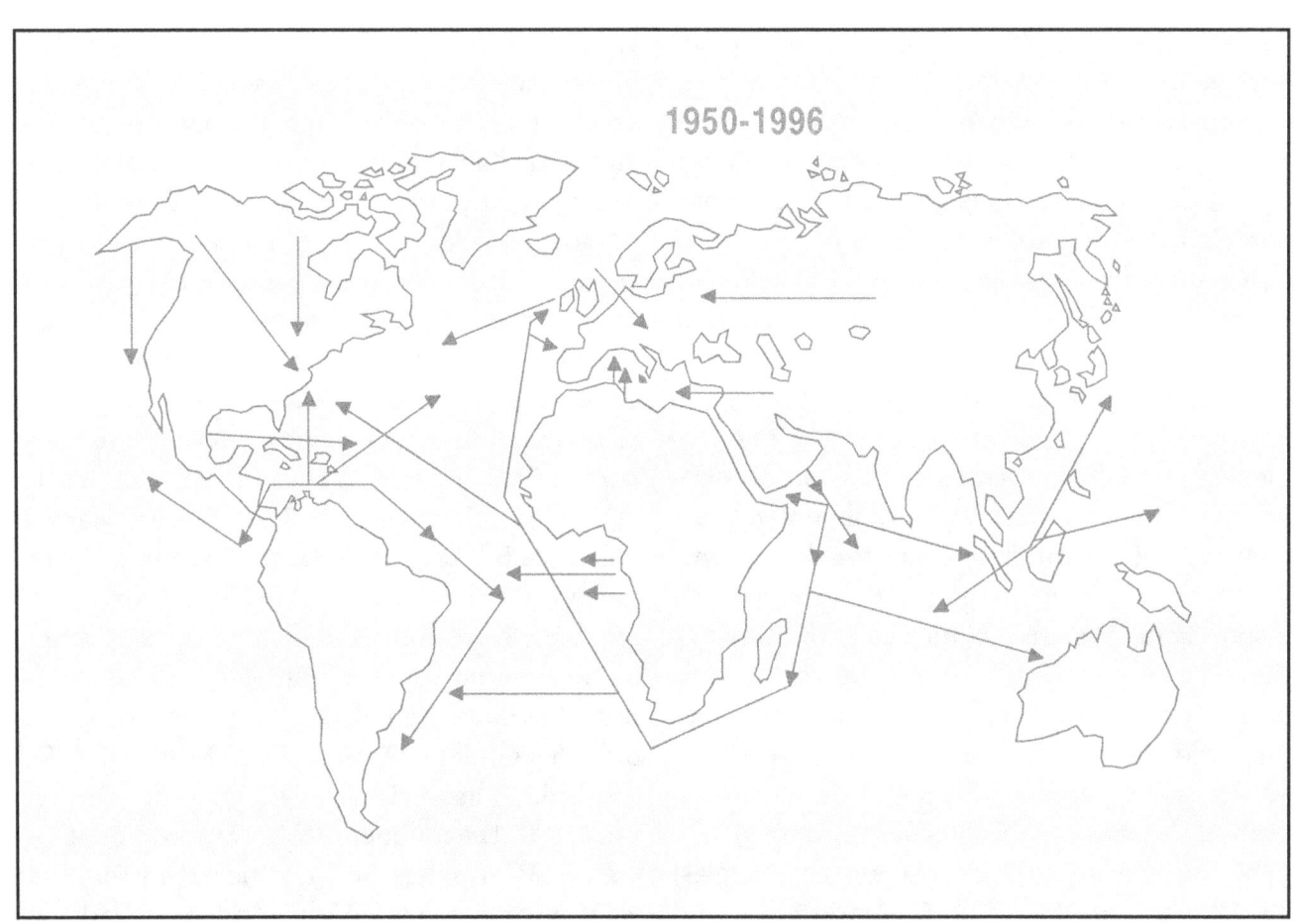

Fig. 12-20. La exportación e importación de hidrocarburos es un negocio internacional de grandes volúmenes de crudos y/o productos que representan un respetable flujo de dinero entre países.

a que buscara petróleo en México, y con tan buena suerte que para 1901 la producción del país totalizó 10.000 barriles. Para 1910, México ya había logrado producir 9.956 b/d. Los primeros hallazgos atrajeron también la atención del inglés Weetman Pearson, fundador de la Compañía Mexicana de Petróleo "El Aguila", descubridora del campo de Dos Bocas que aseguró la importancia petrolífera de México. Luego vinieron las grandes empresas estadounidenses y europeas. En 1920, México produjo 430.326 b/d y desde entonces ha permanecido en la lista de productores de petróleo más importantes del mundo y mucho más de América Latina.

Estos hallazgos atrajeron a las grandes empresas estadounidenses y anglo-holandesas, que de inmediato se dedicaron a confirmar la riqueza petrolífera mexicana.

Entre los personajes más importantes de la geología y el petróleo de México de aquellos tiempos del desarrollo de la industria destacan don Ezequiel Ordóñez, miembro fundador del Instituto Geológico de México (1900), profesor de geología y mineralogía, geólogo consultor y autor de varios trabajos sobre las perspectivas petrolíferas de México y miembro honorario (1924) de la Asociación Americana de Geólogos Petroleros (A.A.P.G.); don Teodoro Flores, eminente geólogo, director por muchos años del Instituto Geológico de México, y Everette Lee De Golyer, geólogo estadounidense de fama internacional, que ejerció brillantemente en México a comienzos del siglo XX y fue responsable por el descubrimiento del campo Potrero del Llano, cuyo pozo N° 4 produjo incontroladamente 110.000 b/d en diciembre de 1910. Durante ocho años, este pozo excepcional produjo 120 millones de barriles de petróleo.

Durante 1901-1938, México produjo 1.904 millones de barriles de petróleo. Después de la nacionalización (1938) la produc-

Fig. 12-21. Everette Lee De Golyer.

ción mexicana tuvo sus altibajos, pero durante la década de los ochenta comenzó un significativo resurgimiento, gracias a extensos descubrimientos hechos en tierra y costafuera. Las reservas probadas descubiertas han llamado la atención mundial y la producción (en millones de b/d) se ha comportado de la manera siguiente: 1978: 1,2; 1979: 1,4; 1980: 1,9; 1981: 2,3; 1982: 2,7; 1983: 2,7. Las reservas probadas para el 1-1-1984 sumaron 48.000 millones de barriles. De 1939 a 1983, Petróleos Mexicanos produjo, aproximadamente, 8.821 millones de barriles de petróleo. En 1995, la producción diaria fue de 2,7 millones b/d y las reservas probadas de petróleo se estimaron en 48.796 millones de barriles.

México y Venezuela son los dos más importantes países productores de petróleos de la América Latina y a través de los años sus respectivas campañas de exploración y comportamiento de la producción han demostrado la bondad de la riqueza de sus cuencas petrolíferas.

Los hallazgos de petróleo en el Perú (1896) no dieron al comienzo de siglo, ni después, los resultados que en poco tiempo comenzaron a llamar la atención de la industria internacional hacia México (1900). Después de México, Argentina (1908) comenzó a producir, pero durante todo lo que va de este siglo sus reservas y producción han sido de tan poca magnitud que han servido solamente para satisfacer en mayor o menor grado su propio consumo.

Fuera de México y Venezuela, la riqueza petrolera de los otros países latinoamericanos no ha sido espectacular. Más bien los resultados han sido pobres. A medida que se plantean mayores desarrollos en todos los órdenes para cada país, el consumo presente y futuro de energía significa serios retos para la comunidad latinoamericana, especialmente en suministros de hidrocarburos.

Los esfuerzos de las empresas internacionales en el pasado y, al correr del tiempo, los de las empresas estatales, no han dado desde el principio los grandes éxitos esperados en Trinidad (1908), Ecuador (1917), Colombia (1921), Bolivia (1930), Brasil (1940).

Sin embargo, aunque los esfuerzos por encontrar petróleo en abundancia en toda la América Latina, excepto en México y Venezuela, no han colmado las expectativas formuladas, por lo menos han proporcionado abundantes conocimientos sobre la geología general y la geología del subsuelo de la región. Para apreciar la situación petrolera actual (1994) de los países latinoamericanos, la Tabla 12-5 recoge los datos básicos de los países productores de la región.

Las cifras indican que la gente del petróleo de la región latinoamericana tiene un gran reto que cumplir durante el siglo XXI para satisfacer el abastecimiento futuro de petróleo.

Europa

Desde el comienzo de la industria petrolera hasta hoy, casi la totalidad de las naciones europeas son importadoras de petróleo. Desde 1859 a 1952, la producción acumulada de Europa fue de 9.171 millones de barriles, de los cuales 7.197 millones (78,5 %) corresponden a la Unión Soviética y 1.317 millones (14,4 %) a Rumania. El resto, 657 millones (7,1 %) fue contribuido por Albania, Austria, Checoslovaquia, Gran Bretaña, Francia, Alemania, Hungría, Italia, Holanda, Polonia y Yugoslavia.

Sin embargo, después de la Segunda Guerra Mundial hubo un fuerte resurgimiento en

Tabla 12-5. Capacidad petrolera de varios países del Hemisferio Occidental

País	1-1-1995 Reservas MM Brls.	1994 Producción MBD	1-1-1995 Refinación M b/dc
Argentina	2.217	666	665
Bolivia	138	26	45
Brasil	3.997	665	1.253
Chile	300	12	165
Colombia	3.394	456	249
Ecuador	2.014	379	148
Guatemala	488	8	20
Perú	800	128	184
Trinidad/Tobago	488	129	245
Subtotal	13.836	2.469	2.974
México	50.776	2.685	1.524
Venezuela	64.477	2.463	1.167
Subtotal	115.253	5.148	2.691
Total	129,672	7.617	5.665

Fuentes: MEM-PODE, 1994.
Oil and Gas Journal, December 19, 1994; December 25, 1995.

la producción petrolera europea debido a descubrimientos de petróleo y gas en Holanda (1943-1957), seguidos luego por descubrimientos en el mar del Norte, hechos por Noruega (1968-1975) y el Reino Unido (1969-1976). En 1994, Noruega promedió 2,6 millones de barriles diarios y el Reino Unido 2,5 millones de barriles diarios. Sin contar a Rusia, la producción de estos dos países representa el 85 % de la producción europea. Las reservas probadas del Reino Unido y de Noruega representan 24 y 50 %, respectivamente, de los 18.768 millones de barriles contabilizados hasta ahora. Esto significa que Europa tiene una marcada dependencia energética de fuentes externas y países exportadores como Rusia, los del Medio Oriente y del Africa como sus más próximos proveedores.

Aunque Europa Occidental no ha sido favorecida con grandes recursos petrolíferos, los científicos, los geólogos e ingenieros de las firmas comerciales especializadas en las Ciencias de la Tierra y de los departamentos técnicos de las empresas petroleras de las diferentes naciones europeas, han contribuido substancialmente al desarrollo y progreso de la tecnología petrolera mundial.

Los primeros diseños, fabricación de equipos y aplicaciones del magnetómetro, del gravímetro y del sismógrafo para las exploraciones petroleras (geofísica) se originaron en Europa. Las contribuciones europeas en todas las ramas de la geología han facilitado la interpretación y la resolución de problemas de la superficie terrestre, del subsuelo y de los fondos marinos en las diferentes cuencas petrolíferas del mundo. En petrofísica, las ideas y los conceptos propuestos por los hermanos Marcel y Conrad Schlumberger, y los equipos que diseñaron para obtener de los pozos perfiles de la columna geológica (estratigrafía) para interpretar las características de los estratos y determinar los fluidos atrapados, constituyen adelantos fundamentales en las tareas de exploración, de perforación y producción.

Más recientemente, desde los años ochenta, para realizar las operaciones petroleras en el mar del Norte, las contribuciones científicas y tecnológicas europeas han hecho posible significativos adelantos en todas las ramas de la ingeniería y materias afines de apoyo, necesarias para las diferentes actividades.

Africa

Africa se anotó su primera producción comercial petrolera en 1911, cuando empresas británicas descubrieron los primeros yacimientos en Egipto. Desde entonces y hasta 1952 la producción acumulada llegó solamente a 185 millones de barriles. Para ese período, la máxima producción diaria de 45.000 barriles se obtuvo en 1952. Sin embargo, el potencial petrolero egipcio empezó a tomar auge a partir de 1953, cuando empresas estadounidenses y europeas intensificaron las actividades petroleras y, en 1994, el país produjo unos 894.000 b/d, sostenidos por reservas probadas de 3.879 millones de barriles.

A Egipto siguieron Argelia (1913) y Marruecos (1931), pero ninguno de los dos mostró por muchos años cifras significativas de producción. Desde las fechas indicadas hasta 1952, la producción acumulada de Argelia fue de 569.000 barriles y la de Marruecos fue de 2,1 millones.

Sin embargo, en 1982, Africa produjo 4,5 millones de barriles diarios, avalados por reservas de 57.822 millones de barriles, mediante la intensificación de las actividades petroleras por empresas transnacionales e independientes estadounidenses, europeas y japonesas (Petrofina, Elf Aquitaine, AGIP, Amoco, Phillips, EGPC-Japón, Cie Francaise des Petroles, Shell, Gulf, Mobil, Oasis, Occidental, Ashland, Pan Ocean, Texaco, Chevron, Esso), especialmente desde los años indicados en los siguientes países: Gabón 1956, Argelia 1957, Nigeria 1958, Libia 1959, Túnez 1964, Angola 1966, Congo 1969, Camerún 1972, entre otros.

Durante 1994 los primeros países productores y con mayores reservas fueron:

Tabla 12-6. Principales productores de petróleo de Africa		
País	Producción, 1994 MBD	Reservas, 1995 MM Brls.
Nigeria	1.883	17.900
Libia	1.380	22.800
Egipto	894	3.260
Argelia	750	9.200
Angola	549	5.412
Gabón	329	1.340
Otros (10 países)	437	2.265
Total	6.222	62.177

Fuente: Oil and Gas Journal, December 25, 1995.

El Lejano Oriente

Poco después de iniciada la industria petrolera (1859), las exportaciones de querosén de las incipientes refinerías estadounidenses hacia el Asia se hicieron famosas. Para 1907, la Standard Oil (John D. Rockefeller) y la Royal Dutch/Shell (Henri Deterding) pujaban por la supremacía de sus respectivas empresas en el mercado asiático, especialmente el inmenso mercado chino. La lámpara de querosén Mei Foo (Buena Suerte) de la Standard se veía en cada villorio, pueblo y ciudad.

Las actividades de producción petrolera en el Lejano Oriente comenzaron por el Japón en 1875, pero hasta hoy no han alcanzado a mayor monta, escasamente produce apenas 15.000 b/d y ha sido siempre un gran importador de crudos y productos. En 1995, las importaciones japonesas variaron de 4,3 a 5,0 millones de barriles diarios y la capacidad de refinación del país es de 4,8 millones de barriles diarios de crudo más 7,2 millones de barriles diarios de procesos complementarios.

No obstante la marcada falta de recursos petrolíferos autóctonos, los recursos humanos del Japón han desarrollado una ciencia y tecnología petroleras de primera. La capacidad metalmecánica del país hace posible que produzca equipos, herramientas y materiales para la perforación, la refinación y la petroquímica que compiten con los mejores del mundo. Y en la fabricación de tanqueros sus astilleros son los más adelantados del negocio.

Las exploraciones petroleras en el área asiática y del Pacífico, hasta ahora no han rendido logros de mayor significación, excepto Indonesia y China, para satisfacer las necesidades energéticas de la totalidad de la región más poblada del mundo. Sin embargo, la gente del petróleo no se desanima y persiste en explorar en tierra y/o costafuera en los diferentes países de la región.

Fig. 12-22. Henri Deterding.

Las cifras de la Tabla 12-7 dan idea de la situación de producción y reservas para 1983 y 1994; 1984 y 1995, respectivamente. En paréntesis se anota la fecha de inicio de producción de los más importantes países productores.

La falta de recursos petrolíferos autóctonos se hace más patente cuando se toma en cuenta que la capacidad de refinación de crudos de la región es de 12,9 millones de barriles diarios. Todo esto indica que allá existen grandes retos por cumplir en materia de energía autóctona y, sin duda, el petróleo todavía puede dar grandes sorpresas en las vastas áreas te-

Tabla 12-7. Principales productores de petróleo de Asia

País/Inicio	Producción MBD		Reservas MM Brls.	
	1983	1994	1984	1995
Indonesia (1893)	1.292	1.319	9.100	5.779
Malasia (1911)	370	640	3.000	4.300
Brunei (1928)	155	162	1.390	1.350
India (1935)	390	622	3.485	5.776
Australia (1935)	405	535	1.586	1.615
China (1939)	2.109	2.961	19.100	24.000
Otros (11 países)	93	452	408	1.633
Total	4.812	6.691	38.069	44.453

Fuente: Oil and Gas Journal, December 26, 1983; December 25, 1995.

rrestres y marítimas que esperan la acción de los petroleros, especialmente en China. Hay que recordar que por allá puede surgir cuando menos se espere un mar del Norte o un México reactivado.

El Medio Oriente

En ninguna otra región petrolera del mundo se han entrelazado tantos factores históricos, geopolíticos, políticos, culturales y económicos como en ésta. La inmensa riqueza petrolera del Medio Oriente, igualada quizás únicamente por el potencial de la prospección rusa todavía en sus inicios, comenzó a asombrar a los petroleros después de la Segunda Guerra Mundial, con los descubrimientos de inmensos yacimientos en Arabia Saudita, Kuwait y Qatar.

En ninguna otra región petrolera ha habido tanta pugna entre las más grandes, medianas y pequeñas empresas petroleras del mundo como allí. Y a lo largo de los años, la pugna fue contorneada por promotores a título personal y petroleros independientes, como William Knox D'Arcy, Calouste Gulbenkian, Frank Holmes, Paul Getty, Armand Hammer, Ralph K. Davies y otros. También por el interés y respaldo diplomático de los gobiernos de Estados Unidos, Reino Unido, Holanda, Francia, Italia y Alemania hacia sus empresas petroleras

y, finalmente, por el interés y necesidades de las propias naciones de la región.

La producción petrolera del Medio Oriente comenzó en firme en Irán (1913) con unos 5.000 b/d y poco a poco se fue incrementando sostenidamente año a año hasta 660.000 b/d en 1950. Durante ese período, la producción acumulada llegó a 2.400 millones de barriles y no siguió aumentando como se presumía por la nacionalización de la industria por parte del gobierno de Irán y la drástica reducción en producción durante los años 1951-1954 que prácticamente hizo desaparecer el crudo iraní de los mercados mundiales. De 1955 en adelante, comenzó a fluir otra vez la producción y la nacionalización fue un acto irreversible. No obstante los acontecimientos sucedidos en los años siguientes, Irán ha continuado produciendo unas veces más y otras veces menos. En 1983 produjo 2,6 millones de b/d avalados por reservas probadas de 51.000 millones de barriles, y en 1990 registró 3,25 millones de b/d y reservas de 92.850 millones de barriles.

Atraídas por los hallazgos en Irán, las empresas petroleras del mundo acudieron a la cita y en conjunto los resultados fueron los más espectaculares jamás logrados en región petrolera alguna, hasta ahora. El año de comienzo de la producción para cada país y las cifras de la Tabla 12-8 son reveladoras.

Tabla 12-8. Principales productores de petróleo del Medio Oriente

País/Inicio	Producción MBD		Reservas MM Brls.	
	1983	1994	1984	1995
Irán (1913)	2.606	3.585	51.000	89.250
Irak (1927)	905	550	43.000	100.000
Bahrein (1933)	41	105	185	210
Arabia Saudita (1936)	4.872	7.811	166.000	258.703
Kuwait (1946)	912	1.811	63.900	94.000
Qatar (1949)	270	407	3.330	3.700
Zona Dividida (1953)	398	378	5.695	5.000
E.A.U. (1958)	1.497	2.223	35.130	98.100
Siria (1962)	165	574	1.490	2.500
Otros países	-	1.145	-	8.832
Total (1)	11.666	18.589	369.730	660.295
Mundo (2)	53.259	60.521	669.303	999.761
% (1)/(2)	21,9	30,7	55,2	66,0

Fuente: Oil and Gas Journal, December 26, 1983; December 25, 1995.

La invasión de Kuwait por Irak, el 2 de julio de 1990, fue un desastre para las instalaciones petroleras del país invadido. Tal acción generó la Guerra del Golfo para echar a Irak de Kuwait.

Eminentes geólogos estadounidenses que tempranamente después de la Segunda Guerra Mundial evaluaron las perspectivas petrolíferas de la región, vocearon la inmensidad de las reservas que podrían encontrarse allí. Wallace Pratt estimó en 1956 (OGJ-13-2-1956) que las reservas mundiales de petróleo acusaban 306.000 millones de barriles y de éstas le asignó 230.000 millones al Medio Oriente. La sorpresa de la estimación fue que, en comparación con cifras anteriores, Pratt asignó de un golpe de ojo 100.000 millones de barriles más al Medio Oriente. Y cuando le indagaron sobre ese aumento manifestó que podría ser muchísimo más. El tiempo le dio la razón. Y antes (1943-1944), durante los últimos años de la Segunda Guerra Mundial, Everette Lee De Golyer declaró que el centro de gravedad petrolero se desplazaría del golfo de México y el Caribe hacia el Medio Oriente y el golfo Pérsico para mantenerse allí firmemente. El tiempo ha confirmado su apreciación.

III. Venezuela y su Petróleo

Después de las experiencias petroleras iniciales de los hombres de la Petrolia (1878) no surgió de inmediato en Venezuela mayor interés por parte de venezolanos ni de extranjeros para acometer operaciones en gran escala. Y no fue por falta de evidencias sobre las posibilidades de una prospección extensa y a fondo, pues desde los tiempos de la Colonia se acumularon reseñas y se recogieron muestras de asfalto en varios sitios. Y, también, a partir de la Independencia, los gobiernos empezaron a preocuparse por la legislación minera. Algunos venezolanos solicitaron y recibieron concesiones y algunos venezolanos y extranjeros escribieron sobre emanaciones petrolíferas (menes) detectadas en diferentes regiones del país. Algunos hicieron apuntes sobre aspectos geológicos del suelo venezolano y divulgaron y publicaron sus impresiones aquí, en Estados Unidos y en Europa, pero nada sucedió hasta que llegaron (1890) los asfalteros.

Los asfalteros

Sin duda, el asfaltado de calles en las ciudades importantes de Estados Unidos y Europa a fines del siglo XIX y a comienzos del siglo XX con asfalto de Trinidad, hizo que las empresas de asfalto mirasen hacia Venezuela en busca de nuevos depósitos para ampliar sus fuentes de suministros.

La New York and Bermúdez Co. (1886), la Graham Company of Trinidad (1890) y la Val de Travers Asphalt Paving Co. (1900) se ubicaron, la primera, en el área de Guanoco, estado Sucre, y las dos últimas en Capure y Pedernales, Delta Amacuro, para extraer asfalto. Y en la región de Inciarte, en el Zulia, se ubicó (1900) la Uvalde Asphalt Paving Co.

Las operaciones de estas empresas de asfalto fueron modestas y de poca duración, pero lo suficientemente importantes para atraer la atención de los petroleros hacia Venezuela. Además, despertaron la atención y el interés de muchos venezolanos y extranjeros que por cuenta propia gestionaron concesiones (1886-1914) y, al correr de los años, algunos de estos concesionarios y sus concesiones adquirieron importancia al venir a Venezuela las grandes empresas petroleras transnacionales de la época.

Fig. 12-23. Exploradores visitantes en el área de Guanoco, estado Sucre, 1913.

La General Asphalt, casa matriz de la New York and Bermúdez Co., que operaba en Guanoco, se interesó en las posibilidades petrolíferas del país y para tener conocimientos de las perspectivas geológicas de todo el terri-

Fig. 12-24. Las cabrias que antaño eran símbolos de la riqueza petrolífera del lago de Maracaibo ya no forman parte del pozo. Ahora en las localizaciones lacustres se utiliza equipo móvil flotante muy moderno. A la derecha, trabajadores en faenas de rehabilitación de un pozo.

Fig. 12-25. Enrique J. Aguerrevere.

torio contrató los servicios del geólogo Ralph Arnold, graduado en 1889 en la Universidad de Stanford y uno de los primeros en orientar su profesión y actividades hacia la industria del petróleo en California. Además, Arnold fue pionero en los fundamentos, progresos y aceptación de la carrera de ingeniería de petróleos en los comienzos de este siglo.

Para realizar su tarea, el doctor Arnold contó con la colaboración de un grupo de geólogos e ingenieros: George A. Macready, Thomas W. Barrington, Walter R. Nobs, Charles Eckes y otros venidos de los Estados Unidos. El grupo de venezolanos que acompañó al doctor Arnold en esta expedición geológica

Fig. 12-26. Manera de transitar las tierras bajas de Guanoco, estado Sucre, 1913.

estuvo integrado por los ingenieros Santiago Aguerrevere, Enrique J. Aguerrevere, Pedro I. Aguerrevere, Martín Tovar Lange, P.T. Torres y L.J. Pacheco.

Estos fueron los hombres que durante los años 1911-1916 recorrieron el país para cerciorarse de sus posibilidades geológicas y petrolíferas, que de inmediato (1914) resultaron en el inicio y posterior desarrollo de la industria petrolera en Venezuela.

Llegan las petroleras

De las investigaciones realizadas por Ralph Arnold, la General Asphalt recibió informaciones preliminares que la mantuvieron al día sobre los prospectos geológicos del país y sin perder tiempo incorporó en el estado de Nueva Jersey su filial Caribbean Petroleum (1911). General Asphalt ofreció al Grupo Royal Dutch/Shell una participación mayoritaria (1913) en la Caribbean, que de inmediato adquirió concesiones en Venezuela, originalmente otorgadas a Rafael Max Valladares.

La Caribbean, fundamentada en sus propias evaluaciones geológicas y en las recomendaciones del grupo Arnold, comenzó a perforar en Mene Grande, estado Zulia, y, el 15 de abril de 1914, el pozo Zumaque-1, a la profundidad de 443 pies (135 metros) produjo 200 b/d de petróleo para convertirse en el pozo descubridor de uno de los campos más prolíferos del país, al constatar su extensión los pozos que le siguieron en el corto tiempo de dieciocho meses. De allá acá (1994), el campo de Mene Grande ha producido unos 641 millones de barriles de petróleo y todavía contribuye a la producción nacional con unos 1.630 b/d, en buenas condiciones restablecidas de productividad.

En ese pozo, iniciador de la industria petrolera en gran escala en Venezuela, estuvieron en la cuadrilla de perforación los venezolanos Julio Ballesteros, Alcibiades Colina, Eusebio Sandrea y Samuel Smith, todos ya falleci-

142

Fig. 12-27. Ralph Arnold.

Fig. 12-28. Samuel Smith.

dos. Smith era natural de Curazao, se casó y enviudó en Venezuela, se volvió a casar aquí y en sus dos matrimonios tuvo nueve hijos. Vivió sus últimos catorce años en Boconó, donde murió el 3 de enero de 1983 a la edad de 87 años.

La noticia del éxito en Mene Grande cundió rápidamente. Los grandes grupos, consorcios y empresas petroleras transnacionales se aprestaron para acudir a la cita y competir con la gente de la Royal Dutch/Shell. El petró-

Fig. 12-29. El pozo Zumaque-1, campo Mene Grande, estado Zulia, iniciador de la industria en Venezuela en 1914.

leo se perfilaba como fuente energética de grandes posibilidades y, más, su constitución molecular permitiría manufacturar muchos otros productos. Todo era cuestión de tiempo. Pero quien tuviera bajo su control el grueso de las reservas petrolíferas del mundo dominaría el negocio. Las naciones más adelantadas de la época así lo vieron y, de ellas, Inglaterra y Estados Unidos se lanzaron a la competencia sin tregua. La primera, representada principalmente por la Royal Dutch/Shell, capitaneada por Henri Deterding, y por otras empresas británicas, y la segunda por la Standard Oil (New Jersey) con Walter Teagle a la cabeza como el ungido por John Davison Rockefeller para llevar adelante el resurgimiento y supremacía de la Standard luego de la disolución (15 de mayo de 1911) ordenada por la Suprema Corte de los Estados Unidos. Empresas estadounidenses, creadas por empresarios y petroleros diferentes al grupo Rockefeller, como Gulf, Texaco, Union y otras, también empezaron a desplegar su bandera a escala internacional.

La Primera Guerra Mundial (1914-1918) disminuyó, como es natural, el ímpetu de las operaciones petroleras excepto en Estados Unidos y México, y Venezuela no comenzó a mover su producción y exportación hasta 1916. Las petroleras europeas, especialmente la Royal

Dutch/Shell, a través de sus filiales, habían tomado la delantera a las empresas estadounidenses en Venezuela. Deterding le había ganado los primeros asaltos de la competencia a Teagle. Pero al final, Standard Oil (New Jersey), por sus operaciones aquí, allá y más allá, se convertiría en la primera del mundo.

Durante la segunda década del siglo XX, los venezolanos que habían acusado y recibido concesiones (Rafael M. Valladares, Antonio Aranguren, Andrés José Vigas, Francisco Jiménez Arráiz, Bernabé Planas, entre los más nombrados) comenzaron a traspasarlas, principalmente a empresas europeas y, entre ellas, a filiales de la Royal Dutch/Shell.

Terminada la Primera Guerra Mundial y al retomar el mundo el camino de la reconstrucción, las actividades petroleras resurgieron con renovados esfuerzos y vinieron a Venezuela empresas de todas partes, especialmente de los Estados Unidos. En 1930, Venezuela produjo 370.538 b/d y la producción acumulada 1917-1930 acusó 511,6 millones de barriles. La industria estaba en sus comienzos y la atención petrolera mundial se concentraba en Venezuela, en tal grado que para 1930 las siguientes 106 empresas estaban registradas en el país:

Maracaibo Fuel Company*
The Colon Development Company Limited*
The Venezuela Oil Concessions Limited*
The Caribbean Petroleum Company*
British Controlled Oilfields Limited*
Minerales Petrolíferos Río Paují*
The Bermúdez Company*
The New York and Bermúdez Company *
The Venezuelan Oilfields Limited
The Araguao Exploration Company Limited
The Tucupita Oilfields Limited
The Pedernales Oilfields Limited
The Antonio Díaz Oilfields Limited
New England Oil Corporation Limited
The Venezuela Oil Corporation

Compañía Venezolana de Petróleo**
Venezuela Gulf Oil Company*
Orinoco Oil Company
Omnium Oil Development Company Limited
Lago Petroleum Corporation*
Mara Exploration Company
Perijá Exploration Company
Páez Exploration Company
Miranda Exploration Company
Urdaneta Exploration Company
Escalante Oilfields Limited
Zulia Oilfields Limited
West India Oil Company
Lorán Exploration Company
Bolívar Exploration Company
Mérida Oilfields Limited
Standard Oil Company of Venezuela*
San Cristóbal Oilfields Limited
Venezuelan Sun Limited
Sucre Exploration Company
Trujillo Oilfields Limited
Táchira Oilfields Limited
Bolívar Oilfields Limited
Compañía Marítima Paraguaná
Maxudian Petroleum Corporation
American British Oil Company
Condor Oil Company of Venezuela
Andes Petroleum Corporation
Gulf of Maracaibo Corporation*
Central Venezuela Oil Corporation
Cojedes Oilfields Corporation
Margarita Oilfields Corporation
Richmond Petroleum Company of Venezuela
Misoa Petroleum Company
California Petroleum Exploration Company
Venezuelan American Corporation
United Venezuelan Oilfields Limited
Oscar R. Howard Company
Maritime Oil Corporation
South American Oil and Development Corporation
Venezuelan Pantepec Company*
American Venezuelan Oilfields Limited
Monagas Oilfields Corporation

Vimax Oil Company
Caribbean Oilfields of Venezuela Inc.
Dakota Oil & Transport Company
Mérida Oil Corporation
Algeo Oil Concessions Corporation
National Venezuela Oil Corporation
Paraguaná Petroleum Corporation
Río Palmar Land & Timber Corporation
Venezuela International Corporation*
Govea & Compañía
Venezuelan Eastern Oilfields Limited
Cordillera Petroleum Corporation
Compañía Petróleos de Paraguaná
Tocuyo Oilfields of Venezuela Limited
United Venezuela Oil Corporation
Venezuela Speculation Inc.
Caracas Petroleum Corporation*
Venezuela Royalties Corporation
Societé Francais de Recherches au Venezuela
Belgian French Venezuela Oil Corporation
Belgo Venezuelan Oil Corporation
Wampum Oil Corporation
Compañía Venezolana de Fomento
Marine Petroleum Company
Venezuelan Petroleum Company
Apure Venezuela Petroleum Corporation
Venokla Oil Company
West Venezuela Oil Corporation
Zamora Venezuela Petroleum Corporation
Sobrantes Oil Corporation
New England Venezuela Company
Venezuelan Seaboard Oil Company
Creole Petroleum Corporation*
Esperanza Petroleum Corporation
Mene Grande Syndicate*
Venezuelan Western Petroleum Corporation
Caracas Syndicate Inc.*
Eastern Zamora Oilfields Inc.
Venezolana Oil Syndicate Inc.
Union National Petroleum Company
The Astra Company
Martín Engineering Company
Central Area Exploitation Company Limited

Mara Oilfields Corporation*
Falcón Oil Corporation
Río Palmar Oilfields Corporation
Venezuelan Oilfields Company Limited
California Petroleum Corporation of Venezuela

Muchas de estas empresas no lograron sus deseados objetivos. Traspasaron sus concesiones a otras y se retiraron.

* Muchas, por sí o en asociación o amalgamadas con otras lograron permanecer en el país hasta la nacionalización y fueron responsables por el desarrollo petrolero venezolano.

** Empresa venezolana tenedora de concesiones. Sus accionistas eran amigos protegidos del general Juan Vicente Gómez. Muchas de estas concesiones fueron traspasadas a empresas extranjeras.

El geólogo Ralph A. Liddle, acompañado de D.P. Oleott, de la Universidad de Chicago, estudió la geología de Venezuela durante los años 1920 a 1925 y en 1928 publicó su texto: The Geology of Venezuela and Trinidad. Sin duda, las publicaciones en los órganos de las asociaciones profesionales y las revistas comerciales especializadas (principalmente de los Estados Unidos) sobre las actividades petroleras en Venezuela desde el descubrimiento del campo de Mene Grande, y luego la obra de Liddle, constituyeron fuentes de información que indujeron a muchas petroleras a probar suerte en Venezuela en los años siguientes, una vez terminada la Segunda Guerra Mundial (1939-1945).

Después de la Segunda Guerra Mundial, la competencia británica/holandesa/estadounidense por el control de reservas y actividades petroleras mundiales se acentúa. Más que en la Primera, la Segunda Guerra Mundial confirmó el poder estratégico y el valor del petróleo. Pero ya no son únicamente las empresas gigantes y bien conocidas (Standard Oil of New Jersey, Royal Dutch/Shell, Texaco, British Petroleum, Mobil, Standard Oil of California y Gulf) las que se lanzan a la búsqueda de petróleo por todas partes, sino un gran número de empresas independientes por sí y en asociación (estadounidenses, francesas, alemanas, italianas, británicas, españolas, brasileras y belgas). A Venezuela concurrieron, mayoritariamente, las estadounidenses Phillips Petroleum, Sun, San Jacinto, Superior, Pancostal, Signal, Occidental y otras. Varias de estas empresas contribuyeron con magníficos descubrimientos que aumentaron el potencial, la producción y las reservas del país. Para el último año (1975) de la vigencia de las concesiones, el país produjo 2.346.202 b/d; la producción acumulada registró 31.947 millones de barriles, y las reservas remanentes registraron 18.390 millones de barriles. Total descubierto, producido y por producir: 50.337 millones de barriles hasta ese año. Hasta ahora la más alta producción diaria lograda en el país fue de 3.708.000 barriles en 1970.

Experiencias y resultados

Todos los que vinieron de otras tierras a servir en una u otra forma en la industria petrolera, contribuyeron con sus conocimientos y trabajo al desarrollo de una industria venezolana. En geología, la labor fue excelente. En ingeniería de petróleos, sobresaliente. En construcción de instalaciones, incomparable. En

Fig. 12-30. Personal del grupo de Ralph Arnold, en los comienzos de la exploración geológica en Venezuela, 1911-1916.

Fig. 12-31. Los que vinieron de otras tierras aportaron su cuota y dejaron una escuela: el trabajo eficiente del petrolero.

administración y dirección, eficientes. La industria formó venezolanos(as) que en el momento de la nacionalización tomaron las riendas de la industria y han sabido mantener la continuidad y la eficiencia de las operaciones.

Los que vinieron trajeron una misión que cumplir: **buscar, ubicar, cuantificar, producir y manejar el petróleo**. Contaron con su experiencia, con su preparación y con sus recursos: humanos, financieros, tecnológicos y materiales. Muchos vinieron ya formados académicamente y/o con mucha experiencia práctica. Conocían su trabajo, unos a fondo y otros medianamente. Muchos se formaron aquí e hicieron una gran escuela, y la formación fue buena porque de aquí salieron a cumplir más altos destinos. Muchos se enraizaron aquí y sienten al país entrañablemente. Muchos se preocuparon por la suerte del país y por su gente y enseñaron y formaron a muchos venezolanos en diferentes actividades de la industria, sin egoísmos ni recelos. Y fueron grandes relacionistas, sinceros y muy humanos. Cada quien aportó su cuota y nos dejó, al fin de cuentas, una escuela: la escuela del trabajo eficiente del petrolero.

Ahora, los de aquí, tenemos la misma misión que cumplir: buscar, cuantificar, producir y manejar el petróleo, para lo cual hay que utilizar las cosas positivas de la escuela que here-

146

damos, elevando su categoría y reputación. Después de todo, la escuela más avanzada para aprender sobre petróleo es la industria misma.

Disposiciones gubernamentales

Al comienzo, los pensamientos y conceptos que se tenían sobre el petróleo y la organización y el manejo de la industria fueron muy intrincados. En los mismos Estados Unidos transcurrió un largo tiempo para desarrollar y asimilar su organización, estructura, modus operandi y recursos necesarios, como también para establecer buenas relaciones con los gobiernos estatales y el federal. Por tanto, al poco tiempo de fundada la industria, y al salir el petrolero estadounidense y el europeo a buscar petróleo en otros sitios, cargó consigo su reciedumbre de emprendedor todopoderoso, y frente a frente con la realidad cultural y las diferencias encontradas en otros países vivió sus ratos de exasperación y causó enojos, pero poco a poco se fue amoldando a las circunstancias.

Los países anfitriones no conocían las operaciones petroleras y estaban en desventaja para apreciar el alcance y el significado empresarial y comercial de la industria que se perfilaba internacionalmente. En Venezuela se aprendió mucho, y las acciones gubernamentales, al correr de los años, fueron consolidando las bases, los conocimientos y medios que en 1976 permitieron que la Nación decidiese tomar para sí el manejo y control de la industria, sin traumas ni tropiezos que hubieran podido afectar su continuidad y eficiencia.

La siguiente síntesis de importantes disposiciones de los gobiernos venezolanos muestra cómo, poco a poco, se fue estructurando el control de las operaciones petroleras por parte de la Nación:

• Hasta 1930 ninguna de las leyes sobre materia petrolera contemplaba los aspectos generales de vigilancia, control y fiscalización de las operaciones, pero el 8 de agosto de 1930 (Gaceta Extraordinaria) se publicó el Reglamento de la Ley sobre Hidrocarburos y demás Minerales Combustibles.

• Enseguida, siguiendo las pautas del Reglamento de 1930, el Ministerio de Fomento creó la Oficina Técnica de Hidrocarburos, para vigilar, controlar y fiscalizar directamente los aspectos operacionales de la industria: concesiones, exploración, perforación, desarrollo de los yacimientos, manejo de la producción, exportaciones de crudos y productos, etc.

• Luego fueron designados los primeros funcionarios que iniciaron el Servicio:

Inspector técnico de Hidrocarburos en Caracas: Doctor Guillermo Zuloaga (después de su actuación en Maracaibo fue el primero en ser nombrado inspector general).

Jurisdicción Maracaibo:
Inspector técnico: doctor Guillermo Zuloaga
Inspectores de campo:
Cabimas: C.A. Velutini
Lagunillas: doctor Carlos Pérez de la Cova
Mene Grande: doctor Gustavo Gabaldón
Concepción/La Paz: Alberto Salas
El Cubo: José R. Velasco

Fig. 12-32. Guillermo Zuloaga († 03-02-1984, Caracas).

147

Fig. 12-33. En 1929, en Guayana, realizando estudios geológicos. Además del cocinero, el chofer y el ayudante de campamento, aparecen el doctor Carlos Pérez de la Cova († 12-12-1996, Washington D.C.), el estudiante Guillermo Zuloaga y W.H. Newhouse, profesor del Instituto Tecnológico de Massachusetts.

Jurisdicción Coro:

Inspector técnico: doctor Eneas Iturbe
Inspectores de campo:
Mene Mauroa: doctor José Martorano
Mene de Acosta: doctor Virgilio Penso de León

Jurisdicción Maturín:

Inspector técnico: doctor Pablo H. Carranza (médico e ingeniero)
Inspector de campo: agrim. J.M. Isava Núñez
    • En julio de 1930, el Ministerio de Fomento inició el Programa (que luego fue auspiciado y ampliado por la industria) de Capacita-

ción de Recursos Humanos, a niveles profesionales, requeridos por la industria, y envió a los Estados Unidos un grupo de ingenieros civiles, egresados de la Universidad Central, a estudiar ingeniería de petróleos. A la Universidad de Oklahoma, Norman, Oklahoma, fueron José Antonio Delgado Figueredo, Edmundo Luongo y Abel Monsalve. A la Universidad de Tulsa, Tulsa, Oklahoma, Jorge Hernández Guzmán, Manuel Guadalajara y Siro Vásquez. Todos regresaron en 1933 y fueron ellos los primeros ingenieros de petróleos del país.

    Las cuatro acciones anteriores fueron fundamentales y marcaron el inicio de una estructura y organización técnica petrolera general que, con el tiempo, se desarrolló y cumplió una labor gubernamental seria y eficaz, admirada y respetada por las empresas petroleras y tomada como ejemplo por varios países exportadores de petróleo para establecer o mejorar sus servicios de control y fiscalización. El gran iniciador y promotor de estos adelantos fue el doctor Gumersindo Torres, quien en las oportunidades en que le tocó actuar como ministro de Fomento (07-09-1917 al 22-06-1922 y 16-09-1929 al 12-07-1931) no desmayó en darle al país sus mejores conocimientos y esfuerzos.

    A medida que creció y se desarrolló la industria petrolera venezolana, y el país fue to-

Fig. 12-34. Siro Vásquez († 17-02-1990, Nueva York).

Fig. 12-35. Gumersindo Torres († 17-06-1947, Caracas).

Fig. 12-36. Explotación petrolera en el lago de Maracaibo, 1949.

mando conciencia de la importancia del petróleo y de la industria, los gobiernos promulgaron acciones enmarcadas dentro de las leyes para salvaguardar los derechos de la Nación, sin menoscabar los derechos de las concesionarias. De tal suerte que hoy la industria petrolera venezolana sigue siendo merecedora de la confianza y del respeto de la industria petrolera internacional. Ese es un elogio bien ganado y bien cuidado por todos los petroleros venezolanos. Veamos:

1936

• Se estableció en el Ministerio de Fomento el Departamento de Consultoría de Minas y Geología; su primer director fue el doctor Santiago Aguerrevere.

• Se promulgó la Ley del Trabajo.

• Se promulgó la Ley sobre Contaminación de las Aguas por Derrames de Petróleo.

1939

• Se creó el Banco Central.

1942

• Se promulgó la Ley del Impuesto sobre la Renta.

1943

• Se promulgó la Ley de Hidrocarburos. Con esta Ley se dio un paso trascendental que per-

mitió convertir, consolidar y manejar mediante este instrumento legal único todas las concesiones otorgadas anteriormente bajo el amparo de leyes de minas y/o hidrocarburos promulgadas en diferentes años. Además, la Ley abarca todos los aspectos de las operaciones petroleras, como nunca se había hecho.

• Se aprobó el Reglamento Orgánico de la Oficina Técnica de Hidrocarburos.

1945

• El Congreso aprobó la nueva Ley del Impuesto sobre la Renta, por la cual se estipuló la participación nación/industria petrolera en 50/50 % en las ganancias de la industria.

1950

• Se creó el Ministerio de Minas e Hidrocarburos, Gaceta Oficial Nº 23.418, y todo lo que sobre la materia manejó hasta entonces el Ministerio de Fomento pasó a este nuevo despacho del Ejecutivo Nacional. El primer ministro de Minas e Hidrocarburos fue el doctor Santiago Vera Izquierdo.

1951

• El Ministerio de Minas e Hidrocarburos aplicó nuevas fórmulas para determinar el valor de los crudos venezolanos a los fines de pagos de regalía.

Fig. 12-37. Santiago Vera Izquierdo.

1952

• Se estableció la Comisión Interministerial (Ministerio de Hacienda/Ministerio de Minas e Hidrocarburos) para aplicación de la Ley de Impuesto sobre la Renta.

1953

• Se creó el Instituto Venezolano de Petroquímica adscrito al Ministerio de Minas e Hidrocarburos.

• Venezuela fue aceptada como miembro asociado del Interstate Oil Compact Commission, Oklahoma City, Oklahoma. Organización voluntaria formada por los Estados de la Unión, productores de gas y/o petróleo, dedicados a la conservación de hidrocarburos. Dicha asociación está autorizada por el Artículo Primero, Sección 10, de la Constitución de los Estados Unidos de Norteamérica y ratificada por decreto del Congreso.

• Se establecieron regulaciones para el precio y el transporte del gas.

1955

• Se enmendó la Ley del Impuesto sobre la Renta.

1956

• Se decretaron las regulaciones sobre tarifas para la navegación por el canal y aguas del lago de Maracaibo.

1957

• El Ministerio de Minas e Hidrocarburos asignó al Instituto Venezolano de Petroquímica una red de transmisión de gas.

1958

• Se enmendó la Ley del Impuesto sobre la Renta.

• Los ministerios de Hacienda y Minas e Hidrocarburos estudiaron aspectos concernientes a la industria petrolera en relación a la refinación y transporte de hidrocarburos.

Fig. 12-38. Juan Pablo Pérez Alfonzo († 03-09-1979, Georgetown, Estados Unidos).

• Se introdujeron cambios en la Ley del Impuesto sobre la Renta.

1959

• El ministro de Minas e Hidrocarburos, doctor Juan Pablo Pérez Alfonzo, expuso ante la Cámara de Diputados los alcances de la nueva política petrolera nacional.

• El Ministerio de Minas e Hidrocarburos designó una comisión para planificar la formación de técnicos petroleros.

• Por ley se estableció el Instituto Nacional de Cooperación Educativa (INCE).

• Se establece el Consejo Nacional de Energía.

• El Ministerio de Minas e Hidrocarburos, por oficio circular 3.825 del 3-12-1959, hizo compulsiva la unificación de yacimientos petrolíferos producidos por más de un concesionario.

1960

• Por decreto N° 260 del 19 de abril, aparecido en la Gaceta Oficial N° 26.234, del 22 de abril, se creó la Corporación Venezolana del Petróleo (CVP). Su primer director general fue el ingeniero de petróleos doctor Carlos Rojas Dávila.

• En Bagdad se estableció la Organización de Países Exportadores de Petróleo (OPEP) y los miembros fundadores fueron Irak, Irán, Kuwait, Arabia Saudita y Venezuela.

1961

• Se enmendó la Ley del Impuesto sobre la Renta.

• La red de gasductos y sus dependencias afines fueron transferidas del Instituto Venezolano de Petroquímica a la CVP.

• Se enmendó la Ley del Impuesto sobre la Renta.

• Se asignó a la CVP la red nacional de gasductos.

• Se aprobó la ley que corrobora la ley aprobada en Ginebra, en 1950, sobre la Plataforma Marina Continental.

1964

• El Ministerio de Minas e Hidrocarburos anunció que las empresas concesionarias de hidrocarburos no serán autorizadas para abrir nuevas estaciones de servicio.

• La refinería de Morón (IVP) fue traspasada a la CVP.

• Por decreto N° 187 del 3-11-1964, emanado de la Presidencia de la República, se inició una nueva regulación sobre la distribución de productos del petróleo en el mercado nacional. A la CVP le correspondió un tercio del mercado nacional para 1968.

1965

• Se establecieron en Lima los fundamentos para la creación de la organización ARPEL (Asociación de Asistencia Recíproca Petrolera Estatal Latinoamericana); la CVP es miembro fundador.

• Por oficio 3.299 del 30 de diciembre, el Ministerio de Minas e Hidrocarburos notificó a las empresas concesionarias que a partir del 1° de enero de 1966 no se darán descuentos en exceso de 10 % por debajo del precio de lista del combustóleo residual para la exportación.

1966

• El Ministerio de Minas e Hidrocarburos notificó a las empresas concesionarias que, efecti-

vo el 1° de abril, el descuento máximo permisible según el precio de lista para el combustóleo (fuel oil) será 15 %.

• El Ministerio de Minas e Hidrocarburos resolvió y notificó a las empresas concesionarias ceder a la CVP, antes de fin de año, un número suficiente de expendios que represente como mínimo 10 % de las ventas de gasolina de 1964 en el mercado nacional.

• La Oficina Técnica de Hidrocarburos (MMH) aprobó definiciones y regulaciones para el estimado de las reservas petrolíferas.

• Se aprobaron enmiendas a la Ley del Impuesto sobre la Renta.

1967

• El Congreso Nacional aprobó enmienda a la Ley de Hidrocarburos de 1943. Los contratos de servicio pueden ser negociados por el MMH o la CVP, siempre y cuando los términos de negociación resulten más beneficiosos para la Nación que los que cubren a las concesiones existentes.

• La Corte Suprema de Justicia de Venezuela evacuó su decisión en apoyo a la versión del Ministerio de Minas e Hidrocarburos de que las empresas concesionarias están obligadas a presentar toda la información que el Ministerio considere necesaria para asegurar el cabal conocimiento de las operaciones petroleras en el país.

1968

• El Ministerio de Minas e Hidrocarburos creó por resolución N° 1.276 del 9 de octubre, la Comisión Técnica de Estadística Petrolera.

1971

• Resolución de los ministerios de Hacienda y de Minas e Hidrocarburos (8 de marzo) estableció los valores mínimos F.O.B. Puerto Venezolano de Embarque, para los tipos de hidrocarburos y sus derivados exportados hasta el 31 de diciembre de 1971.

- Ley sobre Bienes Afectos a Reversión en las Concesiones de Hidrocarburos, 30 de julio de 1971.
- Ley que Reserva al Estado la Industria del Gas Natural, 26 de agosto de 1971.
- Decreto N° 832, del 17 de diciembre, por el cual se dispuso que los concesionarios de hidrocarburos estaban obligados a mantener en explotación sus concesiones conforme a las disposiciones sobre conservación que señale el Ministerio de Minas e Hidrocarburos.

1972

- La Ley del 10 de agosto de 1972 creó la Dirección de Bienes Afectos a Reversión en el Ministerio de Minas e Hidrocarburos.

1973

- Resolución del Ministerio de Minas e Hidrocarburos dictó las normas del Registro de Estaciones de Servicio y demás Establecimientos de Expendio de Productos Derivados para la fecha de promulgación de la Ley que Reserva al Estado la Explotación del Mercado Interno de los Productos Derivados de Hidrocarburos.
- Ley (del 21 de junio de 1973) que Reserva al Estado la Explotación del Mercado Interno de los Productos Derivados de Hidrocarburos.
- El Ministerio de Minas e Hidrocarburos avisó oficialmente sobre las "Normas que Regulan el Registro de Exportadores de Hidrocarburos y sus Derivados".

1974

- Por resolución N° 147, del 28 de enero, el Ministerio de Minas e Hidrocarburos dispuso que cada concesionario y la CVP comiencen la formación de sendos "Bancos de Datos de Pozos", según detalles.
- Por decreto del 10 de marzo se creó una Comisión General, integrada por entes gubernamentales y por entes representativos de la vida nacional, para estudiar la reversión de las concesiones petroleras.

1975

- Por resolución N° 1.217 del 9 de mayo, el MMH creó, en la Dirección General, la Oficina de Asuntos Internacionales.
- Se produjo el Reglamento N° 1 de la La Ley Orgánica que Reserva al Estado la Industria y el Comercio de los Hidrocarburos.
- Por decreto N° 1.123 del 30 de agosto de 1975 se creó la empresa estatal Petróleos de Venezuela S.A.
- Por decreto N° 1.124 del 30 de agosto de 1975 se designó (Gaceta N° 1.770 extraordinaria) el primer directorio de Petróleos de Venezuela S.A. integrado así:

Presidente: general (r) Rafael Alfonzo Ravard.
Vicepresidente: doctor Julio César Arreaza
Directores: doctores José Domingo Casanova, Edgard Leal, Julio Sosa Rodríguez, Carlos Guillermo Rangel, Alirio Parra, Benito Raúl Losada y señor Manuel Peñalver.
Suplentes: doctores José Martorano, Luis Plaz Bruzual, Gustavo Coronel y señor Raúl Henríquez Estrella.

- El decreto N° 1.129 del 8 de septiembre de 1975 designó los integrantes de la Comisión Supervisora de la Industria y el Comercio de los Hidrocarburos: doctores José Martorano, Luis Plaz Bruzual, Arévalo Guzmán Reyes, Humberto Calderón Berti, Francisco Gutiérrez, Juan Jones Parra, Ricardo Corrie y señores Ismael Ordaz y Antonio Machado.

Fig. 12-39. General (r) Rafael Alfonzo Ravard.

• Acuerdo del 16 de diciembre de 1975, por el cual se aprobaron las actas de avenimiento suscritas por el procurador general de la República en representación de la Nación venezolana y las empresas concesionarias de hidrocarburos.

• Por decreto N° 1.367 del 26 de diciembre, el Ejecutivo Nacional, por órgano del Ministerio de Hacienda, entregó a las concesionarias, el 1° de enero de 1976, un certificado intransferible que acredita su derecho al crédito correspondiente a las indemnizaciones que adeuda la República de Venezuela a las concesionarias de hidrocarburos y empresas participantes.

• El 31 de diciembre de 1975 (a las 24:00 horas) terminó el régimen de concesiones y la actuación de las empresas petroleras extranjeras en el país. Comenzó una nueva etapa. La Nación indemnizó a las concesionarias las siguientes sumas, por sus activos fijos:

Reserva al Estado la Industria y el Comercio de los Hidrocarburos.

• El 26 de enero de 1976, el INCE y las filiales de PDVSA acordaron la creación del Instituto de Adiestramiento Petrolero y Petroquímico (INAPET).

• Por resolución N° 631 del 10 de mayo de 1976, el Ministerio de Minas e Hidrocarburos dictó las normas que regirán las verificaciones y exámenes de la existencia física, inspección del estado de conservación y mantenimiento y recepción de las propiedades, plantas y equipos de la industria petrolera nacionalizada.

• Se completó el estudio para que el resto de las ex concesionarias sean coordinadas por las nuevas empresas Lagoven, Meneven, Maraven, Llanoven y Corpoven, filiales y operadoras de PDVSA. El grupo de operadoras quedó reducido a cinco.

Tabla 12-9. Indemnización a las ex concesionarias

Empresas	Efectivo	Bonos	Total
Concesionarias	479.833.329	3.772.918.658	4.252.801.987
Otras empresas (1)	13.251.794	81.876.571	95.128.365
Total Bs.	493.135.123	3.854.795.229	4.347.930.352

(1) Empresas con contratos de operación mancomunados o de participación.

1976

• Decreto N° 1.375 del 1° de enero de 1976 creó el Centro de Capacitación Petrolera para Adiestramiento de las Fuerzas Armadas Nacionales, Bachaquero, estado Zulia.

• Decreto N° 1.387 del 1° de enero reformó el nombre, objeto y la organización de la Fundación para la Investigación en Hidrocarburos y Petroquímica (INVEPET), y creó el Instituto Tecnológico Venezolano del Petróleo (INTEVEP).

• Gaceta Oficial (número extraordinario 1.790, enero 2, 1976). Resoluciones por las cuales el Ejecutivo Nacional asignó áreas geográficas en las cuales operaban las empresas estatales sustituyentes de las concesionarias de hidrocarburos, y les transfirió los bienes recibidos por la República, conforme a la Ley Orgánica que

• PDVSA estableció filiales en el exterior: Petróleos de Venezuela (UK), en el Reino Unido, en Londres, y Petróleos de Venezuela (USA), en Nueva York.

• Siguiendo la disposición de amalgamar las empresas ex concesionarias, **Lagoven** absorbió a Amoven; **Maraven** a Roqueven; **Corpoven** a Boscanven y **Meneven** a Bariven, Taloven y Vistaven.

1977

• El Gobierno Nacional asignó a PDVSA la responsabilidad de la totalidad de las operaciones en la Faja del Orinoco, que cubre parte de Delta Amacuro, Monagas, Anzoátegui y Guárico.

• Se promulgó el Reglamento Orgánico del Ministerio de Energía y Minas.
• El Ministerio de Minas e Hidrocarburos se convirtió en Ministerio de Energía y Minas.
• La Contraloría General de la República estableció en PDVSA la Oficina de Control Externo.
• PDVSA asignó a Lagoven y a otras filiales estaciones de servicio de la CVP que doce años antes habían sido traspasadas a ésta, según el decreto N° 187.
• Se promulgó la Ley de Conversión del IVP en Sociedad Anónima.
• Prosiguió el programa de racionalización de las empresas operadoras y filiales de PDVSA, Bariven pasa a **Llanoven**.
• Por decreto presidencial N° 2.454, el IVP se convirtió el 1° de diciembre en la sociedad anónima mercantil Petroquímica de Venezuela S.A., Pequiven, filial de Petróleos de Venezuela S.A., PDVSA.

1978

• El capital social suscrito de PDVSA fue aumentado por dos asambleas extraordinarias, primero a Bs. 15.981 millones y luego a Bs. 18.606 millones.
• PDVSA asignó áreas geográficas para operaciones en la Faja del Orinoco a sus filiales Lagoven, Meneven, Maraven, Corpoven y Llanoven.
• Las filiales de PDVSA comenzaron a explorar costafuera en la plataforma continental. Lagoven en las bocas del Orinoco y Maraven en el golfo Triste.

1979

• Siguiendo su programa de racionalización de las operadoras, las 14 ex concesionarias operadoras originales, fueron finalmente integradas en las cuatro filiales operadoras de PDVSA, a saber: Corpoven, Lagoven, Maraven y Meneven.
• El Centro de Investigación y Desarrollo, Intevep S.A. se convirtió en sociedad anónima y pasó íntegramente a ser otra filial de PDVSA.

• Por decreto presidencial N° 250 se modificaron los estatutos de PDVSA. El número de directores se aumentó a nueve y el término de su mandato se redujo a dos años.

1980

• La asamblea de PDVSA aprobó aumentar el capital social de la empresa a Bs. 25.100 millones.
• Por primera vez, directores de una filial de PDVSA pasan a otra, de Maraven a Meneven.
• Las operadoras, filiales de PDVSA, suscribieron convenios revisados de asistencia técnica con Exxon, Gulf y Shell, y contratos, por primera vez, con British Petroleum y la Cie Francaise des Petroles.
• PDVSA convirtió a Bariven en la filial que se encargará del suministro de equipos y materiales que deban ser obtenidos en el exterior.
• PDVSA y la Veba Oel de la República Federal de Alemania acordaron un programa de cooperación técnica y comercial.
* El activo circulante de PDVSA en moneda extranjera era superior a $(USA) 10.000 millones.

1981

• La asamblea de PDVSA aumentó el capital suscrito de la empresa a Bs. 31.150 millones.
• PDVSA modificó los estatutos de Pequiven.

1982

• PDVSA anunció que el petróleo en sitio en la Faja del Orinoco, se estima en 160.000 millones de metros cúbicos (1.006.289 millones de barriles).
• La asamblea de PDVSA aprobó aumentar el capital de la empresa a Bs. 42.500 millones.
• PDVSA redujo en más de $(USA) 400 millones las inversiones programadas para la Faja del Orinoco.
• La producción petrolera de Venezuela se ajustó a la cuota asignada por la OPEP, aproximadamente 1,5 millones de barriles diarios.

• El ministro de Hacienda convino con el Banco Central la centralización de las reservas monetarias internacionales del país, y esto significó una acción que modificó severamente el principio de autosuficiencia financiera de PDVSA y sus filiales.

• PDVSA y el Banco Central acordaron los términos operativos para el uso y transferencia de divisas extranjeras.

• PDVSA, en cuarenta días, entregó al Banco Central $(USA) 1.000 millones.

• El Ejecutivo Nacional decidió disminuir los valores de exportación, para aumentar la liquidez de PDVSA.

• El directorio de PDVSA aprobó la firma del convenio con la Veba Oel, de la República Federal de Alemania.

• Se presentó al Congreso Nacional el proyecto de ley mediante el cual el Ejecutivo Nacional autorizaría la participación de PDVSA en la empresa Latin Oil, que estaría formada por ésta, Pemex y Petrobras.

• Mediante asamblea extraordinaria de PDVSA, el Ejecutivo Nacional determinó que parte de la cuenta que la empresa tenía en bolívares con el Banco Central se destine a la adquisición de la deuda pública y se constituya un fideicomiso de Bs. 7.500 millones.

• Los pagos de PDVSA a empresas extranjeras por asistencia técnica sumaron Bs. 228 millones.

• El patrimonio de PDVSA fue de Bs. 82.762 millones.

1983

• En la asamblea de PDVSA, del 1° de septiembre fue designado presidente de la empresa el ingeniero Humberto Calderón Berti, quien desde marzo de 1979 se desempeñaba como ministro de Energía y Minas. Sustituyó al general (r) Rafael Alfonzo Ravard, quien fue presidente desde el mismo día de la nacionalización de la industria, 1-1-1976.

• Por primera vez, desde su fundación (1953), el IVP, luego Pequiven (1977), filial de PDVSA,

Fig. 12-40. Humberto Calderón Berti.

mostró ganancias en sus operaciones, Bs. 27,4 millones. Se estimó que para el año siguiente sus ganancias serían muy superiores, 30 veces más por lo menos. En 1977 tenía un saldo rojo de Bs. 605 millones.

1984

• El 8 de febrero, por decisión de la asamblea de accionistas de PDVSA, se nombró al geólogo Brígido Natera presidente de la empresa. Hasta esa fecha se desempeñaba como presidente de Lagoven S.A.

• Durante el primer trimestre del año, la producción de crudos de las filiales de PDVSA se mantuvo en 1.715 MBD y durante el segundo trimestre en 1.717 MBD. La cuota asignada por la OPEP es de 1.675 MBD.

• PDVSA convirtió a Amoven en la filial Interven Venezuela para coordinar, administrar y con-

Fig. 12-41. Brígido Natera († 17-10-1989, Caracas).

155

trolar los convenios de internacionalización firmados en Europa y Estados Unidos.

1985

• Petróleos de Venezuela S.A. recibió a Carbozulia como filial.

• Se revisaron los estatutos de PDVSA para permitir la explotación de cualquier materia energética fósil, tal como el carbón del Guasare y la carboquímica.

• Petróleos de Venezuela tomó en arrendamiento la refinería de Curazao, y la operará a través de su filial Refinería Isla.

1986

• Intevep recibió en Estados Unidos la primera patente del proceso HDH^{TM} (hidrocraqueo-destilación-hidrotratamiento), para procesamiento y mejoramiento de petróleo crudo pesado y alto contenido de metales y asfalteno.

• Petróleos de Venezuela integró Meneven a Corpoven. Ahora son tres las filiales operadoras: Corpoven, Lagoven y Maraven.

• El 2 de diciembre de 1986, el geólogo Juan Chacín Guzmán fue nombrado presidente de Petróleos de Venezuela S.A. en sustitución del geólogo Brígido Natera, quien al cumplir treinta y cinco años de servicios en la industria se acogió a la jubilación.

1987

• Petróleos de Venezuela y la Academia Nacional de la Historia convinieron en un programa para la recuperación y conservación de documentos históricos.

• Petróleos de Venezuela (UK), ubicada en Londres, se transformó en Petróleos de Venezuela (Europa).

1988

• Petróleos de Venezuela encomendó a Corpoven el desarrollo del proyecto GNV (gas natural para vehículos) para promover el uso y la venta del gas natural.

Fig. 12-42. Juan Chacín Guzmán.

• El nuevo combustible Orimulsión™, patente de Intevep, será comercializado a escala mundial y está fuera de las cuotas de producción de la OPEP. Se hicieron pruebas piloto satisfactorias en Japón.

• Petróleos de Venezuela creó su filial Bitúmenes del Orinoco (BITOR) para comercializar el combustible Orimulsión™.

• Petróleos de Venezuela constituyó la empresa Guasare Coal International.

1989

• Las exportaciones de carbón del Guasare, estado Zulia, por Carbozulia, en el primer año de operaciones, sumaron 1.500.000 toneladas.

1990

• El 26 de febrero fue nombrado Andrés Sosa Pietri presidente de Petróleos de Venezuela, en sustitución de Juan Chacín Guzmán, quien después de treinta y cinco años de servicios en la industria se acogió a la jubilación.

• Petróleos de Venezuela, cumpliendo solicitud del Ministerio de Energía y Minas, dispuso reactivar los campos marginales mediante convenios operativos con empresas privadas.

• Petróleos de Venezuela organizó la nueva filial PDV Marina para manejar todo lo concerniente a la flota petrolera y las operaciones marítimas nacionales y extranjeras de toda la corporación.

Fig. 12-43. Andrés Sosa Pietri.

1991

• Corpoven abrió en Maracaibo, estado Zulia, el primer centro privado de gas natural para vehículos.

• Petróleos de Venezuela constituyó PDV Europa, con sede en La Haya, Holanda, para administrar, controlar y coordinar sus actividades mancomunadas y nuevas asociaciones del negocio petrolero en Europa.

• Pequiven constituyó la compañía mixta Supermetanol, mancomunadamente con Ecofuel, Methanol Holdings y otros, cuyas plantas con capacidad de 690.000 toneladas de metanol al año están ubicadas en el complejo de Jose, estado Anzoátegui.

1992

• Guasare Coal International pertenece íntegramente a Carbozulia.

• Pequiven, el Grupo Zuliano y Dow Chemical crearon la empresa Estirenos del Lago (Estilago) para producir 150.000 toneladas al año de monómero de estireno en el complejo El Tablazo, estado Zulia.

• Pequiven, Mitsubishi Corporation, Mitsubishi Gas Chemical et al. constituyeron la empresa mixta Metanoles de Oriente (Metor) para producir 73.000 toneladas al año de metanol en el complejo de Jose, estado Anzoátegui.

• El 30 de marzo, Gustavo Roosen fue nombrado presidente de Petróleos de Venezuela.

• El número de patentes a nombre de Intevep ya pasa de 300.

1993

• Lagoven, Exxon, Mitsubishi y Shell se asociaron para llevar a cabo el proyecto "Cristóbal Colón" con el propósito de desarrollar los gigantes yacimientos de gas en el área de Patao, costafuera de la península de Paria, cuenca geológica de Margarita.

• Se promulgó la Ley sobre la Eliminación Gradual de los Valores Fiscales de Exportación para efectos del Impuesto sobre la Renta. Esta eliminación de impuestos favorece a la industria, cuyos pagos adicionales de impuesto por crudos y productos exportados se comenzaron a aplicar en marzo de 1971.

• Citgo cerró el año con un incremento de 7 % en sus ventas de gasolina automotor en el mercado estadounidense a través de sus estaciones de servicio, lo cual representa 95 millones de litros diarios.

1994

• Petróleos de Venezuela fue ubicada entre las primeras y más importantes corporaciones petroleras del mundo. Opera mediante 13 empresas en el país y nueve en el exterior, en Estados Unidos, Alemania, Suecia, Reino Unido, Curazao, Bonaire y Bahamas.

Fig. 12-44. Gustavo Roosen.

• El ingeniero de petróleos Luis E. Giusti, de larga actuación técnica, administrativa y directiva en la industria, fue designado presidente de Petróleos de Venezuela.

• Durante el año, PDVSA produjo 2.617.400 b/d de crudos y sus reservas remanentes sumaron 64.877 millones de barriles. El crudo procesado en el país fue 937.701 b/d.

• Las exportaciones directas sumaron: 1.692.901 b/d de crudos y 635.131 b/d de productos. Las exportaciones de hidrocarburos representaron Bs. 1.639.492 millones, igual a 72,34 % de las exportaciones del país. El aporte de la corporación al Fisco fue de 787.000 millones de bolívares y la ganancia de la empresa después de pagar todas las regalías e impuestos fue de Bs. 359.000 millones.

• Los programas de apertura de la industria venezolana de los hidrocarburos para atraer la participación del inversionista nacional y/o extranjero siguieron adelantándose en su conceptualización y estructura.

1995

• Petróleos de Venezuela S.A. cumplió veinte años de fundada y de actividades empresariales de gran magnitud con mucho éxito en el país y en el exterior. La corporación aportó al Fisco 1 billón 140 mil 375 millones de bolívares y la ganancia neta consolidada fue de 510 mil 222 millones de bolívares.

Fig. 12-45. Luis E. Giusti.

• Se consolidó la estrategia de apertura a la participación del capital privado para robustecer el crecimiento del sector petrolero nacional.

• Se firmaron 14 convenios operativos que aportaron a la empresa 29 millones de barriles de crudo en el año.

• Se firmó, además, un convenio operativo para desarrollar actividades de producción en el campo Boscán, estado Zulia, con Chevron, con el fin de incrementar la producción de crudo pesado de 80.000 a 115.000 b/d, lo cual deriva también en convenios para suministrar crudo a dos refinerías estadounidenses y penetración del mercado en la costa occidental de Estados Unidos.

• Las filiales operadoras de PDVSA continuaron desarrollando asociaciones estratégicas técnicas para mejorar crudos pesados/extrapesados y aumentar la producción entre 400.000 y 500.000 b/d para la próxima década. Se concretan los siguientes convenios: Maraven-Conoco y Maraven-Total-Statoil-Norsk Hydro.

• El Congreso de la República aprobó el esquema de exploración a riesgo de nuevas áreas y la producción de hidrocarburos bajo la figura de ganancias compartidas. El proceso atrajo el interés de 88 empresas, de las cuales fueron precalificadas 75, de acuerdo con normas técnicas y financieras establecidas por PDVSA.

1996

• Durante los días lunes a viernes, correspondientes al 22 y 26 de enero, inclusives, y el lunes 29 de enero, Petróleos de Venezuela S.A., a través de su filial Corporación Venezolana del Petróleo S.A., condujo el proceso de licitación para los Convenios de Asociación para la Exploración a Riesgo de Nuevas Areas y la Producción de Hidrocarburos bajo el Esquema de Ganancias Compartidas.

• El 27 de marzo, el ingeniero Luis E. Giusti fue ratificado en el cargo de presidente de PDVSA que venía ejerciendo desde marzo 1994.

158

• El 19 de junio, la Comisión Bicameral de Energía y Minas del Congreso de la República de Venezuela, dictó acuerdo de aprobación para que se celebren los Convenios de Apertura Petrolera, según los resultados de la licitación realizada por PDVSA, los días 22 y 26 de enero inclusives, y el 29 de enero, en el Hotel Tamanaco, Caracas, antes mencionados, a través de su filial CVP, como sigue:

Area La Ceiba, estado Zulia, CVP y el Consorcio compuesto por Mobil Venezolana de Petróleo Inc., Veba Oel A.G. y Nippon Oil Exploration USA Limited; **Area Golfo de Paria Oeste**: CVP con Dupont Conoco; **Area de Guanare**: CVP con Elf Aquitaine y Dupont Conoco; **Area Golfo de Paria Este**: CVP con Enron Oil & Gas e Inelectra S.A.; **Area Guarapiche**: CVP con British Petroleum, Amoco Production Company y Maxus Energy Corporation; **Area San Carlos**: CVP con Pérez Companc S.A.; **Area Punta Pescador**: CVP con Amoco Production Company; y **Area Delta Centro**: CVP con The Louisiana Land & Exploration Company, Norcen Energy Resources Limited y Benton Oil & Gas Company.

• Se concretaron otros proyectos de asociación estratégica: Lagoven-Mobil-Veba Oel. Corpoven-Arco-Phillips-Texaco.

Recursos humanos, tecnología y operaciones

La industria petrolera, no obstante la diversidad mundial de sus operaciones básicas (exploración, perforación, producción, transporte, refinación, petroquímica, mercadeo y comercialización), tiene la peculiaridad de ser empleadora de poca gente. En realidad, relativamente utiliza poca gente pero gente calificada debido al alto grado tecnológico de todas las operaciones. Sin embargo, la modalidad misma de las operaciones hace que en tiempos de auge se requiera aumentar temporalmente el personal para atender programas de expansión en exploración y perforación, ampliación y/o construcción de instalaciones de producción, refinación, transporte o mercadeo. Esto sucede frecuentemente en varios países, regiones o a escala general mundial.

Lo que sí es muy cierto es que la industria petrolera utiliza intensamente mucho capital para la adquisición de equipos, herramientas, materiales y servicios afines, los cuales, mayoritariamente, son suplidos por empresas especializadas que forman parte del apoyo tecnológico requerido por la industria.

Por tanto, la continuidad y la eficacia de las operaciones de cualquier empresa petrolera depende del recurso más importante: su gente.

De allí que al correr del tiempo, la industria petrolera, y cada empresa de acuerdo a sus propios requerimientos, haya desarrollado y mantenga en continua evolución programas de desarrollo de personal para asegurar la capacidad y competencia de sus empleados a todos los niveles. Cada cargo en toda la organización requiere por norma ser desempeñado por la persona que llene el grado de conocimientos y experiencias requeridos. Pues, sólo así se puede garantizar la perpetuidad de la eficacia y buenos resultados de todas las operaciones de la empresa.

En Venezuela, el desarrollo de los recursos humanos requeridos por la industria comenzó formando gente en el trabajo mismo (1900-1930) y después la industria fomentó talleres-escuelas para capacitar personal en mecánica, soldadura, electricidad, buceo y otras especialidades artesanales. En 1930, como se mencionó antes, se formalizó en el país la preparación del personal técnico petrolero al enviar el Ministerio de Fomento a Estados Unidos el primer grupo de ingenieros civiles a especializarse en petróleo. Este esfuerzo fue secundado inmediatamente por la industria y desde entonces ha existido un programa de capacitación de recursos humanos venezolanos en materia petrolera en el exterior y luego en el país. Pero mucho antes, en el país se habían concretado esfuerzos para lograr avances en las ciencias y la tecnología. Desafortunadamente, estos esfuerzos primigenios no se expandieron con la celeridad y constancia deseadas durante muchos años. Veamos:

1721

• Por la Real Cédula del 22 de diciembre se creó la Universidad de Caracas. Se enseñó Teología, Retórica, Elocuencia, Música, Filosofía y Artes.

1760

• El coronel don Nicolás de Castro inició la Escuela de Matemáticas para Oficiales.

1810

• La Junta Suprema, al asumir el poder el 25 de abril, creó la Academia Militar de Matemáticas.

1827

• El Libertador decretó la reorganización de la Universidad de Caracas y el 1° de septiembre el maestro José Rafael Acevedo dictó en ella la primera cátedra de Matemáticas.

1830/1831

• Se creó la Academia de Matemáticas, de acuerdo al plan de estudios formulado por el matemático don Juan Manuel Cajigal.

1860

• Se reorganizaron los estudios de la Academia de Matemáticas y se incluyeron materias relacionadas con la Geología.

1861

• Se instaló el Colegio de Ingenieros de Venezuela el 28 de octubre. Fue creado por decreto del 24 de octubre de 1860. Su primer presidente fue el general de ingenieros Juan José Aguerrevere.

1867

• Se fundó en Caracas la Sociedad de Ciencias Físicas y Matemáticas por iniciativa de don Adolf Ernst, quien luego (1874) regentó la cátedra de Historia Natural en la Universidad Central e impartió conocimientos sobre Botánica y Zoología. Organizó la Biblioteca de la Universidad y el Museo Nacional. Por su obra, Alfredo Jahn calificó al profesor Ernst "Libertador Intelectual de Venezuela".

1892

• El doctor Miguel Emilio Palacio fundó la "Escuela de Minería del Yuruary", en Guasipati, estado Bolívar, y publicó varios textos de enseñanza: El Minero Ensayador; Gramática Castellana; Geografía Universal; Algebra, Geometría y Trigonometría; Aritmética Comercial y otras materias.

1938

• Se creó el Instituto de Geología, bajo régimen especial, adscrito a los ministerios de Educación y de Fomento.

Fundadores: geofísico Pedro Ignacio Aguerrevere, Colorado School of Mines 1929; geólogo Santiago E. Aguerrevere, Stanford University 1925; ingeniero de minas y geología Víctor M. López, Columbia University 1930, M.I.T., M.Sc. 1936, Ph.D. 1937; ingeniero civil de minas Manuel Tello B., Escuela Nacional de Minas de París 1930; geólogo Guillermo Zuloaga, M.I.T., Ph.D., 1930.

Primera Promoción 1942: Luis Candiales, José Rafael Domínguez, Eduardo J. Guzmán (mexicano), Carlos E. Key, José Mas Vall, Leandro Miranda Ruiz, José Pantín Herrera, Luis Ponte Rodríguez, Ricardo Rey y Lama (peruano), César Rosales, Oswaldo Salamanquez, José Vicente Sarría y Jesús Armando Yanes.

Fig. 12-46. Pedro I. Aguerrevere.

Fig. 12-47. Santiago E. Aguerrevere.

Fig. 12-48. Efraín E. Barberii.

1944

• El 21 de octubre (Gaceta Oficial extraordinaria N° 105) se aprobó la reorganización de los estudios de Ingeniería en la Universidad Central de Venezuela y la Escuela de Ingeniería quedó formada por los Departamentos: (1) Ingeniería Civil y Sanitaria, (2) Geología, Minas y Petróleo, (3) Industrias Mecánicas, y la Escuela de Arquitectura. Los títulos que entonces se conferían eran: Agrimensor, Ingeniero Civil, Ingeniero Hidráulico y Sanitario, Químico Analítico, Ingeniero Mecánico Industrial, Geólogo Ingeniero de Minas, Ingeniero de Petróleos y Arquitecto.

• En septiembre, el Instituto de Geología fue adscrito a la Escuela de Ingeniería de la UCV con el nombre de Departamento de Geología, Minas y Petróleo. Fueron fundadores de los estudios de Ingeniería de Petróleos los ingenieros José Martorano, director del Departamento; Santiago Vera, decano de la Escuela de Ingeniería; Luis Elías Corrales, Siro Vásquez, Julio Sosa Rodríguez y el geólogo don Clemente González de Juana.

• La primera promoción de Ingenieros de Petróleos egresó el 24 de septiembre de 1948 (coincidiendo la fecha con la graduación de la primera promoción de Ingenieros Industriales y de Arquitectos) y la integraron: Pedro Añón Alfaro, Freddy Arocha Castresana, Fernando Delón, Ricardo Flores, Valentín Hernández Acosta, Humberto Peñaloza y Constantino Saade.

1952

• La Universidad del Zulia acordó crear la Escuela de Ingeniería de Petróleos, la cual comenzó sus actividades en 1954 con estudiantes que ya habían aprobado los dos primeros años básicos de ingeniería.

Fundadores: ingenieros Efraín E. Barberii, Gorgias Garriga, Humberto Peñaloza, Michael

Fig. 12-49. Humberto Peñaloza.

Fig. 12-50. Gorgias Garriga (07-11-1989, Caracas).

Fig. 12-51. Michael Pintea.

Fig. 12-52. Primera promoción de ingenieros de petróleos, Universidad del Zulia, 24 de julio de 1957.

Pintea; geólogos César Rosales, Gustavo Santana, Angel Renato Boscán, Alberto Vivas.

Primera Promoción 24 de julio de 1957: Ernesto Agostini, Pedro Díaz, Francisco Guédez, Lindolfo León, Lucio Peralta, Dilcia Ramírez de Vivas, Ulises Ramírez, Arévalo Guzmán Reyes, Pedro Ríos, Mauricio Tedeschi, Edgar Valero y Hugo Vivas.

1958

• Se fundó el 1° de agosto la Sociedad Venezolana de Ingenieros de Petróleos (C.I.V.), Caracas.

1959

• Comenzó en enero la publicación de la revista **Geo** de la Escuela de Geología, Minas y Metalurgia de la Universidad Central de Venezuela, Caracas.

1962

• Se fundó y comenzó sus actividades en Jusepín, estado Monagas, la Escuela de Ingeniería de Petróleos de la Universidad de Oriente.

Fundadores: ingenieros Oscar Rojas Bocalandro, Ricardo Flores, Armando Azpúrua y Lamberto Franco.

Primera Promoción 1965: Víctor Carvajal, Luis Hernández, Lorenzo Mata, Raúl Márquez, Teobaldo Monasterios, Rigoberto Rincones y Luis Serrano.

1965

• Se fundó, el 26 de marzo, la Sociedad Venezolana de Geólogos, Caracas.
• Comenzó la publicación de la revista de la Sociedad Venezolana de Ingenieros de Petróleos (C.I.V.), Caracas.
• Comenzó la publicación del Boletín de la Sociedad Venezolana de Geólogos (C.I.V.), Caracas.

Como se podrá apreciar, la formación de los recursos humanos para la industria petrolera arrancó firmemente en el país con la fundación del Instituto de Geología en 1938. La estructura, organización, funcionamiento y dotaciones del Instituto marcaron pautas en el

162

sistema educativo venezolano. Su ejemplo y resultados merecieron los mejores elogios, tanto del país como de muchos docentes y profesionales extranjeros que lo visitaron y estuvieron relacionados con él. Han pasado los años pero el ejemplo está vigente, y no hay mejores palabras para describirlo que las escritas por los geólogos José H. Pantín H., Carlos E. Key, Virgil D. Winkler, William Schwinn y Guillermo Zuloaga en su trabajo "Reseña de los estudios geológicos sobre Venezuela desde Humboldt hasta el presente, 1877-1972":

"¿Cabe preguntarse si una aplicación efectiva y duradera de algunos de los principios que constituyeron el basamento del Reglamento del Instituto de Geología no podrían solucionar en parte la crisis que hoy confronta nuestra Universidad?".

Hoy el país cuenta con geólogos e ingenieros de casi todas las disciplinas, gracias al pausado pero sostenido adelanto que se le ha dado a la preparación y formación académica de nuestra juventud en nuestros centros docentes. Pero la labor no está completamente realizada ni ajustada a la realidad de las exigencias del país. Nuestra educación y formación de recursos humanos requieren todavía grandes modificaciones y ajustes desde el jardín de infancia hasta la universidad.

La industria petrolera, aquí y en todas partes, reconoció que no era suficiente la formación práctica del personal en el sitio de trabajo. Las experiencias vividas durante e inmediatamente después de la Segunda Guerra Mundial en lo concerniente a los requerimientos de personal hicieron que la industria volcara su atención a la educación empresarial y formación técnica continua de sus empleados. Los adelantos tecnológicos logrados hasta entonces y las perspectivas de mayores logros científicos y tecnológicos futuros tendrán marcada influencia sobre todas las actividades industriales, económicas, comerciales, políticas, socia-

les y culturales, y la industria petrolera reconoció el reto.

Los grandes recursos de la industria permitieron adelantar aceleradamente en todas las direcciones. Cada empresa comenzó a utilizar como nunca antes sus laboratorios, instalaciones de campo, archivos, bibliotecas, personal propio o contratado para formalizar, fortalecer y darle permanencia y continuidad a la tarea de la formación y desarrollo de los recursos humanos mediante cursos, pasantías y asignaciones especiales.

Hoy, en la industria petrolera es un hecho la importancia y la necesidad del desarrollo y la formación de los recursos humanos para todas las actividades y todas las dependencias de la empresa. La evaluación de la actuación del personal es materia de la mayor atención y prioridad por parte de la Junta Directiva.

En la industria se le da particular atención a los modelos e innovaciones que surgen para complementar o cambiar normas o procedimientos que mejoren y den vigor a la administración de los recursos humanos. La responsabilidad de la orientación, el desarrollo, la formación y la carrera del personal en la industria es hoy una responsabilidad compartida.

Por parte de la empresa existe la necesidad de emplear gente con determinados conocimientos, capacitación y experiencia. Por parte del aspirante o empleado existen las expectativas de hacer carrera, de adquirir más conocimientos, de poseer más capacidad y experiencia y, sobre todo, desarrollar mística para contribuir eficazmente al progreso, a la calidad de la producción y al futuro de la empresa; además, deben sentirse mutuamente satisfechos de la relación empresa/empleado/empresa.

La teoría filosófica del "todo" (**holism**) ideada por Jan C. Smuts, político y mariscal sudafricano (1870-1950), primer ministro en los períodos 1919-1924 y 1939-1948, conduce a que "en la naturaleza, los factores determinantes son un todo (como organismos) irreductible a la suma de sus partes y la evolución del universo es el resultado de la actividad y creación de estos todos" (ref. Webster's Third New International Dictionary, p. 1.080).

Por tanto, el adjetivo **holístico** se emplea para enfatizar la relación orgánica o funcional entre las partes y el todo.

En el CIED, Centro Internacional de Educación y Desarrollo, filial de Petróleos de Venezuela, se estudia, aplica y evalúa un novedoso concepto de gerencia de recursos humanos, cuya dinámica se expresa en el siguiente flujograma (Figura 12-53).

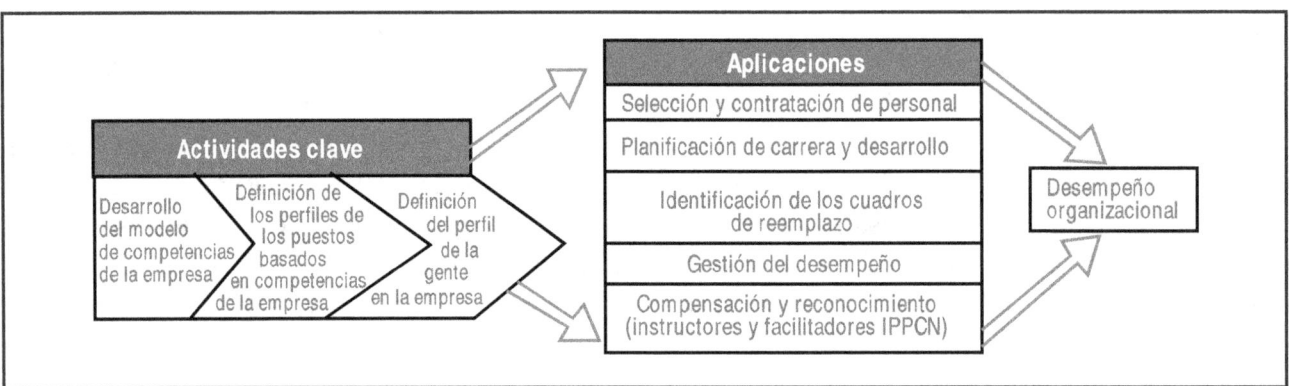

Fig. 12-53. Sistema Holístico de Recursos Humanos, CIED.

La creación del CIED

El Centro Internacional de Educación y Desarrollo (CIED) fue creado el 7 de diciembre de 1995 y surge de las experiencias de las ex concesionarias (1914-1975) y de PDVSA y sus filiales, a través del INAPET (1976-1983) y del CEPET (1983-1994), como respuesta de la industria petrolera venezolana nacional e internacional a los retos presentes y del siglo XXI en aspectos de recursos humanos. Su misión ha sido enunciada en los siguientes términos:

"Educar, adiestrar y desarrollar los recursos humanos de Petróleos de Venezuela, sus empresas y sector conexo, atendiendo a criterios de excelencia y rentabilidad para potenciar la ejecución del Plan de Negocios y la competitividad de la industria".

La organización y programación de actividades de este Centro son únicas en el país. La máxima dirección la ejerce el Consejo Directivo, integrado por el presidente de Petróleos de Venezuela, quien lo preside, acompa-

ñado de personal directivo (6) de las ramas operativas de la Corporación, del presidente del CIED y del director laboral del CIED.

La Junta Directiva, cuyas funciones son la administración legal y operativa del CIED, está formada por el presidente del Centro, quien la preside, y tres directores de Institutos y un cuarto director responsable por las actividades de planificación y apoyo corporativo requeridos por los planes y programas en ejecución. La Junta Directiva la designa el directorio de Petróleos de Venezuela.

Las actividades de educación, formación, adiestramiento y desarrollo las realizan los Institutos en las siguientes áreas:

- Instituto de Formación Industrial
  - Exploración
  - Perforación
  - Producción
  - Refinación
  - Petroquímica
  - Construcción y Mantenimiento

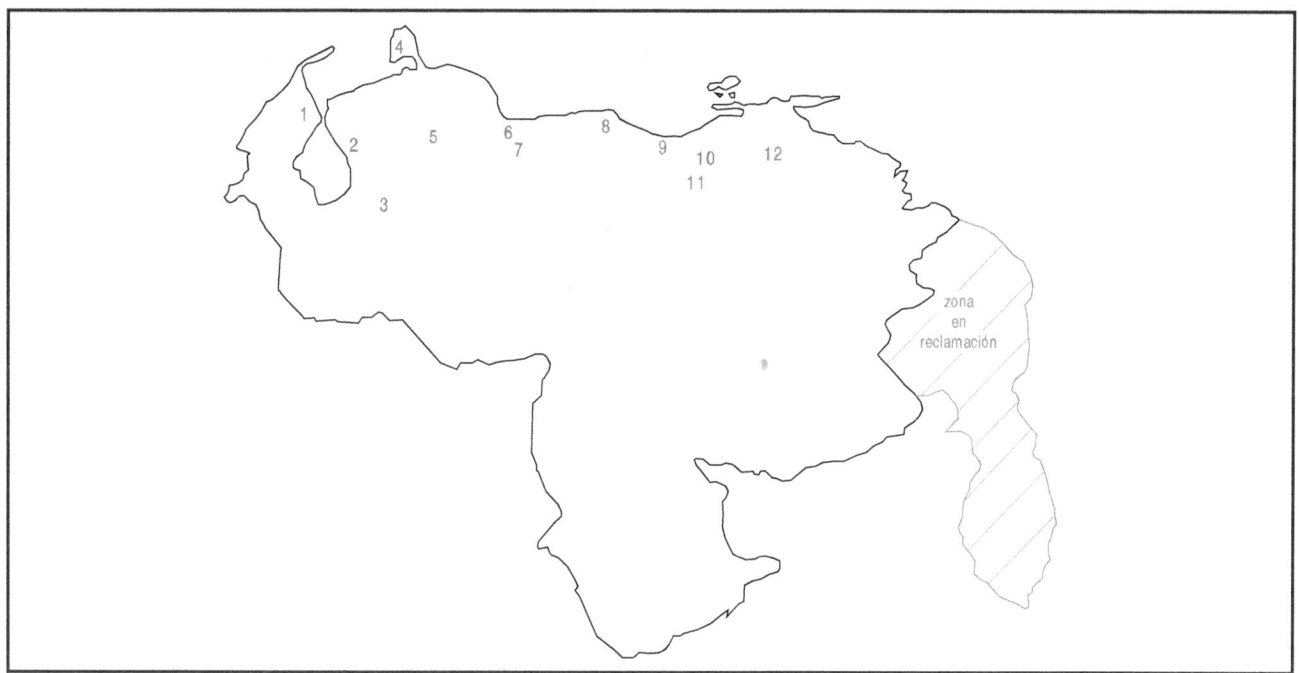

Fig. 12-54. Ubicación de los centros del CIED en el país: 1. Maracaibo. 2. Costa Oriental del Lago. 3. Barinas. 4. Paraguaná. 5. Barquisimeto. 6. Morón. 7. Valencia. 8. Sede Corporativa, Caracas. 9. Puerto La Cruz/Jose. 10. Anaco. 11. San Tomé. 12. Maturín.

- Transporte Marítimo
- Protección Integral

- Instituto de Desarrollo Profesional y Técnico
  - Exploración
  - Producción
  - Refinación
  - Petroquímica
  - Ingeniería, Proyectos y Mantenimiento
  - Protección Integral
  - Formación General

- Instituto de Desarrollo Gerencial
  - Desarrollo Corporativo

- Desarrollo Gerencial
- Desarrollo Empresarial

Cada Instituto tienen su Consejo Asesor, integrado por representantes de los más altos niveles gerenciales y directivos de PDVSA, así como de los sectores conexos, para consulta y asesoría en las actividades y materias de adiestramiento correspondientes.

Actividades

Las cifras de las Tablas 12-10 y 12-11 resumen las actividades realizadas por todos los centros del CIED en el país.

Tabla 12-10. Actividades del CIED, 1996

Institutos	Acciones	Participantes	Horas-participante
Formación Industrial	1.090	12.633	341.448
Desarrollo Profesional y Técnico	1.893	21.496	860.047
Desarrollo Gerencial	52	1.173	27.504
Total	3.035	35.302	1.228.999

165

Tabla 12-11. Participantes en programas del CIED por empresas, 1996

Empresas	Formación Industrial	Desarrollo Profesional y Técnico	Desarrollo Gerencial	Total
Maraven	3.742	5.340	237	9.319
Corpoven	2.394	6.214	385	8.993
Lagoven	2.428	4.656	111	7.195
Otras	2.687	1.897	48	4.632
Pequiven	294	2.087	155	2.536
PDV Marina	1.064	180	15	1.259
Intevep	4	703	140	847
CIED	19	260	41	320
PDVSA	-	54	16	70
Refinería Isla	1	45	3	49
Bitor	-	29	10	39
Bariven	-	21	7	28
Palmaven	-	7	2	9
Carbozulia	-	3	3	6
Total	12.633	21.496	1.173	35.302

Las actividades de adiestramiento de personal tienen un ritmo e intensidad dependiente de los planes de inversiones y operaciones de la industria a corto, mediano y largo plazo. Cuando se trata de grandes proyectos de construcción de plantas o grandes complejos de refinación o petroquímicos se requiere, con debida antelación, determinar los recursos humanos necesarios y los que hay, para comenzar a adiestrar los que faltan y tenerlos en los sitios de trabajo cuando se necesiten.

La industria de los hidrocarburos y el personal profesional para operaciones

Para atender a todas las operaciones, la industria requiere una gran variedad de técnicos e ingenieros y personal de apoyo. En sí, la industria petrolera depende intensa y profundamente de la ingeniería en general y las ramas de las especialidades. En muchas instancias, el personal requerido tiene que ser altamente especializado y de mucha experiencia para ciertos proyectos o tareas específicas dentro de una determinada operación.

Como podrá apreciarse de la relación que sigue, el personal de ingeniería tiene un amplio campo de ubicación en las operaciones de la industria. El requisito principal es idoneidad profesional, dedicación y eficacia en el trabajo en equipo, donde cientos y miles de personas están ocupadas perennemente en la búsqueda, la cuantificación, el manejo, el mercadeo y la comercialización de los hidrocarburos, con mística y una gran voluntad de servicio para resolver problemas de todo tipo en las operaciones, en la conducción y la administración del negocio.

Rama/personal profesional	Funciones

I. Exploración

Geólogos, paleontólogos, sedimentólogos, palinólogos, mineralogistas, petrólogos. Ingenieros: electricistas, electrónicos, de computación, civiles, geógrafos, oceanógrafos, geodestas, de petróleos; y personal auxiliar.

Funciones

Estudios del suelo y del subsuelo: local y/o regional; adquisición, procesamiento e interpretación de datos: geológicos, aerofotográficos, sísmicos, magnetométricos, gravitométricos, geoquímicos, geográficos y oceanográficos. Secciones, planos y mapas. Informes. Inversiones y costos. **Propósito**: evaluación de áreas vírgenes y/o reevaluación de áreas conocidas. **Objetivo**: ubicar y cuantificar reservas comerciales de hidrocarburos para fortalecer la futura capacidad de producción de la empresa, durante el más largo tiempo posible.

II. Perforación

Ingenieros: de petróleos, mecánicos, electricistas, geólogos, químicos, electrónicos, de computación, civiles, industriales, metalúrgicos, petrofísicos, geógrafos, oceanógrafos; y personal auxiliar.

Funciones

Diseño y construcción de plataformas de perforación. Evaluación, selección y mantenimiento de equipos de perforación para operaciones en tierra y costafuera. Selección y disposición de materiales y herramientas para la perforación convencional, inclinada, direccional, de largo alcance, horizontal, u hoyo de diámetro reducido. Preparación y supervisión de todos los detalles concernientes a cada renglón del programa general de perforación (programas de: barrenas, sartas de perforación y componentes, fluidos de perforación y/o terminación; sartas de revestimiento, cementación; toma de muestras de ripio y núcleos; toma de registros, cañoneo; pruebas de producción; eventualidades). Adquisición, procesamiento y evaluación de datos. Control de inversiones y costos. Informes. **Propósito**: Constatar la presunta existencia, características y propiedades de nuevos yacimientos y determinar la comercialización de los hidrocarburos allí contenidos para proseguir con el desarrollo de puntos adicionales de drenaje que requiera el nuevo campo.

III. Producción

Ingenieros: de petróleos, geólogos, mecánicos, electricistas, químicos, industriales, petrofísicos, civiles, metalúrgicos, de computación; y personal auxiliar.

Evaluación y terminación de pozos. Diseño, construcción y mantenimiento de instalaciones de producción en tierra y costafuera. Programas y disposición de la producción (agua/petróleo/gas): separación, tratamiento, almacenamiento, medición y transporte. Estudios de yacimientos: reservas probadas, probables o posibles; producción primaria (flujo natural y/o mecánico: bombeo o levantamiento artificial por gas), posibilidades de producción vigorizada (inyección de agua y/o gas; vapor: inyección continuada o alternada; alternativas de otros mecanismos). **Propósito**: Determinar la extracción máxima de hidrocarburos de los yacimientos, registrar la extracción acumulada de hidrocarburos a fecha determinada, calcular las reservas remanentes por producir. Potencial total de producción, potencial disponible de inmediato, potencial adicional disponible a corto plazo. Programa de limpieza y/o reparaciones menores de pozos. Programas mayores de reacondicionamiento de pozos. Programas de abandono de pozos. Inversiones y costos. Informes.

IV. Transporte

Ingenieros: civiles, mecánicos, electricistas, de petróleos, industriales, navales, de transporte, de computación, metalúrgicos, de telecomunicaciones, químicos, personal de marina; y personal auxiliar.

Diseño y tendido de tuberías (troncales y ramales): oleoductos, gasductos, poliductos. Instalaciones para recibo, almacenamiento y despacho de hidrocarburos y sus derivados. Estaciones de bombeo y de compresión. Transporte terrestre, fluvial, lacustre y/o marítimo. Funcionamiento y mantenimiento de instalaciones y terminales. Presupuesto de inversiones y operaciones. Informes. **Propósito**: Mantener ininterrumpidamente el flujo de hidrocarburos requerido por los clientes.

V. Refinación/petroquímica/carbón

Ingenieros: químicos, de procesos, de refinación, mecánicos, electricistas, industriales, de computación, de sistemas, de instrumentación, metalúrgicos, de minas, de petróleo, civiles; y personal auxiliar.

Funciones

Selección de procesos, diseño de instalaciones y escogencia de equipos para refinación, petroquímica o carbón. Construcción de instalaciones de procesos. Diseño, selección de equipos y construcción de instalaciones auxiliares: red de tuberías; recibo, almacenamiento y despacho de materia prima y refinados; instalaciones de servicio: electricidad, agua, gas, vapor, refrigeración, aire comprimido, telemetría, comunicaciones. **Propósito**: Control de las operaciones. Mantenimiento de las instalaciones. Evaluación y control de calidad de materias primas y derivados. Formulación de programas de dietas para las instalaciones y procesos. Presupuestos de inversiones y operaciones. Análisis de costos. Informes.

VI. Comercialización nacional/internacional

Ingenieros: químicos, mecánicos, civiles, electricistas, industriales, de petróleos; economistas y administradores, contadores, relacionistas; y personal auxiliar.

Funciones

Estudios, evaluaciones y proyecciones de mercados: demanda, abastecimiento y precios. Actividades de la competencia. Evaluaciones de instalaciones actuales y futuras: inversiones y costos de operaciones, rentabilidad (terminales, flotas de transporte, estaciones de servicio). **Propósito**: Calidad de materia prima: crudos y/o derivados. Atención al público y clientes (servicios especializados sobre utilización de productos). Informes. Estabilidad y continuidad del negocio.

VII. Investigación (ciencia y tecnología)/ educación y desarrollo de personal

Físicos, químicos, matemáticos, biólogos, médicos. Ingenieros: de petróleos, geólogos, geofísicos, mecánicos, electricistas, civiles, industriales, electrónicos, de computación, de instrumentación, metalúrgicos, etc. Economistas, contadores, relacionistas; y personal auxiliar.

Funciones

Investigaciones científicas y tecnológicas aplicadas a la industria. Evaluación de las técnicas de operaciones en todas las ramas de la industria de los hidrocarburos. Estudios de problemas y alternativas de solución. Proyectos pilotos de investigación. Mejor utilización y/o modificaciones de diseños de equipos, herramientas y materiales. Optimación del uso, conservación y comercialización de los hidrocarburos y sus derivados. Protección del ambiente. Seguridad industrial: recursos humanos, recursos físicos, recursos naturales renovables y no renovables. Estudios de economía y finanzas petroleras. Publicaciones: científicas, técnicas y de operaciones. **Propósito**: Renovación y actualización de conocimientos del personal de la industria a todos los niveles, mediante investigaciones y experimentos, programas, cursos, talleres, asignaciones e intercambios diseñados para cumplir fines específicos del manejo y administración del negocio petrolero.

El empleo y las actividades

Los altibajos en la utilización de personal en la industria petrolera llama la atención del público en general, y especialmente en Venezuela donde la industria representa parte fundamental de la economía nacional y los hidrocarburos son el primer renglón de las exportaciones del país. A veces los altibajos causan alarma sin razón, y más por desconocer las modalidades de las operaciones de la industria, que están sujetas a la incertidumbre de los vaivenes de la demanda mundial de crudos y productos.

Si Venezuela tuviese que atender únicamente a su consumo interno de petróleo, su industria satisfacería la demanda produciendo solamente un volumen total de productos, gas natural incluido, a razón de unos 658.000 b/d (1995). La industria y el país están en el negocio de exportar crudos y productos. En 1995, la producción de crudos fue 3,18 millones de barriles diarios y la de productos de 1,22 millones b/d. Esto permitió exportar diariamente 1,82 millones de barriles de crudos y 718.000 barriles de productos, incluida Refinería Isla. Por tanto, el volumen influye significativamente sobre las operaciones y sobre el empleo. Veamos:

Para mantener las reservas probadas a un nivel satisfactorio hay que explorar continuamente. Reponer el crudo producido, cuando se trata de una producción diaria, digamos do se trata de una producción diaria, digamos de dos millones de barriles, significa que deben ubicarse unos ocho a 10 millones de barriles diarios in situ. Esto requiere un esfuerzo constante que muchas veces exige que los programas sean muchísimo más extensos temporalmente, y exijan también más personal durante un cierto tiempo hasta cubrir todas las metas consideradas.

Si los resultados de los estudios de exploración indican que un gran número de áreas merece la continuación de la búsqueda de yacimentos mediante el taladro, y a esto se unen circunstancias de la demanda del consumo en alza, buenos precios y otros factores favorables, entonces hay que disponer del número de taladros adicionales requeridos para realizar la campaña simultáneamente, si se quiere, en diferentes sitios. Esto significa mayor número de gente para los taladros, para los servicios de apoyo en cada sitio de operaciones y gente adicional en las funciones que están en la retaguardia.

Si las exploraciones con taladro tienen éxito, entonces en cada sitio hay que proceder al desarrollo del yacimiento, lo que significa más taladros, según la celeridad que desee imprímírsele a la disponibilidad de un cierto potencial de producción.

Luego para manejar la producción adicional deseada hay que construir instalaciones de flujo, de separación, de tratamiento, de almacenamiento y de transporte de crudos. Y todo esto requiere gente adicional, durante cierto tiempo, según la magnitud de los programas. Pero como se trata de operaciones petroleras integradas, la parte de refinación a lo mejor tiene que dar cabida a cierto volumen de esa nueva producción adicional y para ello tendrá que modificar o ampliar plantas e instalaciones. Esto requiere gente adicional. Y más allá de la refinería están, al final, mercadeo nacional y mercadeo internacional que a lo mejor también requerirán atención especial a sus instalaciones para atender debidamente el manejo de mayores volúmenes de crudos y productos. Y todo esto también requerirá, durante un cierto tiempo, gente adicional.

Fig. 12-55. Faena del encuellador en un taladro de perforación.

Referencias Bibliográficas

1. American Petroleum Institute: **History of Petroleum Engineering**, Boyd Printing Co., Dallas, Texas, 1961.

2. ARNOLD, Ralph; MCREADY, George A.; BARRINGTON, Thomas W.: **The First Big Oil Hunt: Venezuela 1911-1916**, Vantage Press, New York, 1960.

3. BARBERII, Efraín E.: "Historia de la Educación, formación y desarrollo del petrolero venezolano", en: revista **Asuntos**, Año 1, N° 1, marzo 1997, p. 68, publicación del CIED.

4. BERMUDEZ, Antonio J.: **Doce Años de Servicio de la Industria Petrolera Mexicana, 1947-1958**, Editorial Comaual, México, 1960.

5. BERMUDEZ, Manuel: "Samuel Smith - La última entrevista", en: revista **Nosotros** (Lagoven), Caracas, febrero 1983.

6. BRANTLEY, J.E.: **History of Oil Well Drilling**, Gulf Publishing Company, Houston, Texas, 1971.

7. CASAS ARMENGOL, Miguel: "Reingeniería de la educación superior venezolana", en: revista **Asuntos**, Año 1, N° 1, marzo 1997, p. 46, publicación del CIED.

8. CLARK, Joseph Stanley: **The Oil Century**, University of Oklahoma Press, Norman, Oklahoma, 1958.

9. Creole Petroleum Corporation: **Conferencias sobre Relaciones Humanas**, Caracas, 1953.

10. CHAMBERLIN, Thomas C; SALISBURY, Rollin D.: **Geology**, (3 vol.), Henry Holt and Company, New York, 1906.

11. **Encyclopedia of Associations**, 17th edition, Gale Research Company, Detroit, Michigan, 1983.

12. ENGLER, Robert: **The Politics of Oil**, The MacMillan Company, New York, 1961.

13. FANNING, Leonard M.: **American Operations Abroad**, Mc Graw-Hill Book Company, Inc., New York, 1947.

14. FATEMI, Nasrollah Saifpour: **Oil Diplomacy - Powder keg in Iran**, Whittier Books, Inc., New York, 1951.

15. FRANKEL, P.H.: **Mattei: Oil and Power Politics**, Frederick A. Praeger Publishers, New York, 1966.

16. GEIKIE, Archibold Sir: **Text-Book of Geology**, (1903), first edition 1882, MacMillan and Co., Ltd., Londres.

17. GERRETSON, F.C.: **History of The Royal Dutch**, (4 volúmenes), E. J. Brill, Leiden, 1958.

18. GETTY, J. Paul: **How to Be Rich**, Simon and Schuster, New York, 1961.

19. GIBB, Georges Sweet; KNOWLTON, Evelyn H.: **The Resurgent Years, 1911-1927, History of Standard Oil Company (New Jersey)**, Business History Foundation, Harper and Brothers, New York, 1956.

20. HARSHORN, J.E.: **Oil Companies and Governments**, Faber and Faber, Londres, 1962.

21. HIDY, Ralph y HIDY, Muriel E.: **Pioneering in Big Business, 1882-1911, History of Standard Oil Company (New Jersey)**, Business History Foundation, Inc., Harper and Brothers, New York, 1955.

22. JACOBY, Neil H.: **Multinational Oil**, MacMillan Publishing Co., Inc., New York, 1974.

23. KNOWLES, Ruth Sheldon: **The Greatest Gamblers, The Epic of American Oil Exploration**, McGraw-Hill Book Co., Inc., New York, 1959.

24. KROBOTH, A.: "Historia de la Escuela de Geología, Minas y Metalurgia", en: revista **Geo** (UCV), N° 10, marzo 1964, Caracas.

25. LAHEE, Frederic H.: **Field Geology**, McGraw-Hill Books Company, Inc., New York, 1961.

26.   LAWRENCE, T.E.: **Rebelión en el Desierto**, Editorial Diana, México, 1957.

27.   LEESTON, Alfred M.: **Magic Oil - Servant of the World**, Juan Pablos Books, Dallas, Texas, 1951.

28.   LIDDLE, Ralph A.: **The Geology of Venezuela and Trinidad**, J.P. Mac Gowan publisher, Fort Worth, Texas, 1928.

29.   LIEUWEN, Edwin: **Petróleos de Venezuela, Una Historia**, Cruz del Sur Ediciones C.A., Caracas, 1964.

30.   LONGHURST, Henry: **La Aventura del Petróleo**, Librería Editorial Argos S.A., Barcelona, España, 1959.

31.   MARTINEZ, Aníbal R.: **Chronology of Venezuelan Oil**, George Allen and Unwin Ltd., Londres, 1969.

32.   MARTINEZ, Aníbal R.: **El Camino de la Petrolia**, Ediciones del Banco del Caribe, Caracas, 1979.

33.   MATHEWS, John Joseph: **Life and Death of an Oilman, The Career of E.W. Marland**, University of Oklahoma Press, Norman, Oklahoma, 1951.

34.   MAURER, Herrymon: **Great Enterprise -Growth and Behavior of the Big Corporation**, The MacMillan Company, New York, 1955.

35.   MIKESSELL, Raymond F.; CHENERY, Hollis B.: **Arabian Oil - American´s Stake in the Middle East,** The University of North Carolina Press, Chapel Hill, 1949.

36.   Ministerio de Energía y Minas: **Memoria** (varios años); **PODE** (1976-1994), Caracas.

37.   O´CONNOR, Harvey: **Crisis Mundial de Petróleo**, Ediciones y Distribuciones Aurora, Caracas, 1962.

38.   O´CONNOR, Richard: **The Oil Barons**, Little, Brown and Company, Boston, 1971.

39. PANTIN, José H.; KEY, Carlos E.; WINKLER, Virgil D.; SCHWINN, William; ZULOAGA, Guillermo: "Reseña de los estudios geológicos sobre Venezuela desde Humboldt hasta el presente, 1799-1972", en: revista **CIV**, agosto N° 295, diciembre N° 296, 1973.

40. PAREDES A., Lombardo: "La educación y el espíritu empresarial como factores clave de la competitividad: el caso PDVSA", en: revista **Asuntos**, Año 1, N° 1, marzo 1997, p. 6, publicación del CIED.

41. Petróleos de Venezuela S.A.: **Informe Anual**, años 1976-1995, inclusives.

42. PRESTWICH, Joseph: **Geology; Chemical, Physical, and Stratigraphical**, (2 vol.), Clarendon Press, Oxford, 1866.

43. ROSALES, Rafael María: **El Mensaje de la Petrolia**, Ediciones de la Presidencia de la República, Caracas, 1976.

44. ROSALES, Rafael María: **El Mensaje de la Petrolia**, 2da. edición, Ediciones de la Presidencia de la República, Caracas, 1976. Incluye trabajo de: VELARDE Ch., Hugo M., "La importancia de la explotación petrolera y valor comercial de las acumulaciones petrolíferas de la región de La Alquitrana, estado Táchira".

45. SAMPSON, Anthony: **The Seven Sisters: The Great Oil Companies and the World They Made**, Wiking Press, New York, 1975.

46. SILVA HERZOG, Jesús: **Petróleo Mexicano (Historia de un Problema)**, Fondo de Cultura Económica, México, D.F., 1941.

47. TAIT, Jr. Samuel W.: **The Wildcatters**, Princeton University Press, Princeton, New Jersey, 1946.

48. TINKLE, Lon: **Mr. De -A Biography of Everette Lee De Golyer**, Little, Brown and Company, Boston, 1970.

49. TUGENDHAT, Christopher: **Oil-The Biggest Business**, G.P. Putnam´s Sons, New York, 1968.

50. THOMPSON, Craig: **Since Spindletop, A Human Story of Gulf's First Half-Century**, Gulf Oil Corporation, Pittsburgh, Pennsylvania, 1951.

51. The Institute of Petroleum: **Competitive Aspects of Oil Operations,** edited by George Sell, 61 New Cavendish Street, London, W.I., 1958.

52. **The Royal Dutch Petroleum Co. 1890-1950**, (publicación institucional), Niggh and Van Ditmer N.V., Rotterdam and La Haya, 1950.

53. WEEKS, Mary Elvira: **Discovery of the Elements**, Mack Printing Company, Easton, Pennsylvania, 1945.

Capítulo 13
Petróleos de Venezuela

Índice

Introducción

Petróleos de Venezuela S.A. (PDVSA) fue creada por decreto presidencial N° 1.123 del 30 de agosto de 1975 para ejercer funciones de planificación, coordinación y supervisión de la industria petrolera nacional al concluir el proceso de reversión de las concesiones de hidrocarburos. Efectivamente, el 1° de enero de 1976 a las 12:00:01 horas comenzó PDVSA a desempeñarse como casa matriz.

De entonces acá, 1976-1997, el progreso, el fortalecimiento empresarial y la magnitud de las actividades de la corporación y sus filiales han sido sobresalientes y reconocidas por la comunidad petrolera mundial. Los resultados avalan los beneficios que para el país han significado las relaciones comerciales internacionales directas de PDVSA y sus filiales en los mercados de hidrocarburos del mundo.

Desarrollar e implementar la visión nacional e internacional del negocio le exigió a PDVSA esfuerzos, perseverancia y continuidad en las acciones. Había recibido una industria madura; iniciada, conducida, desarrollada y dirigida durante muchas décadas por empresas concesionarias extranjeras y sus respectivas casas matrices. Sin embargo, era una industria que se había venido a menos en muchas actividades: exploración, refinación, mantenimiento, transporte marítimo, investigación y capacitación de personal en varios aspectos del negocio.

I. Las Primeras Acciones

Afortunadamente, desde el principio, el país siempre ha respaldado las iniciativas y continuidad de las gestiones de PDVSA y sus filiales. El apoyo de los poderes públicos nacionales ha fortalecido a la corporación en su marcha hacia el futuro. Sin titubeos, el personal de la industria se ha mantenido en sus respectivos puestos de trabajo, a todos los niveles de la organización. De igual manera, los extranjeros que la nueva administración petrolera nacional dispuso retener por algún tiempo, permanecieron en el país y colaboraron con efectividad para que el período de transición transcurriera sin tropiezos.

El primer año de gestión, 1976

El tiempo ha hecho desvanecer de la mente del venezolano lo que el primer año de actividades (1976) significó para PDVSA y sus 14 filiales iniciales, y para el país. Más, en veintidós años (1976-1997), el desarrollo y la expansión de la industria venezolana de los hidrocarburos han sido tan admirables que el venezolano común no se imagina la importancia nacional e internacional de PDVSA y sus filiales.

En primer término, sobre la marcha, se procedió a estructurar la organización de la casa matriz y designar el personal directivo, gerencial y de apoyo para las diferentes funciones. Proveer a cada filial del personal necesario. Orientar la transición del desenvolvimiento de una industria privada ex concesionaria a una bajo tutela estatal. Cohesionar los esfuerzos de 23.088 personas; proyectar los requerimientos inmediatos de nuevos empleados vis-a-vis los programas necesarios de expansión a cortísimos y medianos plazos.

Además, mantener la producción de crudos durante el año en 2,3 millones de barriles diarios y asegurar un potencial de 2,7 millones de barriles por día. Exportar 2.150.000 barriles por día de crudos y productos. Abastecer los clientes tradicionales y buscar y asegurar nuevos clientes para afianzar el crecimiento de la corporación y sus filiales.

Las acciones anteriores necesariamente tomaron en cuenta las actividades e instalaciones adicionales a todo lo largo de la cadena de operaciones petroleras: exploración, perforación, producción, transporte, refinación y manufactura, mercadeo y comercialización, apoyadas todas en investigaciones, estudios de factibilidad y consideraciones de grandes inversiones, con miras a la satisfactoria productividad y rentabilidad del negocio.

Transición y consolidación

Las empresas filiales (ex concesionarias) que originalmente pertenecieron a PDVSA, a partir del 1° de enero de 1976, fueron las siguientes (Tabla 13-1):

El convenimiento de compensación al cual llegaron la nación venezolana y las concesionarias y participantes por las instalaciones y otros bienes nacionalizados causaron pagos en efectivo por US$ 117.380.000,oo estadounidenses y en bonos por US$ 936.740.000. La relación Bs./$ fue 4,30/1. (Gaceta Oficial número extraordinario 1.784 del 18-12-1975).

Durante 1976 y 1977, la casa matriz y las filiales comenzaron los estudios y acciones de racionalización de la industria para imprimirle mayor eficiencia al desenvolvimiento de

Tabla 13-1. Filiales originales de PDVSA, 1976	
Filial	Ex concesionaria
Amoven S.A.	Amoco
Bariven S.A.	Sinclair
Boscanven S.A.	Chevron
Corporación Venezolana del Petróleo S.A.	-
Deltaven S.A.	Texas
Guariven S.A.	Las Mercedes
Lagoven S.A.	Creole
Llanoven S.A.	Mobil
Maraven S.A.	Shell
S.A. Meneven	Gulf
Palmaven S.A.	Sun
Roqueven S.A.	Phillips
Taloven S.A.	Talon
Vistaven C.A.	Mito Juan

Fuente: PDVSA, Informe Anual, 1976 y 1977.

las actividades y consolidar los recursos existentes en cada filial. Quedaron cinco operadoras, y cada una de ellas recibió la totalidad o parte de las actividades e instalaciones de las otras filiales, como indica la Tabla 13-2.

Tabla 13-2. Racionalización de la Industria	
Filial operadora	**Filiales transferidas**
LAGOVEN	Amoven Roqueven - Oriente
MARAVEN	Roqueven - Occidente Vistaven - Occidente Taloven - Falcón
MENEVEN	Roqueven - San Roque Vistaven - Oriente Taloven - Oriente Bariven - El Chaure Guariven - Guárico
CVP	Boscanven Deltaven
LLANOVEN	Bariven - Barinas Palmaven

Esta reorganización encaminó a la industria hacia la expansión futura en todos los órdenes de sus actividades. En 1976, PDVSA y sus filiales hicieron inversiones de capital de unos 1.200 millones de bolívares y en 1977 2.400 millones de bolívares. En 1978 contempló inversiones por unos 5.000 millones de bolívares.

El objetivo general incluyó iniciar, fortalecer y expandir las operaciones de exploración; perforar costafuera en áreas vírgenes del golfo de La Vela, el golfo Triste y el delta del Orinoco en busca de acumulaciones petrolíferas. Continuar esfuerzos exploratorios a mayor profundidad en las áreas productivas de las cuencas tradicionales y las áreas adyacentes asignadas últimamente.

A la vista se tenía el requerimiento del aumento futuro de la **producción**; la construcción de nuevas instalaciones de **refinación**; las ampliaciones necesarias del **merca-**do **interno**; la diversificación y obtención de nuevos clientes por **mercadeo internacional**. Para satisfacer la demanda de empleo por la expansión de las operaciones, **recursos humanos** se encargó de buscar y atraer el personal idóneo requerido.

Grandes retos
La petroquímica

El 1° de marzo de 1978, Petróleos de Venezuela recibió del Ejecutivo Nacional las acciones del Instituto Venezolano de Petroquímica (IVP) que por ley fue convertido en Petroquímica de Venezuela S.A. (Pequiven). Sobre la marcha PDVSA echó a andar los mecanismos que permitirían sanear económicamente a la industria petroquímica, mediante asistencia técnica para maximizar el funcionamiento de las plantas e instalaciones conexas. Sin duda, un gran reto. La petroquímica inició su nueva etapa arrastrando una deuda de 605 millones de bolívares.

El adiestramiento de personal

La expansión de las operaciones petroquímicas y petroleras, y las de investigación que debía formalizar y desarrollar la filial Intevep, plantearon a la industria la necesidad del adiestramiento oportuno recurrente del personal existente como también del personal empleado recientemente, a todos los niveles de la organización corporativa.

Esta tarea ha sido cumplida a lo largo de los años de actividades de PDVSA y sus filiales. También participaron FONINVES y el INCE, que colaboraron con el INAPET desde 1976 hasta 1983 cuando, bajo la tutela de PDVSA y sus filiales, se creó el CEPET, el cual se convirtió en el ente de adiestramiento de la industria.

PDVSA y sus filiales sumaron en los años 1976-1978, inclusives, 2,1 millones de horas-participante de adiestramiento de personal. En el mismo período, INAPET capacitó a 1.435

artesanos mediante programas de formación acelerada en las áreas de refinación, perforación, electrónica y metalmecánica/montaje. En total, el INAPET en estos tres años impartió 2.411 cursos gerenciales, de supervisión, profesionales y técnicos, artesanales y operacionales, nivelación de bachillerato y aprendizaje, a los cuales asistieron 32.341 participantes que acumularon 2,2 millones de horas-participante.

II. Organización y Capacidad Operativa

Operaciones de avanzada tecnología

Al cumplir cuatro años de actividades en 1979, PDVSA y sus filiales habían logrado establecer la organización y las estructuras que permitieron seguir ampliando la capacidad operativa de la industria.

Acción importante durante 1979 fue el establecimiento de la estrategia de exploración de la Faja del Orinoco, según los estudios y planes de desarrollo que se aplicarían a corto, mediano y largo plazo. Se estimó obtener un potencial de 200.000 barriles diarios para 1988, incluido un volumen potencial de producción de 125.000 b/d de crudo mejorado en los estados Monagas y Anzoátegui. Para el año 2000 se proyectó la producción de un millón de barriles por día. La Faja se dividió en cuatro grandes áreas: Cerro Negro, Hamaca, Zuata y Machete. Se experimentó con la inyección de vapor de agua en pozos de Cerro Negro y Jobo, estado Monagas, y los resultados fueron positivos.

La petroquímica fue objeto de continuados estudios para completar las instalaciones requeridas. No obstante que Pequiven con-

tinuó operando y perdiendo dinero, las estrategias y planes del desarrollo petroquímico permitirían corregir la situación económica a largo plazo.

Para absorber el excedente de etileno en el complejo El Tablazo, estado Zulia, se formó la empresa mixta Plásticos del Lago C.A. para producir polietileno de alta densidad. También se prosiguió con el proyecto para aumentar la capacidad de producción de polietileno de baja densidad en El Tablazo, mancomunadamente con la empresa Polímeros del Lago C.A., en El Tablazo, y aumento de la capacidad de producción de sulfato de aluminio en el complejo Morón, estado Carabobo, con la empresa mixta Ferro-Aluminio C.A.

Otra manifestación de la organización y capacidad operativa desarrollada por la corporación en 1979 correspondió a las ventas de hidrocarburos a clientes no tradicionales que recibieron 874.000 barriles por día. Esta cifra correspondió a un aumento de 21 % con respecto a 1978 y 72 % en comparación con 1977.

Materiales

El renglón de materiales es de suma importancia para las operaciones petroleras. Las compras de materiales son un buen índice del ritmo de las actividades de exploración, perforación, producción, transporte, refinación/manufactura, mercadeo, comercialización e investigación científica y tecnológica.

La Tabla 13-3 destaca el interés de PDVSA y sus filiales por aumentar la compra de insumos fabricados en el país, siempre que se ajusten a las normas de calidad, seguridad y

Tabla 13-3. Compras de materiales, MMBs.

	1976	1977	1978	1979
Origen nacional	490	970	1.450	2.400
Importaciones indirectas	280	420	650	1.360
Importaciones directas	450	680	1.500	2.460
Total	1.220	2.070	3.600	6.220

Fuente: PDVSA, Informe Anual, años citados.

estabilidad exigidas por las operaciones petroleras. En este sentido, PDVSA y sus filiales establecieron tempranamente los medios para evaluar el sector industrial nacional y recomendar cómo maximizar la productividad.

Al cumplir la industria petrolera nacional cuatro años de actividades, el programa de evaluación de capacidad manufacturera de las empresas y talleres venezolanos, iniciado formalmente en 1978, cubrió 200 compañías para fines de 1980. La contribución de asesoría y evaluación técnica petrolera para el sector manufacturero comenzó a dar frutos, revelados por los aumentos en las compras locales.

Intevep

Al comenzar la casa matriz petrolera estatal sus operaciones, sobre la marcha creó el Instituto Tecnológico Venezolano del Petróleo (INTEVEP) para iniciar los estudios e investigaciones requeridas por la industria. Pues, al revertir a la Nación las concesiones, desaparecieron los servicios de investigación y estudios que hacían las respectivas casas matrices para sus empresas operadoras en Venezuela.

Intevep fue estructurado y organizado rápidamente (1976) y comenzó a prestar servicios a la industria en varios renglones. Su desenvolvimiento y crecimiento se demuestran en los datos de personal que siguen, que reflejan el **porqué** y el **cuándo** de las investigaciones científicas y técnicas para mantener la capacidad operativa y competitiva de PDVSA y sus filiales.

Durante 1979-1980, Intevep dedicó, aproximadamente, su tiempo así: el 50 % a servicios de apoyo tecnológico, 40 % a investigación aplicada y desarrollo, y 3 % a investigación básica orientada.

Entre los estudios, investigaciones y servicios correspondientes a estos dos años sobresalieron los siguientes:

• Estudios sedimentológicos y geoquímicos para las actividades de exploración costafuera y en la Faja del Orinoco.

• Diseño conceptual para la generación de vapor de agua e instalaciones de producción para la Faja, en el marco del convenio de asistencia firmado con Alemania Federal.

• Proyecto de extracción terciaria de petróleo de yacimientos en el lago de Maracaibo, conjuntamente con Maraven y Shell.

• Estudios sobre estado actual de la tecnología de combustibles para la generación de vapor.

• Comienzo de las actividades del laboratorio de geología y, en gran parte, las del laboratorio básico de petróleo y gas.

• Procesamiento de más de 6.000 kilómetros de líneas sísmicas.

• Estudios sobre extracción de metales del "Flexicoker" y sobre las técnicas actuales de combustión de materiales pesados.

• Primera etapa del programa de evaluación de procesos para el mejoramiento de crudos pesados.

• Inicio del diseño de plantas piloto de destilación y de desasfaltación.

Tabla 13-4. Personal de Intevep*					
	1976	1977	1978	1979	1980
Gerencial y profesional	-	134	179	259	327
Técnico	-	43	70	46	71
Auxiliar	-	62	137	260	313
Total	68	239	386	565	711

* Al 31-12 de cada año.

• Atención a varios proyectos en marcha sobre evaluación de bases para lubricantes.

• Procesamiento de un promedio de 4.000 muestras mensuales en el laboratorio de análisis físico-químico de petróleo y sus derivados.

III. Los Proyectos del Quinquenio 1980-1984

En el período 1980-1984, Petróleos de Venezuela y sus filiales avanzaron decididamente en definir y poner en práctica las estrategias corporativas necesarias. Se consolidó satisfactoriamente la transición y adaptación de las actividades petroleras privadas de las concesionarias a la tutela del Estado venezolano. Se lograron, sin trauma, los cambios deseados en la estructura y organización de los cuadros directivos, gerenciales, operacionales y de apoyo. Se fortalecieron los estímulos de actuación del personal y se complementaron y ampliaron, hasta donde se pudo, la capacidad y eficiencia operacional de todas las actividades del negocio. Sin embargo, faltaba todavía mucho por hacer. Se perfilaba un futuro muy exigente, pero el petrolero venezolano confiaba en su demostrada idoneidad. Veamos.

La Faja del Orinoco

A esta extensa y rica área en petróleos pesados/extrapesados le llegó su hora (ver el Capítulo 4, "Producción", Sección VI, para información básica pertinente). La aplicación de nuevas tecnologías petroleras permite ahora la explotación comercial de este tipo de crudos. Las nuevas modalidades de perforación, extracción de núcleos y terminación de pozos conducen a que los yacimientos de arenas deleznables ya no sean agudos problemas. Además, la inyección alterna o continua de vapor en el yacimiento promete aumentar significativamente la producción del pozo. En refinación/manufactura, los laboratorios y plantas piloto han constatado la conversión profunda para obtener de estos crudos pesados/extrapesados crudos más livianos. Todo esto conduce a tener en la Faja la posibilidad de una inmensa fuente de hidrocarburos comerciales para muchísimas décadas.

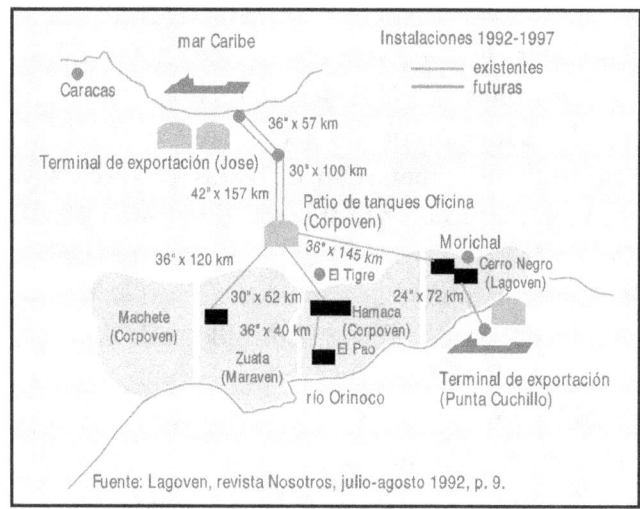

Fig. 13-1. Faja del Orinoco.

Por tanto, los preparativos para la explotación y el desarrollo de la Faja merecen ser conocidos por la juventud estudiosa venezolana. La Faja es única por el volumen de petróleo que contiene y su explotación es un reto de dimensiones extraordinarias en inversiones, tecnología, comercialización y otros aspectos del negocio de los hidrocarburos.

En 1980, Lagoven comenzó a incrementar sustancialmente el ritmo de construcción de las instalaciones de su proyecto Desarrollo del Sur de Monagas y Anzoátegui (DSMA) para procesar 125.000 b/d de crudo mejorado de alta calidad en 1988. Por otro lado, Meneven procedió a acelerar su proyecto de producción de 75.000 b/d para 1985 del área Guanipa-100, estado Anzoátegui, e incrementar el caudal a 100.000 b/d en 1988.

PDVSA consideró necesario respaldar y resguardar el financiamiento de estas actividades, nutriendo el fondo especial de reser-

185

va para inversiones. En efecto, de las ganancias netas de 1980 se depositaron 2.000 millones de bolívares (US$ 465,1 millones). Y para atender aspectos de las actividades que en las comunidades emanarían de estos proyectos y del incremento de producción de crudos pesados en la costa oriental del lago de Maracaibo se apartó también la cantidad de 1.000 millones de bolívares (US$ 232,6 millones).

Para fines de 1981 se habían trazado 11.200 kilómetros de líneas sísmicas. Se completó el levantamiento y estudio aeromagnético de toda la región al norte del río Orinoco. Se perforaron 603 pozos exploratorios y de extensión, y se hicieron pruebas de producción en 420 intervalos en 305 pozos.

Los esfuerzos y operaciones de este año indicaron la existencia in situ de, aproximadamente, un millón de millones de barriles de petróleo. Se seleccionaron para ser las primeras sometidas a explotación las áreas Cerro Negro, la parte norte de la zona de Hamaca y la zonas Zuata-Santa Clara. Se estimó que estas áreas, en conjunto, ofrecen 400.000 millones de barriles de petróleo in situ.

Durante 1982 se concluyó el Esquema de Ordenamiento Territorial de la Faja del Orinoco y sus áreas de influencia, coordinado por el Ministerio del Ambiente y de los Recursos Naturales Renovables y la participación activa de PDVSA, el Ministerio de Transporte y Comunicaciones, el Ministerio de Agricultura y Cría, el Ministerio de Desarrollo Urbano, entre otros.

En este tercer año del quinquenio, además de las propias instalaciones petroleras programadas, se hicieron 2.800 kilómetros de carreteras, y se instalaron 62 puentes. En labores de planificación e investigación se emplearon entre un millón y 1,5 millones de horas-hombre para atender diferentes aspectos del desarrollo de la Faja. Para fines de 1982, las inversiones en la Faja sumaron 4.637 millones de bolívares.

La aplicación de la inyección alternada de vapor a pozos de Zuata, Cerro Negro y Hamaca dieron tasas estables de producción de 800 a 1.400 b/d, mediante bombeo mecánico. Estos volúmenes confirmaron las extraordinarias perspectivas del potencial de producción de la Faja.

Durante 1983, los trabajos en la Faja incluyeron: la dedicación de Intevep en la instalación de las plantas piloto; investigación de las características y propiedades de los crudos. Se perforaron 19 pozos exploratorios y se les hicieron 98 pruebas de producción, mediante la inversión de 202 millones de bolívares. Se perforaron pozos disponiendo su ubicación en forma de módulos, o macolla, lo cual permite agrupar varios pozos en una área pequeña y ahorrar mucho espacio en la superficie para otros usos. La trayectoria de este tipo de pozo puede ser inclinada, direccional, de largo alcance, o también horizontal.

De las pruebas de producción se concluyó que si se emplea extensivamente la inyección de vapor en los yacimientos se pue-

Fig. 13-2. Disposición de pozos en macolla o módulo concentrado, campo Cerro Negro, Faja del Orinoco.

de extraer un volumen de petróleo de 200.000 millones de barriles. A 2 millones de barriles por día eso equivale a 273 años de producción. Naturalmente, la comercialización de esta clase de crudos depende de su calidad mejorada y de las condiciones de los mercados.

Otros dos aspectos relevantes del desarrollo de la Faja durante 1983 fueron el convenio con la CVG Electrificación del Caroní (EDELCA) para asegurar el suministro de electricidad deseado y el nuevo convenio con el Ministerio del Ambiente y de los Recursos Naturales Renovables. Este convenio especificó la adaptación del Esquema de Ordenamiento Territorial de la Faja de 1982.

En 1984, último año del quinquenio en referencia, los trabajos en la Faja habían consolidado los aspectos de investigación y desarrollo selectivo del proyecto. Los dos módulos experimentales de producción en Cerro Negro fueron conectados al sistema Morichal-Jobo para entregar 16.000 b/d, de un potencial de producción de 30.000 b/d. En el área de Guanipa se concluyó la construcción de 13 estaciones de flujo, el tendido de 290 kilómetros de oleoductos y la perforación de 610 pozos, cuyo potencial global fue de 118.000 b/d. Todo esto significó que el desarrollo del área de Guanipa se cumplió en un 70 % de la totalidad del programa.

Entre otras actividades, se continuaron con las inyecciones alternadas de vapor y las evaluaciones de resultados en Zuata-San Diego y Hamaca-El Pao y se aprobó hacer lo mismo en 1985 en San Diego Norte al tener listos los pozos.

En síntesis, para construir las instalaciones y otras obras de infraestructura, levantamientos sísmicos, exploración con taladro, perforación de desarrollo y producción, se invirtieron en la Faja unos 7.628 millones de bolívares, hasta finales de 1984.

Otros proyectos relevantes

Para permanecer en la vanguardia del acontecer petrolero, toda casa matriz y sus filiales, además de cumplir con las actividades diarias del negocio, deben mantener una cartera de proyectos en marcha para reforzar continuamente su eficiencia operacional y empresarial corporativas. La fortaleza de PDVSA y sus filiales se fundamenta en responder pronto a las exigencias planteadas. Veamos:

Tecnología e investigación

El aporte de Intevep a las actividades de desarrollo de la Faja durante 1980-1984 fue fundamental en la determinación de las características, propiedades y manejo de los crudos pesados/extrapesados; análisis de la composición, estabilidad, características y propiedades del tipo de roca de los yacimientos; aplicación de la inyección de vapor a los yacimientos; resultados de la producción de petróleo mediante la inyección de vapor; diseño de módulos de producción y de plantas piloto de procesamiento; y aspectos ambientales de la Faja del Orinoco.

Además, Intevep atendió otros requerimientos de la industria concernientes a la plataforma continental; materiales; gas natural; parámetros de diseño para estructuras costafuera; tratamiento de efluentes producidos por las operaciones petroleras y petroquímicas; medios de transporte de fluidos; mezclas de combustibles para vehículos; y evaluación de crudos de diferentes yacimientos del país; más los programas de evaluación de las empresas venezolanas de ingeniería, consultoría, construcción y servicios especializados a través de un sistema computarizado de control de información.

Para fortalecer su posición, expandir sus relaciones y oportunidades de colaboración, Intevep firmó convenios con el Instituto Venezolano de Investigaciones Científicas (IVIC), CENPES de Brasil, CEPE de Ecuador y Petroca-

Tabla 13-5. Compras de materiales, MMBs.

	1976-1979	1980	1981	1982	1983	1984
Origen nacional	5.310	2.700	3.760	4.415	2.859	3.656
Importaciones indirectas	2.710	1.640	2.210	2.200	1.111	1.155
Importaciones directas[1]	5.090[2]	2.200	3.770[3]	7.100[3]	2.718[3]	2.274[3]
Total	13.110	6.540	9.740	13.715	6.688	7.085
(1) Incluye los siguientes rubros:						
(2) Taladros, tanqueros, tubulares	1.850	-	-	-	-	-
(3) Taladros	-	-	410	327	-	-
Tanqueros	-	-	650	311	599	55
Tubulares	-	-	1.425	4.052	509	104
Total	1.850	-	2.485	4.690	1.108	159

Fuente: PDVSA, Informe Anual, años citados.

nada, el Alberta Oil Sands Technology and Research Authority (AOSTRA), el Departamento de Energía de los Estados Unidos, el Instituto del Petróleo y el Gobierno de la República Federal de Alemania, Veba Oel, Chevron Overseas Petroleum Inc., y renovación de contratos con Exxon Services Company y con British Petroleum. Las actividades de Intevep fueron exigiendo cada vez mayor número de personal gerencial, profesional, técnico y auxiliar.

Materiales y servicios técnicos

El rítmo de las operaciones y proyectos en ejecución requieren una extensa variedad de equipos, herramientas y materiales. La magnitud de las compras es indicativa del volumen de trabajo en progreso (Tabla 13-5).

Desde el inicio de sus actividades, PDVSA y sus filiales se preocuparon por disminuir significativamente la participación extranjera en los servicios de ingeniería y por promover el desarrollo y la participación de las empresas venezolanas. Aunado a este deseo, en 1978 se inauguró, desarrolló y creció el programa de evaluación de empresas venezolanas de ingeniería, manufactura y servicios, cuyos resultados se desglosan en las Tablas 13-6 y 13-6A.

Tabla 13-6. Evaluación del sector manufacturero nacional

Año	Sectores evaluados	Empresas evaluadas	Seguimientos
1984	10	91	237
1983	18	147	194
1982	16	142	200
1981	12	128	175
1980	16	109	76
1979	9	69	-
1978	4	37	-
Total	85	723	882

Fuente: PDVSA, Informe Anual, 1984, p. 49.

Tabla 13-6A. Esfuerzo de ingeniería contratada

Ejecutado por	miles de horas-hombre				
	1984	1983	1982	1981	1980
Empresas extranjeras	452	1.230	3.100	2.532	3.383
Empresas nacionales	1.226	2.280	1.830	1.075	659
Total	1.678	3.510	4.930	3.607	4.042
Participación extranjera %	27	35	63	70	84
Participación nacional %	73	65	37	30	16

Fuente: PDVSA, Informe Anual, 1984, p. 49.

Estrategia de internacionalización

La industria petrolera venezolana nació, creció y fue desarrollada teniendo como meta las exportaciones de crudos y productos. Las concesionarias extranjeras que actuaron en nuestro país durante el período 1914-1975 pusieron el nombre de Venezuela en el mapa petrolero mundial mediante la acumulación de las siguientes cifras (Tabla 13-7):

Tabla 13-7. Actuación de las concesionarias en Venezuela	
	1914-1975
Petróleo producido, MMB	31.947,2
Petróleo procesado, MMB	8.563,2
Petróleo exportado, MMB	23.310,2
Productos exportados, MMB	6.758,8
Pozos	
Productores de petróleo	25.699
Productores de gas	261
Secos	3.720
Total	29.680

Fuente: La Industria Venezolana de los Hidrocarburos, Tomo I, Cap. V, 1989.

PDVSA y sus filiales continuaron exportando crudos y productos a clientes tradicionales al asumir el control de la industria el 1° de enero de 1976. Sin embargo, el futuro debía afirmarse sobre las perspectivas de mayores volúmenes de exportación. Las acciones iniciales se concentraron entonces en establecer relaciones con nuevos clientes en los mercados mundiales, lo cual se logró con éxito por la tenacidad y empeño de las primeras incursiones realizadas, que también derivaron en experiencias beneficiosas para el personal encargado de esta rama del negocio.

Las metas para fortalecer y aumentar la capacidad de la industria se fundamentan en más exploración; incremento selectivo de las reservas de petróleo; mayor producción; cambios de patrón de refinación, empezando con las refinerías de Amuay y la de Cardón (ver Capítulo 6, "Refinación", Secciones VI y VIII) e investi-gaciones sobre la comercialización de crudos pesados/extrapesados mediante la aplicación de métodos de conversión profunda en refinación/manufactura; y la recuperación operacional y financiera de la petroquímica venezolana.

En efecto, la estrategia de internacionalización de las actividades de PDVSA y sus filiales comenzó a aplicarse en 1983 con el acuerdo firmado con la Veba Oel A.G. de Alemania Federal, sobre crudos pesados/extrapesados. En 1984, el acuerdo se convirtió en convenio para intensificar el programa de investigación conjunta con la Veba Oel. PDVSA adquirió en propiedad la tercera parte de la planta piloto del proceso Veba-Combi-Cracking, la cual tiene capacidad de 140.000 b/d. Como parte del convenio, se procedió a la expansión de la planta de coquización retardada de Ruhr Oel, con capacidad para procesar hasta 17.000 b/d de crudo pesado Bachaquero 17.

Las cifras de la Tabla 13-8 demuestran la magnitud de las actividades de PDVSA y sus filiales en los nueve primeros años de actuación.

IV. El Quinquenio 1985-1989

En 1985, PDVSA y sus filiales cumplieron diez años al servicio del país, gerenciando con idoneidad el fortalecimiento de la industria venezolana de los hidrocarburos y preparándola para mayores logros durante la próxima década.

Expansión de la internacionalización

Durante este quinquenio, las gestiones de PDVSA y sus filiales enfocaron con tenacidad la expansión y la solidez del negocio de los hidrocarburos de Venezuela en Europa y en los Estados Unidos. Los buenos resultados obtenidos y el que firmas y empresas extranjeras de larga trayectoria en el negocio hayan correspondido a las gestiones de PDVSA o que

Tabla 13-8. Actuación de la Industria Petrolera Nacional

		1976-1985
1. Crudos producidos, MMB		7.386,0
Liviano (> 30° API)	2.332,3	
Mediano (22-30° API)	2.394,3	
Pesado/extrapesado (< 22° API)	2.659,4	
2. Condensado, MMB		245,9
3. Líquidos del gas natural, MMB		225,4
4. Crudos procesados, MMB		3.359,6
5. Crudos exportados, MMB		3.900,1
6. Crudos reconstituidos exportados, MMB		427,0
7. Productos exportados, MMB		2.188,1
8. Productos vendidos en el mercado interno, MMB (inclusive a naves/aeronaves en tránsito internacional)		1.182,8
9. Pozos terminados		6.389
10. Trabajos de reparaciones y reacondicionamiento de pozos		14.44
11. Reservas de petróleo, 1984, MMB		29.326
12. Reservas de gas natural, 1984, MMMm^3		1.730

Fuentes: PDVSA, Informe Anual, 1976-1985.
MEM-PODE, 1976-1985.

las mismas hayan hecho inicialmente proposiciones a PDVSA significa que el negocio del petróleo de los venezolanos goza del respeto de la comunidad mundial petrolera. Veamos:

• En la refinería de Ruhr Oel en Scholven, Alemania, mediante el Convenio PDVSA-Veba Oel, se iniciaron (1985) los proyectos para expandir la planta reductora de viscosidad y el aumento de la capacidad de producción de asfalto oxidado, con aporte de 28 millones de bolívares por parte de PDVSA. En la refinería se avanzó en la ejecución del proyecto de modificación de la planta de destilación atmosférica y el proyecto de expansión de la planta de coquización retardada.

Esta asociación permitió a PDVSA penetrar en el mercado alemán, asegurar la colocación anual de 100.000 b/d de crudos venezolanos y aumentar ese volumen en 45.000 b/d a partir de septiembre 1985.

• PDVSA creó su filial Refinería Isla (Curazao) S.A. para operar el complejo refinador y terminal de embarque mediante arrendamiento de cinco años entre Venezuela y el gobierno de las Antillas Neerlandesas, a partir del mes de octubre de 1985. La refinería inició operaciones procesando 140.000 b/d de crudos venezolanos para los mercados internacionales.

• Por convenio del 15 de septiembre de 1986, PDVSA adquirió 50 % de la empresa Citgo, de Tulsa, subsidiaria de la Southland Corporation. Esta adquisición garantiza la colocación de hasta 200.000 b/d de crudos y productos venezolanos y le otorga a PDVSA propiedad del 50 % del complejo refinador de Lake Charles. Además, la empresa venezolana tiene acceso a un sistema de suministro con capacidad de colocar 350.000 barriles diarios de productos, un complejo de lubricantes, cuatro terminales de embarque, una flota de camiones cisterna y tres importantes sistemas de poliductos (Colonial, Explorer y Lake Charles).

• El 30 de junio de 1986, PDVSA mediante convenio con Axel Johnson, de Suecia, adquirió 50 % de las acciones de su subsidiaria Nynas, lo cual asegura a Venezuela la colocación de hasta 40.000 b/d de crudos venezolanos y la participación en tres refinerías (dos en Suecia y una en Bélgica) con capacidad para 56.000 b/d de procesamiento. Además, Nynas aportó 12 terminales y depósitos propios, 11 plantas de distribución, tres tanqueros en arrendamiento a largo plazo, oficinas de mercadeo en ocho países y un labora-

Fig. 13-3. Presencia de PDVSA en Europa.

torio propio para investigación y desarrollo. Axel Johnson es una firma mundialmente reconocida en la comunidad petrolera y una de las importadoras más antigua de crudos venezolanos.

• En 1987, Interven, filial de PDVSA, encargada de coordinar las inversiones y participaciones en el extranjero, amplió la efectividad gerencial de sus gestiones. Exploró la factibilidad logística, comercial y financiera de futuras posibilidades de asociaciones, de acuerdo con las metas fijadas por PDVSA.

• Efectivamente, ese año, Petróleos de Venezuela, Union Pacific Corporation y su

Fig. 13-4. Presencia de PDVSA en Estados Unidos y el Caribe.

subsidiaria Champlin Petroleum Company, firmaron en marzo un acuerdo y constituyeron la Champlin Refining Company, de la cual PDVSA es propietaria de sus haberes, inclusive activos de refinación en Corpus Christi, Texas, más un sistema de distribución y mercadeo.

La refinería de Corpus Christi cuenta con un complejo de instalaciones de alta conversión, capaz de elaborar 80 % de productos blancos. La capacidad de procesamiento del complejo es de 165.000 b/d y mediante compromiso contractual PDVSA suministrará 130.000 b/d de crudos y 10.000 b/d de productos intermedios. Además, PDVSA tiene la opción de suministrar la totalidad de la capacidad de la refinería.

Entre las instalaciones de Corpus Christi están la planta productora de aditivos (MTBE) para aumentar el octanaje de las gasolinas y una planta petroquímica de 8.000 b/d de capacidad. Para la distribución de productos se dispone de poliductos y la vía marítima. Se cuenta con 51 plantas de distribución, entre propias y de intercambio. El mercado al que abastece Champlin cubre 10 estados, entre ellos Texas, Louisiana, Florida, Virginia y Mississippi, que representan 70 % del total de las ventas.

• En 1989 se firmó una prórroga hasta 1994 del contrato de arrendamiento de la refinería de Curazao, lo cual permitió planificar y proyectar las futuras operaciones de las instalaciones con mayor certeza.

• Las asociaciones, participaciones y adquisiciones efectuadas por PDVSA durante los últimos tres años reforzaron mundialmente la capacidad y el prestigio de Venezuela en el negocio de los hidrocarburos. En 1988, PDVSA ejerció la opción contractual para adquirir 50 % de la propiedad de Champlin perteneciente a la empresa Union Pacific. La nueva empresa lleva el nombre de Champlin Refining and Petrochemicals Inc.

• Por otro lado, PDVSA suscribió preconvenio con la empresa estadounidense Unocal Corporation para formar una empresa mixta de refinación y mercadeo para servir a los estados centrales del norte de los Estados Unidos. La negociación incluye una refinería cerca de Chicago, a la cual PDVSA abastecería 135.000 b/d de crudos. Además, esta nueva negociación abarcará también una red de distribución de 4.000 puntos de venta, oleoductos, poliductos, y plantas de distribución.

• Al final del quinquenio se lograron asociaciones y adquisiciones muy importantes. PDVSA y la Standard Oil Company of California (UNOCAL) constituyeron con propiedad en partes iguales la empresa Uno-Ven, la cual opera en 12 estados del Medio Oeste de Estados Unidos, tiene una refinería de conversión profunda con capacidad de procesamiento de 153.000 b/d, una planta de mezcla y envasado de lubricantes con cuatro terminales asociados, 12 terminales de distribución de combustibles para automotores, una terminal para combustibles de aviación, 131 estaciones de servicio propias y acceso a otras 3.300 propiedad de particulares. Uno-Ven recibirá 135.000 b/d de crudos por parte de PDVSA.

PDVSA, empresa mundial de energía

Al terminar el quinquenio 1985-1989, PDVSA se proyectó en el mundo como un fuerte suplidor de energía con empresas propias, asociaciones, arrendamientos y extensas instalaciones en Europa, Estados Unidos y el Caribe para servir a sus clientes.

Todo esto fue el resultado de una visión empresarial que comenzó primero por robustecer (1976) a PDVSA y sus filiales mediante programas fundamentales de racionalización y organización de las operaciones de las 14 filiales originales; fortalecimiento de la capacidad de respuesta corporativa a las metas de producción, despachos y entregas de crudos y/o productos. La segunda fase consistió en iniciar (1983) las gestiones de internacionalización descritas.

La tecnología propia, desarrollada por Intevep, logró el combustible Orimulsión®, adelantos en el diseño y formulación de catalizadores, diseño de varios procesos de conversión profunda aplicables a la refinación de crudos pesados/extrapesados y más de 400 patentes que incluyen técnicas aplicables a las operaciones petroleras.

PDVSA añadió también a su cartera de operaciones la petroquímica. Su filial Pequiven (1978) reorganizó y puso a funcionar comercialmente los complejos de Morón y El Tablazo. Mediante asociaciones con empresas y capitales nacionales y/o extranjeros promovió la formación de empresas mixtas que son un éxito empresarial y constituyen un emporio industrial.

Por otra parte, al crear PDVSA a Carbozulia (1986) asumió la explotación y comercialización de los yacimientos carboníferos del Guasare, estado Zulia. A medida que progresaron los trabajos, Carbozulia comenzó a formar empresas mixtas con recursos extranjeros y locales. En 1989, las exportaciones de carbón del Guasare sumaron 1.500.000 toneladas.

Catorce años sirviendo al país, 1976-1989

Al cumplir Petróleos de Venezuela y sus filiales catorce años al servicio de Venezuela, los resultados logrados son más que satisfactorios. La industria venezolana de los hidrocarburos se robusteció, se expandió y conquistó un puesto de vanguardia entre el grupo de empresas petroleras multinacionales más poderosas del mundo. Es más, PDVSA tiene relaciones y asociaciones operacionales y comerciales con varias de esas empresas.

Debe tenerse en cuenta que en los primeros años de actuación, PDVSA y sus filiales tuvieron que reorganizarse, fortalecerse y coordinar sus operaciones para crecer y mantener a Venezuela en los primeros puestos como exportadora tradicional de grandes volúmenes de hidrocarburos. Simultáneamente, PDVSA tuvo que incursionar estratégicamente en los mercados extranjeros más importantes con instalaciones propias para dar a conocer sus símbolos por el mundo y servir directamente a la clientela.

Además de las operaciones de las filiales en el territorio nacional, el acercamiento y relaciones más estrechas de éstas con las empresas locales de manufactura y de servicios fortalecieron el desarrollo industrial del país. Los logros obtenidos fueron obra de las iniciativas, asesoramiento y recursos de PDVSA a través del Registro Unico de Contratistas, el Registro de Calidad dirigido por Intevep, el Programa de Asistencia al Fabricante y el Programa de Venezolana Promotora de Exportaciones (VEPROX). Y, aunado a todo eso, la orientación, formación, educación y desarrollo del personal de la industria y entes afines, a través de la organización de Recursos Humanos y los centros de adiestramiento como el INAPET (1976-1983) y el CEPET (1983-1995) antecesores del CIED, Centro Internacional de Educación y Desarrollo, nueva filial creada el 7 de diciembre de 1995, y cuya acta constitutiva dice: ... "para realizar cualquier actividad que tienda a la educación, formación, adiestramiento y desarrollo del personal de todos los niveles de Petróleos de Venezuela S.A. y sus empresas filiales".

Las páginas que siguen resumen aspectos interesantes de las actividades de Petróleos de Venezuela y sus filiales en el período 1990-1996.

V. Los Años 1990-1996

Al finalizar 1996, PDVSA y sus filiales cumplieron veintiún años de servicios al

194

país. En los últimos siete años de la jornada se consolidaron mucho más todas las realizaciones anteriores y se fomentaron y abrieron nuevas perspectivas que han fortalecido y ampliado los negocios de PDVSA, en Venezuela y en el extranjero.

En 1990 se aumentó la capacidad de la petroquímica en el país para responder a la utilización e industrialización interna de los hidrocarburos. En Venezuela, Pequiven y las empresas mixtas asociadas produjeron 2.270.000 toneladas y 1.018.000 toneladas, respectivamente. En el extranjero, en las empresas petroquímicas propias o en participación, la producción fue de 3.530.000 toneladas.

Las proyecciones cumplidas en otros renglones cubrieron la puesta en marcha de la planta de BTX (benceno, tolueno, xileno) en la refinería de El Palito, estado Carabobo; la construcción de la planta de propileno en el complejo petroquímico Zulia-El Tablazo; el comienzo de operaciones de los servicios industriales en el complejo Jose, estado Anzoátegui, y el inicio de las operaciones de la planta de MTBE en el mismo complejo. En el complejo petroquímico Morón, estado Carabobo, se rehabilitó la planta de ácido fosfórico.

Respecto a la utilización y comercialización del gas natural licuado (GNL) en el oriente del país, se definieron las bases, en primer término aprobadas por el Ejecutivo Nacional y luego por el Congreso Nacional. Los socios en el proyecto "Cristóbal Colón", y la correspondiente participación, son Lagoven 33 %; Shell 30 %; Exxon 29 % y Mitsubishi 8 %. El gas natural objeto de este proyecto es responsabilidad de Lagoven, y está ubicado costafuera de la península de Paria y al este de Margarita, en la zona gasífera de gran extensión denominada Patao. Se estima que la inversión para desarrollar este proyecto será de unos US$ 3.000 millones.

Otra obra importante terminada para transportar gas natural de oriente al centro del país fue el gasducto NURGAS (nueva red de gas), de 545 kilómetros de longitud y capacidad diaria de transporte de 18 millones de metros cúbicos de gas.

Para atender la expansión de actividades de la corporación, se crearon las filiales PDV Marina y PDV Insurance.

Entre los programas de colaboración y asistencia al público se crearon los Módulos Integrados de Desarrollo Agrícola (MIDA) para asesorar y servir a los agricultores.

En el exterior, nuestra empresa Citgo incorporó 1.271 nuevas estaciones de servicio en el mercado de los Estados Unidos y aumentó este año sus ventas de gasolinas en ese mercado en 16 % (el mercado creció 3 % durante el año). Además, Citgo adquirió el 50 % de la refinería Seaview, ubicada en Paulsboro, New Jersey, Estados Unidos, para procesar 44.000 b/d de crudos extrapesados y 40.000 b/d de crudos livianos.

Para ampliar las instalaciones de almacenamiento en ultramar, PDVSA adquirió la terminal de Freeport en las islas Bahamas a través de su empresa Baproven. Las instalaciones tienen capacidad para almacenar 12 millones de barriles de hidrocarburos, y posibilidad de ampliar ese volumen a 20 millones de barriles.

Penetración de mercados

A lo largo del tiempo y de la historia de la industria de los hidrocarburos, el comportamiento del mercado ha gobernado la demanda y la producción. Esta relación influye en los precios de crudos y productos. Si aumenta imprevisiblemente la demanda y no hay suficiente producción disponible, suben rápidamente los precios. Si disminuye la demanda, los precios tienden a bajar. En uno u otro caso la reacción no se hace esperar. Por tanto, siempre hay un cierto grado de incertidumbre sobre el comportamiento del mercado y la predicción de la demanda a muy largo plazo. Estas son muestras de los riesgos que, entre otros, enfrenta la industria.

En 1991, PDVSA siguió fortaleciendo su capacidad productiva en el país y en el exterior. En Venezuela subió su potencial de producción de crudos a 2,8 millones de barriles diarios y las reservas probadas contabilizaron 62.650 millones de barriles. Las exportaciones fueron 1.382.000 b/d de crudos y 736.000 b/d de productos, y el mercado interno consumió 552.000 b/d de hidrocarburos, inclusive los del gas natural.

La contribución del año al Fisco Nacional fue de 517.310 millones de bolívares. En octubre de este año, el Ejecutivo Nacional, tomando en cuenta todos los aspectos del negocio petrolero, optó por comenzar en 18 % la reducción del Valor Fiscal de Exportación. Este precio *ad valórem* de mercado le fue impuesto a la industria en marzo de 1971.

En el exterior, las gestiones de PDVSA continuaron progresando satisfactoriamente. Citgo adsorbió totalmente a Champlin Refining and Petrochemicals Inc., a partir del 1° de enero de 1991, y adquirió el segundo 50 % de Seaview Oil Company en febrero de 1991, lo cual significó fortalecer la posición venezolana en el mercado del asfalto.

En Alemania se concretó un acuerdo con Veba Oel A.G. para adquirir parcialmente la refinería de Schwedt y mayor participación en la de Neustadt. En cinco refinerías alemanas con capacidad de procesamiento de 656.000 b/d, PDVSA tiene participación de 193.720 b/d. En Estados Unidos dispone de 645.500 b/d. En Bélgica 7.500 b/d. En Suecia 18.500 b/d. Total 865.220 b/d de capacidad, más 310.000 b/d en Curazao o sea un gran total de 1.175.220 b/d y en Venezuela 1.182.000 b/d de capacidad en siete refinerías. Estas cifras son muy respetables y describen el perfil de PDVSA en el negocio petrolero mundial.

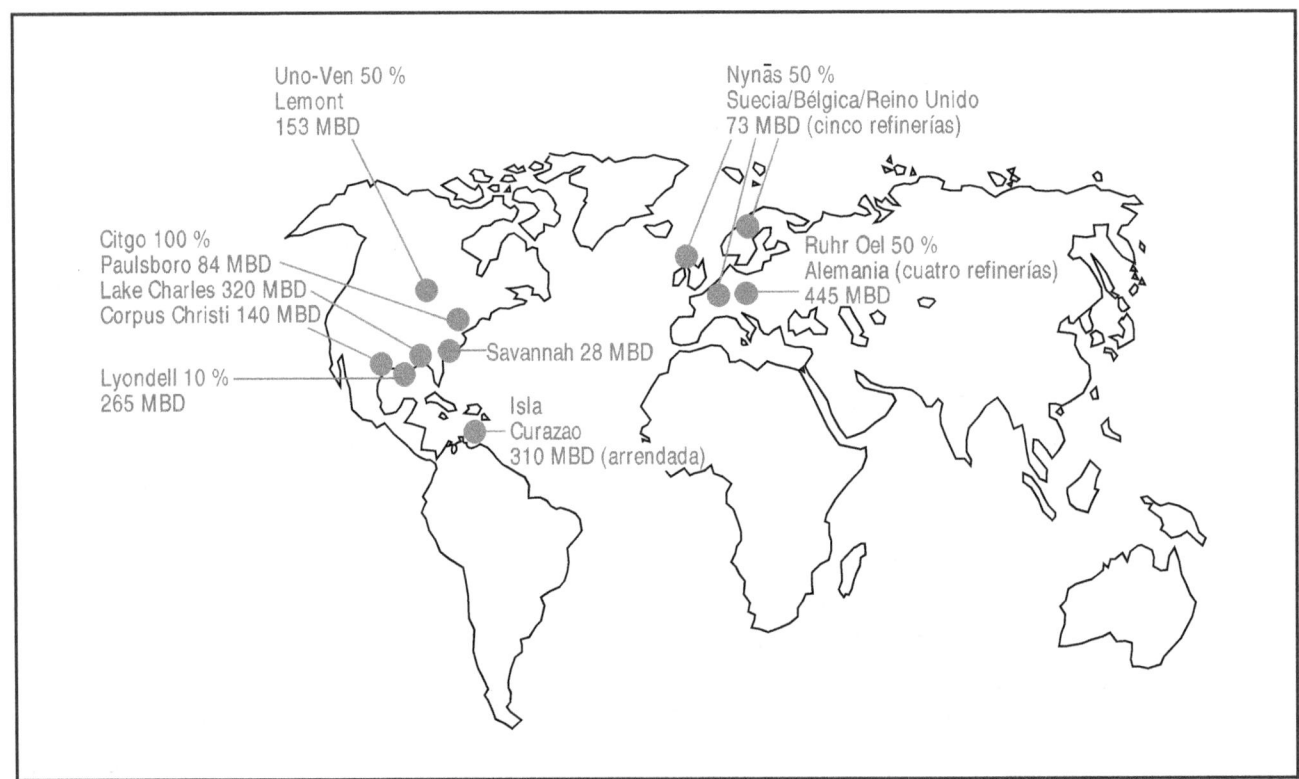

Fig. 13-5. Sistema de refinación internacional de PDVSA. Participación y capacidad de refinación.

Más asociaciones, más oportunidades

En la industria de la energía de fuentes naturales convencionales (carbón, bitúmenes, gas natural, petróleo y petroquímica) existe marcada competencia por los mercados. Miles de empresas están en el negocio pero es excepcional que alguien pueda actuar solo. Los riesgos son muchos y determinadas oportunidades exigen gran variedad de recursos.

Todo lo dicho antes conduce a que las oportunidades que se presentan fomentan asociaciones para realizar mancomunadamente experimentos y/o desarrollos científicos o tecnológicos, diseñar planes y programas para expandir instalaciones, iniciar operaciones en áreas específicas, o formar nuevas empresas.

En los años 1976-1991, PDVSA y sus filiales fortalecieron su capacidad empresarial y operativa en Venezuela pero, sobre la marcha, el mismo año 1976, comenzaron a desplegar su habilidad y capacidad para aumentar su presencia en el extranjero. Los resultados están a la vista. Venezuela ha demostrado que hoy es una fuente de energía segura, de mayores proporciones y más expectativas que antes de 1976.

En 1992, PDVSA orientó sus esfuerzos a consolidar más y mejor su solidez financiera, mediante acciones y medidas de reducción de costos, disminución de la deuda y mejor utilización de los recursos para optimar el capital de trabajo. La rebaja de 18 % que el Ejecutivo Nacional y el Congreso concedieron a PDVSA en la aplicación de Valor Fiscal de Exportación también ayudó a mostrar mayores ingresos netos por ventas de crudos y productos en el exterior.

Se anunció la **política de apertura a la participación del capital privado nacional y extranjero**, orientada específicamente a programas de operaciones para campos marginales y, a la larga, concertar contratos de servicios y asociaciones estratégicas, según pautas que resulten aprobadas por el Ejecutivo Na-

cional y el Congreso de la República. Los contratos tendrán veinte años de vigencia. Los hidrocarburos producidos y los activos que adquieran los contratistas para la realización de estas actividades serán propiedad de las filiales (PDVSA, Informe Anual, 1992, Nota 9, p. 68).

En efecto, los primeros contratos de servicio se firmaron entre la empresa japonesa Teikoku y Corpoven para zonas en la parte oriental del estado Guárico; entre Lagoven y el consorcio de las firmas estadounidense Benton y la venezolana Vinccler para zonas en Monagas. Gestiones importantes se realizaron para diseñar proyectos conducentes al mejoramiento de la calidad de crudos de la Faja del Orinoco, mediante la firma de 11 cartas de intención con empresas alemanas, estadounidenses, francesas, inglesas, italianas y japonesas. Todas estas empresas participan en los mercados de sus respectivos países y en otros del mundo. Individual o en conjunto, estos mercados importan grandes volúmenes de hidrocarburos que interesan a Venezuela.

En 1992, las exportaciones de crudos y productos venezolanos fueron de 1.429 MBD y 625 MBD, respectivamente. El volumen diario de 2.954.000 barriles, 65,3 % fue a Norteamérica, 11,7 % a Europa y 0,3 % al Japón. Centro América/Caribe, Suramérica y otros recibieron 22,7 %.

El desarrollo interno de la industria en Venezuela prosiguió a ritmo normal en todas las actividades de exploración, perforación, producción, transporte, refinación/manufactura, mercadeo, investigaciones y comercialización. Las reservas probadas de crudos sumaron 63.330 millones de barriles y las de gas natural 3.650.000 millones de metros cúbicos.

En Estados Unidos, Citgo inició gestiones para comprar una refinería de asfalto en Savannah, Georgia, y asegurar la venta de hasta 15.000 b/d de crudos extrapesados. También manifestó intenciones de adquirir participación en la refinería de Lyondell, en Houston, para colocar 130.000 b/d de crudos pesados y, tres años después, aumentar esta cantidad a 200.000 b/d. En 1992, la capacidad de refinación instalada de Citgo en Estados Unidos sumó 640.500 b/d, 5.000 b/d menos que en 1991, en cuatro refinerías ubicadas en: Texas 160.000 b/d; Louisiana 320.000 b/d; Illinois 76.500 b/d; y New Jersey 84.000 b/d.

En Europa, la empresa Nynas, en la cual PDVSA tiene 50 % de participación, compró totalmente la refinería de Dundee, en Escocia, y adquirió 50 % de la refinería Eastham, en Inglaterra. Ambas negociaciones se hicieron con la empresa británica Briggs Oil.

Dinámica petrolera venezolana

PDVSA y sus filiales han mantenido, desde el mismo momento del inicio de sus actuaciones, una dinámica petrolera amplia que ha robustecido y extendido la capacidad operativa de la industria venezolana de los hidrocarburos de manera extraordinaria, tanto dentro del país como en el extranjero.

Las cifras que siguen (Tabla 13-9) revelan los ingresos recibidos por la Nación como única dueña y accionista de la corporación y sus filiales. Respecto a los impuestos pagados al Fisco, se incluyen los de ventas de exportación, impuestos por consumo de productos refinados, Impuesto sobre la Renta (ISLR) y los impuestos regulares que comprenden impuestos superficiales (áreas asignadas para exploración/explotación de hidrocarburos); explotación de azufre, gas natural y petróleo; derechos de aduana (arancelarios de importación, derechos consulares, de caleta y de pilotaje, habilitaciones de aduana, de sanidad y de capitanía de puerto, timbres fiscales y papel sellado nacional y servicios de remolcadores); patente de vehículos, derechos de frente, timbres fiscales, papel sellado en general y otros; tasa de licencia de aviones, estaciones de radio, seguro social venezolano, impuesto de patronos, INCE.

La industria petrolera y las comunidades

Las relaciones de la industria con las áreas donde realiza las operaciones son muy importantes para ambas. Existe una mutua interdependencia que converge hacia el desarrollo social en educación, salud, cultura, deporte, investigación, conservación del medio ambiente, la calidad de vida y la autogestión de las comunidades.

A lo largo de los años, la industria ha participado a motu propio en muchas iniciativas y ha contribuido también con los gobiernos locales y el gobierno nacional en pro del bienestar de las regiones petroleras. Ejemplos huelgan en la construcción de campamentos y ciudades petroleras, dotados de las comodidades básicas modernas; construcción de vías de comunicación, escuelas, iglesias, e instalaciones deportivas; construcción de dispensarios, clínicas, hospitales y promoción de servicios particulares de la salud.

Tabla 13-9. Resultados financieros, MMBs. Participación porcentual			
Períodos	Nación (A)	Industria (B)	Relación A/B
1976-1979	120.092	30.267	80/20
1980-1984	271.089	62.354	81/19
1985-1989	563.181	127.977	81/19
1990-1996	7.735.982	3.795.966	67/33
Total	8.690.344	4.016.564	68/32

Fuentes: PDVSA, Informe Anual, años correspondientes.
MEM-PODE, años correspondientes.

Las experiencias más reveladoras de las gestiones realizadas son las concernientes a la educación, empleo, formación y desarrollo de los recursos humanos. Jóvenes de diferente sexo siguen preparándose en las escuelas de las empresas. Las empresas han patrocinado y continúan patrocinando a miles de jóvenes para que realicen estudios en centros superiores de educación, aquí o fuera del país. Muchos egresados de estos programas comienzan a trabajar y a hacer carrera en la industria hasta cumplir edad de jubilación. Durante sus años de servicio, muchos llegan a desempeñar cargos directivos en la empresa que los ayudó a formarse. Las modalidades de preparación del recurso humano son hoy más importantes que nunca.

El atletismo y los deportes han sido siempre patrocinados por las empresas. Los atletas han clasificado en diferentes tipos de competencias locales, regionales, nacionales e internacionales. Renombrados atletas venezolanos, que han demostrado tener fibra de campeones, se formaron en los campos petroleros. Otra página de iguales conquistas y merecimientos pertenece a los tantos pintores que anualmente concurren a las exposiciones patrocinadas por las empresas.

Cada año más futuro

Cada año, la tarea consuetudinaria de la preparación, presentación, discusión y aprobación del presupuesto de cada organización de la empresa, refleja y representa la proyección de los planes actuales y futuros del negocio. En las cifras y las acciones a tomar están las respuestas a la pregunta: ¿Cómo prepararse para tener más futuro?

El negocio de los hidrocarburos requiere mucho dinero para atender inversiones, gastos y costos de todas las operaciones propiamente dichas y de las funciones de apoyo. Todos los años hay que remozar o reemplazar viejas instalaciones o construir nuevas de raíz para mantener la eficiencia funcional y la productividad del negocio.

En países que poseen una industria petrolera madura, como Venezuela, que todavía es muy fuerte pero necesita mucho mantenimiento y, por otro lado, explora, descubre nuevos yacimientos y/o cuencas geológicas, la tarea es doble: atender debidamente lo viejo, para obtener el mayor provecho posible, y desarrollar lo nuevo, utilizando las tecnologías más avanzadas aplicables.

En estas apreciaciones debe tomarse muy en cuenta la historia de la empresa: logros, errores y fracasos. También hay que tener presente la capacidad, habilidad, competencia y experiencia del personal de la organización. Además, para garantizar la productividad total deseada y afianzar más el futuro, hay que utilizar idóneamente los recursos financieros y materiales con que cuenta la empresa.

La siguiente Tabla 13-10 recopila las cantidades dispuestas por PDVSA y sus filiales para inversiones en el período 1976-1995.

199

Tabla 13-10. Nuevas inversiones de PDVSA y sus filiales, MMBs.

Años	Producción	Transporte	Refinerías	Ventas	Otros	Total
1976	1.205	-	28	21	66	1.320
1977	1.844	14	163	76	126	2.223
1978	2.701	249	740	92	304	4.086
1979	3.909	-	1.820	117	89	5.935
1980	5.606	38	2.952	277	173	9.046
1981	8.194	1.171	2.604	307	279	12.555
1982	12.115	289	2.584	309	479	15.776
1983	10.054	600	772	282	599	12.307
1984	9.219	42	539	361	767	10.928
1985*	8.808	51	640	953	536	10.988
Total	63.655	2.454	12.842	2.795	3.418	85.164
1986	9.558	74	1.133	1.267	2.966	14.998
1987	11.486	53	1.973	1.592	1.603	16.707
1988	17.437	119	2.811	2.482	1.640	24.489
1989	31.626	85	7.094	3.498	17.709	60.012
1990	64.595	1.180	12.009	5.883	31.899	115.566
1991	125.873	2.373	20.447	8.053	44.888	201.634
1992	175.243	785	53.685	5.608	36.263	271.584
1993	218.430	1.278	85.180	4.286	16.761	325.935
1994	337.240	4.822	198.727	5.494	35.992	582.275
1995	595.338	7.945	272.431	15.532	48.291	939.537
Total	1.586.826	18.714	655.490	53.695	238.012	2.552.737

* A partir de 1985 se incluyen inversiones en el extranjero.

Cambio: 1992: Bs. 69,29/US$1; 1993: Bs. 92,31/US$1; 1994: Bs. 153,93/US$1; 1995: Bs. 176,46/US$1; 1996: 474,85/US$1.

Fuentes: MEM-PODE, 1985, p. 141; 1995, p. 110.
   PDVSA, Informe Anual, 1993, p. 59; 1996, p. 76.

En 1993, PDVSA y sus filiales concretaron la orientación de los planes de la industria para la próxima década. Además de las metas operacionales, figuró como renglón muy importante la **política de apertura de participación del sector privado venezolano y extranjero**.

Ese año, hubo estancamiento mundial en la demanda de petróleo y en consecuencia el precio de los crudos bajó. Hubo más oferta que demanda. En 1993, la producción total de crudos, condensado y LGN de Venezuela fue de 2.563 MBD pero el potencial disponible sumó 2.873 MBD. Sin embargo, la presencia y participación de Venezuela en los mercados del mundo siguió aumentando.

También ese año, el Congreso Nacional aprobó el proyecto "Cristóbal Colón" y las bases de los dos primeros convenios de asociación para el desarrollo integrado de la Faja del Orinoco, y el convenio de explotación de las reservas de gas natural costafuera al norte de la península de Paria, estado Sucre, en la nueva provincia geológica al este de Margarita. En este convenio participan Lagoven, Shell, Exxon y Mitsubishi. También se aprobaron los convenios de asociación Maraven-Conoco y Maraven-Total-Itochu-Marubeni.

La flota incorporó seis nuevos tanqueros de la clase Lakemax. El mercado interno utilizó un promedio equivalente a 613.000 barriles por día de hidrocarburos, 6 % más que el año anterior. Las exportaciones de carbón del Guasare y las de Orimulsión® aumentaron 72 % y 14 %, 3.615.000 toneladas métricas y 1.954.000 toneladas métricas, respectivamente. Estos logros resultan de los planes e inversiones hechas oportunamente para mantener la corporación fuerte y afianzando su futuro.

Un trienio pujante, 1994-1995-1996

Debe recordarse que durante dieciocho años (1976-1993), PDVSA y sus filiales se dedicaron a estructurar, organizar, racionalizar, afianzar, ampliar y consolidar las actividades de una industria petrolera nacional de grandes dimensiones y, a la vez, año tras año, crear las condiciones para un futuro promisor. Se inició de inmediato (1976) el fortalecimiento de relaciones con clientes tradicionales y se procedió a aumentar la lista de importadores de crudos y/o productos con nuevos clientes para fortalecer cada vez más la presencia del negocio de hidrocarburos venezolanos en el exterior.

En 1976, la industria petrolera nacional hizo inversiones de capital por 28 millones de bolívares, y en propiedades, plantas y equipos tenía 25.988 millones de bolívares (cambio promedio de moneda Bs. 4,24/US$1). En 1993, los desembolsos por inversiones fueron por 325.935 millones de bolívares y como patrimonio en propiedades, plantas y equipos tenía, en Venezuela y en el extranjero, 1.311.226 millones de bolívares (cambio promedio de moneda Bs. 106,24/US$1).

Para Petróleos de Venezuela y sus filiales, el trienio 1994-1995-1996 representó una etapa de mayor participación en el escenario petrolero mundial por su capacidad y eficiencia operativa, no obstante los altibajos registrados aquí y en el exterior.

En 1994, la precaria situación financiera del país comprometió las actividades fiscales del Gobierno, lo cual repercutió negativamente en las inversiones públicas y las del sector privado. La inflación también contribuyó al debilitamiento del poder adquisitivo del venezolano. El sistema bancario entró en crisis y el Gobierno tuvo que aportar dinero para contrarrestar la situación. La moneda sufrió depreciaciones, lo cual afectó más el poder de compra del venezolano. Ver Tabla 13-10, Cambio, para relacionar el bolívar con el dólar estadounidense y apreciar su significado en las transacciones de PDVSA y el comercio del país.

Por otro lado, la producción mundial de crudos en 1994 fue de 60.469 MBD o 740.000 BD más que en 1993. La producción de crudos de Venezuela en 1993 y 1994 fue de 2.475 y 2.617 MBD, respectivamente, pero los precios no aumentaron ni reflejaron el incremento en la producción mundial. En el caso de Venezuela, el valor promedio de exportación de crudos y productos fue de $ 15,47 por barril en 1993 y $ 14,29 por barril en 1994 (MEM-PODE, p. 97).

Sin embargo, los aspectos positivos de la industria petrolera nacional fueron: alcanzar la mayor producción de crudos, 2.617 MBD, en los últimos veinte años, y las reservas probadas de crudos sumaron 64.878 MMB, las de gas natural 3.967 $MMMm^3$, y las de carbón 983 millones de toneladas métricas. Las exportaciones de crudos y de productos fueron de 1.684 MBD y 635 MBD, respectivamente. La magnitud de las cifras son indicativas de la capacidad operativa de PDVSA y sus filiales.

El renglón sobresaliente de 1994 fue el **progreso de la apertura petrolera** para la reactivación de viejos campos petroleros. La producción del año, por trabajos hasta entonces realizados por siete empresas, fue de 58.000 barriles diarios.

La Tabla 13-11 identifica las empresas privadas que participan con las filiales operadoras de PDVSA en estos convenios operativos que tienen una duración de veinte años. La meta de producción diaria para fines de la década de los noventa es de 430.000 barriles.

Otro proyecto de mucha importancia para el país fue el de Gas Natural para Vehículos (GNV), para proteger la atmósfera de la contaminación de emisiones. Se propone la construcción de 200 puntos de venta en año y medio. En 1994 estaban en funcionamiento ocho expendios en el área metropolitana de Caracas.

Tabla 13-11. Programa de convenios operativos de campos petroleros

Filial	Empresa
Corpoven	
Guárico Occidental	Mosbacher Energy
Guárico Oriental	Teikoku Oil
Oritupano-Leona	Pérez Companc-Norcen-Corod
Quiamare-La Ceiba	Astra-Ampolex-Tecpetrol-Sipetrol
Sanvi-Güere	Teikoku Oil
Lagoven	
Jusepín	Total Exploration Production
Pedernales	British Petroleum
Quiriquire	Maxus-Otepi-British Petroleum
Uracoa-Bombal-Tucupita	Benton-Vinccler
Urdaneta Oeste	Shell de Venezuela
Maraven	
Colón	Corexland-Tecpetrol-Wascana-Nomeco
Desarrollo Zulia Occidental	Cía. Occidental de Hidrocarburos
Falcón Oeste	Samson-Vepica-Ingeniería 5020-Petrolago
Falcón Este	Pennzoil-Vinccler
Boscán	Chevron

Fuente: PDVSA, Informe Anual, 1994, p. 26; 1995, p. 29.

En 1995, la producción mundial de crudos alcanzó 60.452 MBD, una leve disminución con respecto a la de 1994 que fue de 60.469 MBD. Venezuela produjo 2.617 MBD en 1994 y 2.799 MBD en 1995. En ese año, el barril exportado por Venezuela tuvo un valor de $ 14,84. El precio promedio del barril de exportación de crudo y productos fue de $ 15,43 en 1995 y $ 14,29 en 1994, lo cual indica que Venezuela tuvo un buen año de producción y de ventas en el exterior. La contribución al Fisco Nacional fue de 1 billón 140 mil 375 millones de bolívares.

Las reservas probadas de petróleo alcanzaron a 66.328 MMB y las de gas natural a 4.065 MMMm^3, cifras que colocan al país entre los más importantes poseedores de recursos energéticos del mundo. En función del poder calorífico comparativo entre el petróleo y el gas, las reservas de gas natural mencionadas equivalen a 24.748 millones de barriles de petróleo.

Entre los proyectos relevantes del año 1995 se contaron los siguientes:

• La terminación de la segunda fase de ampliación del Complejo Criogénico de Oriente, que representa una capacidad de separación de 28.000 b/d de hidrocarburos de las corrientes de gas natural. Este volumen y el de la primera fase de la ampliación del complejo dan un total de 64.000 b/d adicionales. La extracción de líquidos del gas natural es muy importante para el país y representa un aspecto del aprovechamiento comercial de tan importante materia prima. En 1995, la extracción de líquidos, incluyendo el etano, fue de 162.700 b/d.

• Los programas de reactivación de campos petroleros aportaron 115.000 b/d de crudos en 1995 al potencial general de PDVSA. Once de los 14 convenios operativos suscritos están marchando. La inversión global representó 140 mil millones de bolívares y generación de empleo directo para 6.000 personas. Las empresas involucradas efectuaron 67 % de sus compras en el país.

• Los proyectos de producción y mejoramiento de crudos de la Faja del Orinoco, a través de las asociaciones estratégicas ofrecen magníficas perspectivas. Maraven y la empresa estadounidense Conoco acordaron la primera asociación estratégica para desarrollar

Tabla 13-12. Esquema de ganancias compartidas. Características de las áreas ofrecidas

Nombre del área	Ubicación	Tamaño (km^2)	N° de bloques (completos/parcial)	Años Duración (inicial + renovación)	Programa de trabajo 2D (km)/3D km^2/pozos	Costo estimado del programa de trabajo US$ MM
Catatumbo	Zulia/Mérida	2.155	17/0	4 + 4	400/ nil /2	20
La Ceiba	Trujillo/Mérida/Zulia	1.742	9/8	5 + 4	300/250/3	50
Guanare	Portuguesa	1.898	15/0	5 + 3	1.000 / nil /4	30
San Carlos	Cojedes/Portuguesa	1.771	14/0	3 + 3	1.000 / nil /2	20
El Sombrero	Guárico	2.024	16/0	3 + 3	1.100 / nil /2	20
Guarapiche	Monagas/Sucre	1.960	14/3	5 + 4	700 / nil /3	60
Golfo de Paria Oeste	Este de Venezuela	1.137	8/1	4 + 4	1.000 / 300 /2	30
Golfo de Paria Este	Este de Venezuela	1.084	6/5	4 + 4	1.000 / 3000 /2	30
Punta Pescador	Delta Amacuro	2.046	14/4	4 + 4	1.100 / 300 /2	40
Delta Centro	Delta Amacuro	2.138	17/0	5 + 4	1.300 / nil /3	60

Fuente: PDVSA, 1996.

Tabla 13-13. Esquema de ganancias compartidas. Resultado de la licitación de nuevas áreas exploratorias

Area	Consorcio
La Ceiba	Mobil (EE.UU.)* Veba (Alemania) Nippon (Japón)
Golfo de Paria Este	Enron Oil & Gas (EE.UU.)* Inelectra (Venezuela)
Golfo de Paria Oeste	Dupont Conoco (EE.UU.)*
Guanare	Elf Aquitaine (Francia)* Dupont Conoco (EE.UU.)
Guarapiche	British Petroleum (Reino Unido)* Amoco (EE.UU.) Maxus (Argentina)
San Carlos	Pérez Companc (Argentina)*
Punta Pescador	Amoco (EE.UU.)*
Delta Centro	LL & E. Co. (EE.UU.)* Norcen (Canadá) Benton (EE.UU.)

* Empresa operadora

Fuente: PDVSA, Informe Anual, 1996, pp. 26-27.

y producir 104.000 b/d de crudo mejorado, 3.000 tm/d de coque y 200 tm/d de azufre del área de Zuata.

• El proyecto "Cristóbal Colón", suscrito en 1994 entre Lagoven y sus socios internacionales Shell, Exxon y Mitsubishi, continuó siendo objeto de las actividades previstas en el convenio. El proyecto contempla el procesamiento y mercadeo de 27 millones de metros cúbicos diarios de gas del área costafuera al norte de la península de Paria.

• Expectativas de la expansión económica y demográfica mundial apuntan que para el año 2005, la demanda de energía crecerá 2 % anual y se producirán unos 81 millones de barriles diarios de petróleo. Esto significa que, para entonces, la producción venezolana de crudos debe estar en el orden de los 5,5 millones de barriles por día.

Crecimiento de la corporación

Las actividades de PDVSA (Tabla 13-14) abarcan un amplio panorama empresarial en Venezuela y en el exterior.

El sostenido y escalonado esfuerzo de veintiún años, 1976-1996, cubrió etapas que en conjunto sirvieron para afianzar la continuidad operativa y la creciente fortaleza de la empresa. Estas etapas pueden resumirse así:

1976-1977
Transición, consolidación y racionalización. (Ver Tablas 13-1 y 13-2).

1978-1984
Organización y capacidad operativa.

1985-1989
Internacionalización. Presencia en Europa, Estados Unidos y el Caribe. (Ver Figuras 13-3 y 13-4).

1990-1996
Marcados avances en la capacidad de producción de crudos; mayor capacidad y diversificación en la refinación de hidrocarburos y producción de petroquímicos; utilización y comercialización del gas natural. Más asociaciones, más oportunidades (ver tablas 13-11 a 13-13).

Nuevos horizontes

El reto es grande y está aunado al papel que desempeña PDVSA en la economía nacional, además de tener la empresa la responsabilidad de mantener su competividad empresarial y económica en los mercados mundiales, lo cual significa fortalecer más su posición de productor/exportador confiable de hidrocarburos y asegurar mayores ingresos (ver Tablas 13-8, 13-9 y 13-10).

La tradición de la presencia de los hidrocarburos venezolanos en los mercados mundiales durante más de ochenta años es parte esencial del comercio internacional del país. Esa presencia requiere ahora más atención y fortalecimiento al tomar en cuenta los acercamientos geopolíticos entre naciones, la regionalización del comercio y nexos entre países, la globalización de los negocios y los cambios sociales, culturales y económicos de los últimos quince años. Además, durante esos años, los avances científicos y tecnológicos han sido deslumbrantes y las predicciones son aún más asombrosas para el siglo XXI.

Los adelantos científicos y tecnológicos de los últimos años en la industria de los hidrocarburos y empresas conexas han sido espectaculares en exploración, perforación, producción, transporte, refinación/manufactura, mercadeo, ventas, comercialización e investigaciones. Los nuevos equipos, materiales y herramientas; las modificaciones en normas y prácticas de diseño, construcción, arranque y puesta en marcha de todo tipo de instalaciones; los avances y nuevas aplicaciones de la

Tabla 13-14. Actividades de la corporación (1995)

	Exploración	Producción	Refinación	Almacenamiento	Transporte Marítimo	Mercadeo	Petroquímica	Orimulsión	Carbón	Investigación y Apoyo Tecnológico
BITOR		X		X		X		X		
BOPEC				X						
BORCO				X						
CARBOZULIA						X			X	
CITGO			X	X		X	X			
CORPOVEN	X	X	X			X				
CVP	X									
DELTAVEN						X				
INTEVEP										X
LAGOVEN	X	X	X	X						
MARAVEN	X	X	X	X						
NYNAS			X	X						
PALMAVEN						X				
PDV MARINA					X					
PEQUIVEN						X	X			
ISLA			X	X						
RUHR OEL			X	X		X	X			
UNO-VEN			X	X		X	X			

Fuente: PDVSA, Informe Anual, 1995.

Otras actividades

BARIVEN	Compras y financiamiento
BISERCA	Bienes y servicios
CIED	Adiestramiento
INTERVEN	Control y seguimiento de negocios internacionales
PDV AMERICA	Inversiones
PDV EUROPA	Inversiones
PDV INSURANCE	Seguros corporativos
PDV UK	Inteligencia
SOFIP	Inversiones petroleras

computación e informática representan nuevas influencias en la dirección y gerencia del negocio petrolero. Todo esto está causando extensos cambios en las estrategias de las grandes empresas petroleras en sus propios países y en sus actividades internacionales.

VI. La Apertura Petrolera

Ni Venezuela ni PDVSA pueden permanecer indiferentes a las realidades actuales y a las perspectivas del futuro. Con la anuencia del Ministerio de Energía y Minas, del Ejecutivo Nacional y del Congreso Nacional, PDVSA formuló sus planes de apertura petrolera mediante convenios operativos para la reactivación de campos; asociaciones estratégicas para producir crudos en la Faja del Orinoco; asociación estratégica para la explotación de gas natural costafuera; impulso a la exploración de áreas prospectivas mediante el esquema de ganancias compartidas; creación de empresas mixtas en el área de Orimulsión; libre competencia en el mercadeo nacional; fortalecimiento y expansión de las actividades de empresas mixtas en petroquímica, habida cuenta de las experiencias iniciadas en 1960 y los resultados a partir de 1987; industrialización de los hidrocarburos bajo el esquema de propiedad compartida; explotación y comercialización del carbón con empresas mixtas para tener más cobertura empresarial en los mercados mundiales.

Los programas de convenios operativos de campos petroleros y los de nuevas áreas de exploración reforzaron a breve plazo el potencial global de producción de PDVSA y sus filiales. En 1996, la capacidad de producción llegó a 3,4 millones de barriles diarios y las reservas probadas a 72.574 millones de barriles, cifras que colocan a Venezuela en el sexto lugar entre los países con más reservas de petróleo.

En los comienzos de la industria, el establecimiento de empresas petroleras europeas y estadounidenses en países sin recursos tecnológicos y capacidad de manufactura requirió que los servicios industriales fueran responsabilidad de la propia empresa. Igual sucedió con la obtención de materiales, herramientas, equipos y el empleo de profesionales, técnicos y mano de obra calificada. Luego emergieron las empresas de servicios que en parte asumieron la responsabilidad de satisfacer las necesidades de las petroleras.

Hoy existen empresas de servicios que globalmente abarcan todos los requerimientos de las petroleras en todas sus actividades. Los adelantos y diversificación de empresas venezolanas de servicios, como la Genevap (filial de La Electricidad de Caracas) y la C.A. Gases Industriales de Venezuela, son ejemplos, junto con las empresas extranjeras, de que el país cuenta hoy con firmas que pueden asumir la contratación de la construcción y la operación de la generación y suministro de electricidad, vapor, agua, hidrógeno, nitrógeno, el manejo de productos especiales y servicios portuarios, entre otros. Todo este desarrollo y progreso de la capacidad industrial del país es parte de los esfuerzos de acercamiento y vinculación de PDVSA con las otras fuentes productivas de la nación.

Resultados positivos

Las primeras dos rondas (1993) de la apertura petrolera, en tres años y medio han significado para el país una inversión superior a los 2.000 millones de dólares, generación de unos 10.000 empleos directos y una producción adicional de crudos de 260.000 b/d.

La tercera ronda de la apertura petrolera, realizada durante los días 2 al 6, inclusives, de junio de 1997, tuvo gran éxito y repercusión mundial, tanto por la nacionalidad de las empresas participantes como por las cantidades ofrecidas por los factores de valorización, o cuotas de participación, por cada una de las 18 áreas consideradas durante la ronda (Tabla 13-15). La cifra acumulada totalizó $ 2.171.719.344.

Las expectativas globales para el año 2006 auguran que las empresas privadas nacionales e internacionales, que manejan los campos mediante asociaciones, convenios y modalidades de la apertura petrolera (Figura 13-6) contribuirán 1,8 millones de barriles diarios de crudos a la producción venezolana para llevarla, aproximadamente, a un total de 5,5 millones de b/d o más.

Otro aspecto de la apertura petrolera son las oportunidades que la Sociedad de Fomento de Inversiones Petroleras (SOFIP) le está ofreciendo al pequeño inversionista para que participe en el negocio petrolero venezolano estatal. Recientemente, SOFIP creó otra modalidad de inversión en Exploración y Producción, Inversiones Colectivas (EPIC), para participar con hasta 10 % en los convenios operativos. Las adquisiciones que se ofrezcan al público serán cotizadas libremente en el mercado de capitales.

La apertura petrolera pone a Venezuela en marcha para participar activamente en el mercado mundial de los hidrocarburos en el siglo XXI.

Transformación de la corporación

A partir de 1990 se ha acentuado el enfoque petrolero mundial hacia la globalización y profundización de las relaciones entre las empresas privadas de hidrocarburos, las empresas de servicios afines, las empresas estatales y las mismas naciones que participan en el negocio como productoras/exportadoras de energía y los países importadores de crudos y productos. En los cambios y reajustes han desaparecido empresas, ha habido fusiones, ad-

Tabla 13-15. Resultado de la tercera ronda de convenios operativos

Campo	Empresa	País de origen	Monto ofertado MM$
Oriente			
Kaki	Inelectra-Arco-Polar	Venezuela-EE.UU.	60,0
Casma-Anaco	Cosa-Cartera de Inversiones-Phoenix	Venezuela	27,5
Maúlpa	Inelectra-Arco-Polar	Venezuela-EE.UU.	61,3
Mata	Pérez Companc-Jantesa	Argentina-Venezuela	111,5
Acema	Corepli-Pérez Companc	Venezuela-Argentina	41,0
Onado	CGC-Carmanah	Argentina-Canadá	90,2
Dación	Lasmo	Reino Unido	453,0
Boquerón	Union Texas-Preussag	EE.UU.-Alemania	174,7
Caracoles	China National Petroleum Corp.	China	240,7
Occidente			
La Concepción	Pérez Companc-Williams International	Argentina-EE.UU.	153,0
B-2X.68/79	Pennzoil-Cartera de Inversiones-Ehcopek-Nimir	EE.UU.-Venezuela-Arabia Saudita	46,0
Mene Grande	Repsol	España	330,0
LL-652	Chevron-Phillips-Statoil-Arco	EE.UU.	251,3
Ambrosio	Phillips	EE.UU.	31,1
La Vela Costa Afuera	Phillips-Arco	EE.UU.	1,0
B-2X.70/80	PanCanadian-Pennzoil	Canadá-EE.UU.	1,3
Cabimas	Preussag	Alemania	0,5
Cretácico Sur	No hubo ofertas	-	-
Bachaquero Sur Oeste	No hubo ofertas	-	-
Intercampo Norte	China National Petroleum Corp.	China	118,0

Fuentes: PDVSA, Informe Anual, 1996, p. 27.
Revista Nosotros, junio 1997, pp. 8-9.

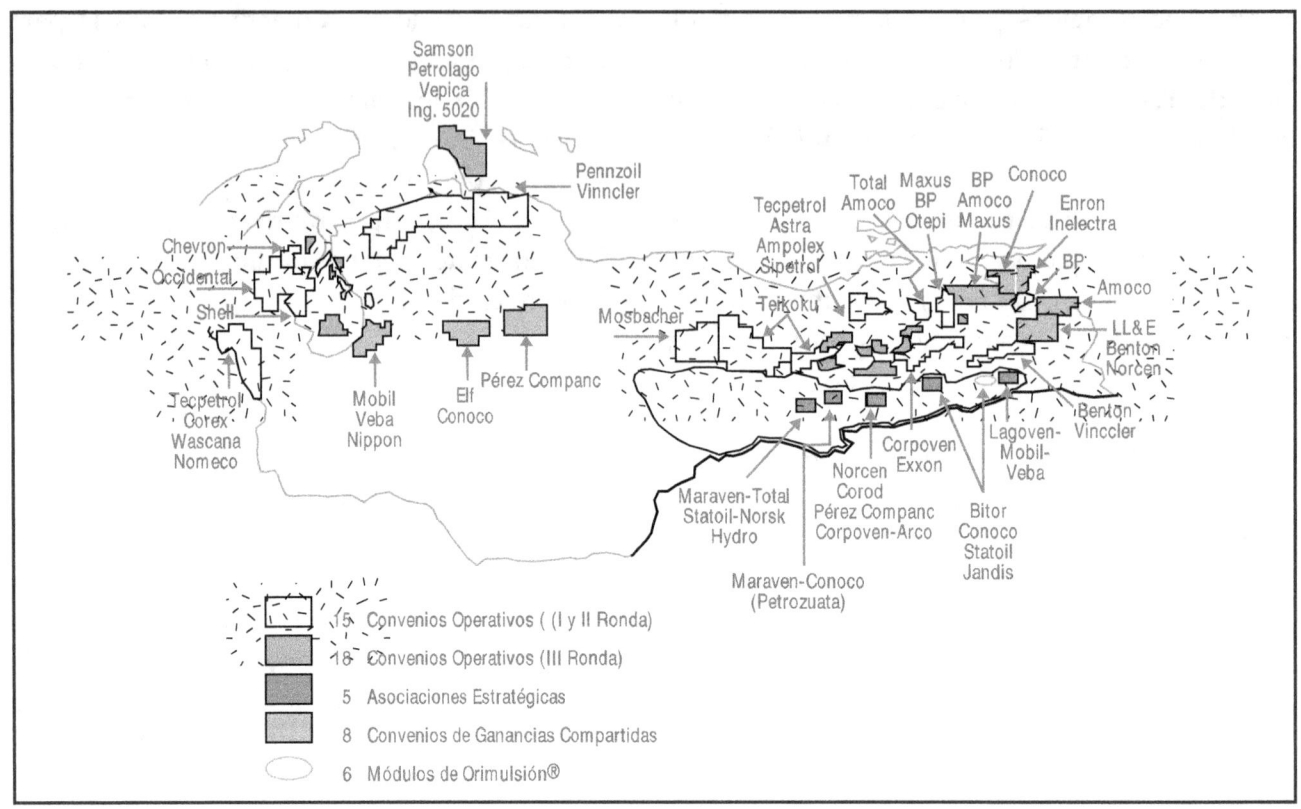

Figura 13-6. Actores de la apertura petrolera.

quisiciones, reorganizaciones, distribución de actividades, mayor utilización y contratación de recursos y servicios científicos, técnicos y personal externos. El esfuerzo ha estado dedicado a que la empresa adquiera la máxima eficiencia, mayor fortalecimiento de su capacidad competitiva y elimine el desperdicio de recursos y esfuerzos para obtener más ingresos.

La consigna es que cada empresa tiene que ser ahora más dinámica, más eficiente y estar más atenta al entorno internacional que directa o indirectamente influye en el desenvolvimiento de sus actividades. La orden del día es conducir con máxima eficiencia los negocios de la empresa para entrar y permanecer con buen pie en el siglo XXI.

Los cambios y la realidad del mundo empresarial actual son acontecimientos a los que Venezuela ni PDVSA pueden ser indiferentes, so pena de correr riesgos incalculables. Al efecto, en el Primer Congreso Ejecutivo de

PDVSA y sus empresas filiales, realizado durante los días 10, 11 y 12 de julio de 1997, el directorio de PDVSA y las juntas directivas de las filiales asumieron el compromiso del cambio. Durante veintidós años (1976-1997), la estructura y la organización de PDVSA y sus empresas (Tablas 13-1 y 13-2) estuvo conformada por tres operadoras integradas (Corpoven, Lagoven y Maraven) y las otras filiales que se crearon aquí y en el extranjero, a lo largo de los años, para satisfacer la expansión y mayor cobertura de actividades de la corporación, hasta conformar la familia de empresas mostrada en la Tabla 13-14.

La situación actual es otra y las estructuras requeridas son otras. La Figura 13-7 muestra la nueva estructura de PDVSA, que representa una organización más compacta y más interrelacionada, cuyo propósito es mayor capacidad de respuesta y mayor eficacia en un mundo empresarial cambiante y supercompetitivo.

Los dos parágrafos que siguen, de la carta fechada el 14 de julio de 1997, del presidente de Petróleos de Venezuela, Luis E. Giusti, al personal de toda la corporación, recoge la realidad del presente y las demandas del futuro:

"El carácter global de nuestro negocio, nos ha llevado a abrir un ancho canal de doble vía que nos asegure una creciente participación en los mercados, al adelantar nuevas inversiones internacionales, y a incentivar la apertura de nuestro espacio doméstico a la participación de petroleras privadas que nos proporcionan mercados, tecnología, capital y valor agregado en general. En el plano interno, los nuevos tiempos nos imponen la definición de políticas y la puesta en marcha de estrategias que aseguren que los planes de expansión que debemos adelantar a las puertas del tercer milenio se traduzcan en importantes efectos multiplicadores para la economía y en definitiva en la sustitución del vínculo fiscal entre el petróleo y la sociedad, por un vínculo orgánico que nos haga a todos los venezolanos actores constituyentes en el más importante negocio de la República.

Estas nuevas realidades nos imponen la búsqueda total y permanente de creación de valor para la Corporación. La alta eficiencia tiene que ser sustituida por la máxima eficiencia. La organización que durante un par de décadas nos ayudó a consolidar la Corporación, ya perdió su razón de ser y deberá dar paso a una nueva, ajustada a las necesidades de hoy y a los retos del futuro".

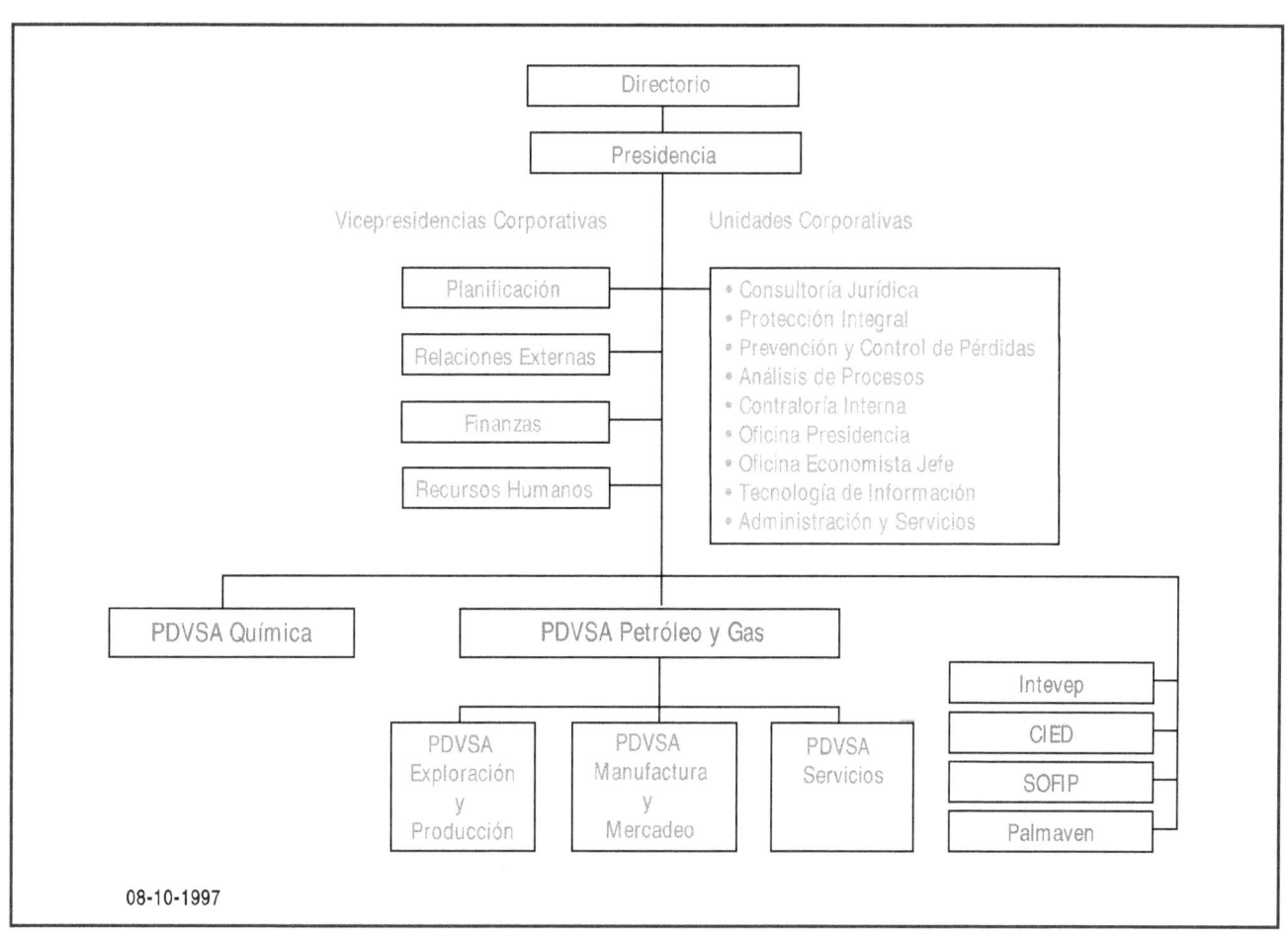

Fig. 13-7. Nueva organización de PDVSA.

Tabla 13-16. Desembolsos por inversiones/PDVSA 1996

Función	Monto MMBs.
Exploración	108.582
Convenios operativos	1.278.454
Refinación	358.056
Mercado interno	387.270
Marina	69.970
Investigación y desarrollo	25.467
Otra infraestructura	3.030
Total IPN	2.243.627
Orimulsión®	19.927
Carbón	31
Petroquímica	75.360
Asistencia al agro	193
Biserca	-
Total IPPCN	2.339.138

Tasa de cambio promedio Bs. 474,85/US$1.

Fuente: PDVSA, 1996.

Tabla 13-17. Dos décadas de actividades de la Industria Petrolera Nacional

	1976-1985	1986-1995	1996
1. Crudos producidos, MMB	7.386,0	7.926,5	1.090,7
Liviano (> 30° API)	2.332,3	2.990,7	328,9
Mediano (22-30° API)	2.394,3	2.944,4	390,2
Pesado/extrapesado (< 22° API)	2.659,4	1.991,4	371,6
2. Condensado, MMB	245,9	330,2	46,0
3. Líquidos del gas natural, MMB	225,4	420,1	64,6
4. Crudos procesados, MMB	3.359,6	3.466,0	373,0
5. Crudos exportados, MMB	3.900,1	4.650,9	406,3
6. Crudos reconstituidos exportados, MMB	427,0	503,4	n/d
7. Productos exportados, MMB	2.188,1	2.299,4	283,6
8. Productos vendidos en el mercado interno, MMB (inclusive naves/aeronaves en tránsito internacional)	1.182,8	1.425,7	237,9
9. Pozos terminados	6.389	4.414	645
10. Trabajos de reparaciones y reacondicionamiento de pozos	14.244	10.589	n/d
11. Reservas de petróleo, Dic. 1985, 1995, 1996, MMB	29.326	66.329	72.575
12. Reservas de gas natural, Dic. 1985, 1995, 1996, MMMm^3	1.730	4.065	4.052

Fuentes: PDVSA, Informe Anual, 1976-1996.
MEM-PODE, 1976-1996.
Oil and Gas Journal, January-December 1996; January-May 1997, inclusives.
PDVSA production targets, The Daily Journal, Monday, June 30, 1997.

Referencias Bibliográficas

1. "Acuerdo de aprobación de los Convenios de Apertura Petrolera, Comisión Bicameral de Energía y Minas del Congreso de la República de Venezuela", en: **El Nacional**, sábado, 22 de junio de 1996, D/3.

2. BARBERII, Efraín E.: **Petróleo: Aquí y Allá**, Monte Avila Editores, 1976.

3. BARBERII, Efraín E.: **El Pozo Ilustrado**, publicación editada por el Departamento de Relaciones Públicas, Lagoven S.A., tercera edición, Caracas, diciembre 1985.

4. Bitúmenes Orinoco S.A. (BITOR): **Informe**, mayo-julio 1995.

5. Centro Internacional de Educación y Desarrollo (CIED): **Educación para la Competitividad**, Gerencia de Asuntos Públicos, octubre 1996.

6. DIAZ, Ana: "Apertura en Marcha", en: **El Nacional**, lunes 09 de junio de 1997, E/1.

7. GIUSTI, Luis: **El Rol del Petróleo en la Economía Venezolana Contemporánea**, conferencia el 18 de octubre de 1994, Salón Ayacucho, Palacio de Miraflores, publicación del Ministerio de la Secretaría de la Presidencia, Oficina de Asesoría Presidencial, Caracas, 1994.

8. GIUSTI, Luis: "La III Ronda y la Nueva Venezuela", en: **El Nacional**, domingo 15 de junio de 1997, cuerpo E.

9. GIUSTI, Luis: Carta a los trabajadores de PDVSA y sus filiales, fechada el 14 de julio de 1997. Tema: Cambios de estructura de la Corporación.

10. LISKEY, Tom Darin: "Marginal field crude production up", en: **The Daily Journal**, Caracas, Thursday, March 6, 1997, p. 8.

11.   MARTINEZ, Aníbal R.: **Cronología del Petróleo Venezolano 1943-1993**, Volumen II, Ediciones CEPET, Caracas, 1995.

12.   Ministerio de Energía y Minas: **Petróleo y Otros Datos Estadísticos** (PODE), años 1975-1996, inclusives.

13.   Ministerio de Energía y Minas y Petróleos de Venezuela S.A.: **Venezuela 1995 Exploration Bidding Round Initial Tender Protocol**, producido por PDVSA, Caracas, 1995.

14.   Ministerio de Energía y Minas y Petróleos de Venezuela S.A.: **Venezuela 1995 Exploration bidding round framework of conditions**, producido por PDVSA, Caracas, 1995.

15.   **Oil and Gas Journal**: "Worldwide Production", December 30, 1996, p. 37.

16.   Petróleos de Venezuela S.A.: **Informe Anual**, años 1976-1996, inclusives.

17.   Petróleos de Venezuela S.A.: **Apertura petrolera en el desarrollo económico de Venezuela**, Gerencia Corporativa de Asuntos Públicos y Coordinación de Planificación Estratégica de PDVSA, 1996.

18.   Petróleos de Venezuela S.A.: "Acto público de recepción y apertura de ofertas. Tercera Ronda de Convenios Operativos", en: **The Daily Journal**, Wednesday, May 28, 1997, p. 13.

19.   QUIROS CORRADI, Alberto: "Las finanzas del petróleo (II)", en: **El Nacional**, domingo 15 de junio de 1997, E/6.

20.   QUIROS CORRADI, Alberto: "Maraven, Lagoven, Corpoven: Good Bye?", en: **El Nacional**, domingo 27 de julio de 1997, E/6.

21.   QUIROS CORRADI, Alberto: "La Nacionalización del Petróleo (1976)", en: **El Nacional**, 10 de agosto de 1997, E/6.

22.   Sociedad de Fomento de Inversiones Petroleras C.A.
        (SOFIP): **Primera Emisión de Bonos Petroleros, 1997-I**,
        Caracas, 1997.

23.   **The Daily Journal**: "Oil Opening, Windows of Oppor-
        tunity" (A special report), Caracas, Friday, March 14,
        1997.

Apéndices

Índice

Indice de Tablas

Indice de Figuras

Indice Consolidado (Onomástico, Geográfico y Analítico)

Indice de Tablas

Capítulo 6 - Refinación

Capítulo 7 - Petroquímica

Capítulo 9 - Carbón Fósil

Capítulo 10 - Comercialización

Capítulo 3 - Perforación

225

Capítulo 5 - Gas Natural

227

Capítulo 6 - Refinación

Capítulo 7 - Petroquímica

Fig. 8-1   Los primeros campos petroleros fueron verdaderos laberintos. Estados Unidos, década de 1860.

Fig. 8-2   El barril original utilizado por la industria fue fabricado por algunas empresas en sus propias instalaciones.

Fig. 8-3   El barril de metal reemplazó al de madera. Hoy una gran variedad de recipientes de metal se utiliza en las actividades petroleras.

Fig. 8-4   El desarrollo de la producción de petróleo hizo que los ferrocarriles participaran en el transporte, utilizando un vagón especial de carga.

Fig. 8-5   Silueta de un tanquero moderno y distribución de sus instalaciones; la proa bulbosa sirve para eliminar ondas inducidas por la velocidad de la nave.

Fig. 8-6   Tanquero suministrando combustible en alta mar durante la Segunda Guerra Mundial (1939-1945).

Fig. 8-7   Oleoducto.

Fig. 8-8   Los ductos transportan diariamente grandes volúmenes de hidrocarburos, crudos y/o derivados, a las terminales para despacharlos luego al mercado nacional o hacia el exterior.

Fig. 8-9   Para cruzar ríos angostos se opta por suspender la tubería por razones económicas.

Fig. 8-10   Cuando el cruce es muy ancho se opta por depositar la tubería en el lecho del río o utilizar un túnel de orilla a orilla.

Fig. 8-11   A= flujo laminar, B= flujo turbulento.

Fig. 8-12   Tuberías de diversos diámetros y especificaciones son requeridas para manejar los crudos desde los campos a las terminales y refinerías.

Fig. 8-13   En los sitios de entrega de grandes volúmenes diarios de gas se cuenta con instalaciones de medición y control de la eficiencia de las operaciones.

Fig. 8-14   La mezcla de gas y petróleo producida en el campo es llevada por tubería desde el cabezal de cada pozo hasta una estación de separación y recolección.

Fig. 8-15   La separación del gas del petróleo y el posterior tratamiento de cada sustancia permiten que el petróleo sea entregado a los tanqueros en las terminales de embarque. El gas, como líquido, es embarcado en buques cisterna llamados metaneros, de características especiales.

Fig. 8-16   En ciertos sitios en el trayecto terrestre o marítimo se dispone de instalaciones para comprimir y/o tratar el gas natural e impulsarlo hacia los centros de consumo o inyectarlo en los yacimientos.

Fig. 8-17   Serie de círculos de lectura que conforman el medidor de gas utilizado en ciertos sitios para contabilizar el consumo.

Fig. 8-18   Dispositivo para medir flujo por diferencial de presión y es parte del ducto (tubo de Venturi).

Capítulo 9 - Carbón Fósil

Capítulo 11 - Ciencia y Tecnología

Fig. 12-1   John Davison Rockefeller.

Fig. 12-2   Método primitivo de perforación, ideado por los chinos muchos años antes de la era cristiana.

Fig. 12-3   Edwin L. Drake.

Fig. 12-4   Primeros tiempos de la producción petrolera (1865), Pennsylvania.

Fig. 12-5   Grupo de trabajadores instalando (1890) un sistema de transporte de crudo.

Fig. 12-6   Aviso de las actividades de refinación y transporte a principios del siglo XX.

Fig. 12-7   Estación de gasolina PAN-AM en la entrada hacia el barrio El Cementerio, Caracas, 1930.

Fig. 12-8   José María Vargas.

Fig. 12-9   Manuel Antonio Pulido.

Fig. 12-10   José Antonio Baldó.

Fig. 12-11   Ramón María Maldonado.

Fig. 12-12   Carlos González Bona.

Fig. 12-13   José Gregorio Villafañe.

Fig. 12-14   Pedro Rafael Rincones.

Fig. 12-15   Distribución de querosén en Oporto, Portugal, a principios de los años veinte.

Fig. 12-16   Piezas y conexiones de transmisión de un equipo de perforación rotatoria de principios del siglo XX.

Fig. 12-17   Inicio del sistema rotatorio de perforación (1900).

Fig. 12-18   Laboratorio de Estudios Ambientales en Intevep.

Fig. 12-19   Las instalaciones de refinación/manufactura, además de imponentes, son expresiones de ciencia y tecnología.

Fig. 12-20   La exportación e importación de hidrocarburos es un negocio internacional de grandes volúmenes de crudos y/o productos que representan un respetable flujo de dinero entre países.

Fig. 12-21   Everette Lee De Golyer.

Fig. 12-22   Henri Deterding.

Fig. 12-23   Exploradores visitantes en el área de Guanoco, estado Sucre, 1913.

Fig. 12-24   Las cabrias que antaño eran símbolos de la riqueza petrolífera del lago de Maracaibo ya no forman parte del pozo. Ahora en las locaciones lacustres se utiliza equipo móvil flotante muy moderno. A la derecha, trabajadores en faenas de rehabilitación de un pozo.

Fig. 12-25   Enrique J. Aguerrevere.

Fig. 12-26   Manera de transitar las tierras bajas de Guanoco, estado Sucre, 1913.

Fig. 12-27   Ralph Arnold.

Fig. 12-28   Samuel Smith.

Fig. 12-29   El pozo Zumaque-1, campo Mene Grande, estado Zulia, iniciador de la industria en Venezuela en 1914.

Fig. 12-30   Personal del grupo de Ralph Arnold, en los comienzos de la exploración geológica en Venezuela, 1911-1916.

Capítulo 13 - Petróleos de Venezuela

Observación a la Figura 2-13: En aire seco a 0° y presión a nivel del mar, la velocidad del sonido calculada (1986) es de 331,29 m/seg.